土建类高职高专规划教材

Jianzhu Gongcheng Celiang

建筑工程测量

（建筑工程技术专业用）

张　丕　裴俊华　杨太秀　主编
张保成（内蒙古大学）　主审

人民交通出版社

内 容 提 要

全书共分十一章，包括：绪论、水准测量、角度测量、距离测量与直线定向、测量误差、小地区控制测量、地形图测绘与应用、工民建中的施工测量、管道工程测量、工程建筑物变形观测。

本教材具有较强的实用性和通用性，主要面向施工企业，可作为建筑工程、建筑学、市政工程、给水与排水、供热与通风、房地产管理、城镇管理等专业的教学用书，也可作为"建筑工程测量"等专业的生产、教学参考书。

图书在版编目（CIP）数据

建筑工程测量 / 张丕等主编. --北京：人民交通出版社，2008.7

ISBN 978-7-114-07138-6

Ⅰ.建… Ⅱ.张… Ⅲ.建筑测量—高等学校—教材 Ⅳ.TU198

中国版本图书馆 CIP 数据核字(2008)第 102347 号

土建类高职高专规划教材

书　　名：建筑工程测量
著 作 者：张　丕　裴俊华　杨太秀
责任编辑：师　云　贾秀珍
出版发行：人民交通出版社
地　　址：(100011) 北京市朝阳区安定门外外馆斜街 3 号
网　　址：http://www.ccpress.com.cn
销售电话：(010) 59757969，59757973
总 经 销：人民交通出版社发行部
经　　销：各地新华书店
印　　刷：北京市密东印刷有限公司
开　　本：787×1092　1/16
印　　张：13.75
字　　数：344 千
版　　次：2008 年 8 月　第 1 版
印　　次：2012 年 1 月　第 3 次印刷
书　　号：ISBN 978-7-114-07138-6
印　　数：5001-7000 册
定　　价：24.00 元

前　言

本书是根据《建筑工程测量》教学大纲要求，按照高等职业教育的特点和“校企合作，工学结合，半工半读”教育理念编写而成的。在内容安排上，注重理论与实践相结合，避免冗长的公式推导过程，教材内容理论联系实际，以利于学生学习和提高解决工程中实际问题的能力。在内容选编上，结合目前我国测绘技术的迅速发展，力求对电子测量仪器、数字化测量、激光技术、测绘新技术和它们在建筑工程中的应用作较为详尽的介绍。为满足教学的需要，每章之后附有思考题及习题。

本教材具有较强的实用性和通用性，主要面向施工企业，可作为建筑工程、建筑学、市政工程、给水与排水、供热与通风、房地产管理、城镇管理等专业的教学用书，也可作为“建筑工程测量”专业的生产、教学参考书。

本书由内蒙古大学职业技术学院张丕、甘肃林业职业技术学院裴俊华和湖北交通职业技术学院杨太秀担任主编。具体编写分工是：第一、三、七章由张丕编写，第九、十二章由裴俊华编写，第五、十章由杨太秀编写，第四章由辽宁交通高等专科学校谭立萍编写，第二章由湖南交通职业技术学院向烨编写，第八章由湖南交通职业技术学院彭东黎编写，第十一章由内蒙古河套大学王文达编写，第六章由江西交通职业技术学院谢艳编写。

本书在编写过程中，参考了国内外有关教材及参考书。全书完成后，由内蒙古大学张保成教授审稿。对于文献作者和张教授的热心指导和帮助，在此一并致谢。

由于编者的水平、经验及时间所限，书中定有欠妥之处，敬请专家和广大读者批评指正。

编者

2008.2

目　录

第一章 绪 论

学习目的与要求

1. 理解测量工作的基准线、基准面;

2. 掌握地面点位的表示方法。

第一节 测量学的任务、在建筑工程中的作用及其发展现状

一、测量学的任务及其学科分类

测量学是研究地球的形状和大小以及确定地球表面各种物体的形状、大小和空间位置的科学。其主要任务是测定和测设。测定:使用测量仪器和工具,通过测量和计算将地物和地貌的位置按一定比例尺、规定的符号缩小绘制成地形图,供科学研究和工程建设规划设计使用。测设:将在地形图上设计出的建筑物和构筑物的位置在实地标定出来,作为施工的依据。

测量学按照研究范围和对象的不同,产生了许多分支科学。例如,研究整个地球的形状和大小、解决大地区控制测量和地球重力场问题的,属于大地测量学的范畴。近年来,因人造地球卫星的发射和科学技术的发展,大地测量学又分为常规大地测量学和卫星大地测量学。测量小范围地球表面形状时,不顾及地球曲率的影响,把地球局部表面当作平面看待所进行的测量工作,属于普通测量学的范畴。利用摄影相片来测定物体的形状、大小和空间位置的工作,属于摄影测量学的范畴。由于获得相片的方式不同,摄影测量学又可分为地面摄影测量学、航空摄影测量学、水下摄影测量学和航天摄影测量学等。特别是由于遥感技术的发展,摄影方式和研究对象日趋多样,不仅是固体的、静态的对象,即使是液体、气体以及随时间而变化的动态对象,都可应用摄影测量方法进行研究。以海洋和陆地水域为对象所进行的测量和海图编制工作,属于海洋测绘学的范畴。利用测量所得的成果资料,研究如何投影编绘和制印各种地图的工作,属于制图学的范畴。

二、工程测量的发展现状

随着传统测绘技术走向数字化测绘技术,工程测量在服务方面不断拓宽,与其他学科的互相渗透和交叉不断加强,新技术、新理论的引进和应用不断深入,工程测量沿着测量数据采集和处理向一体化、实时化、数字化方向发展,测量仪器向精密化、自动化、信息化、智能化发展;工程测量产品向多样化、网络化和数字化方向发展,具体体现在以下几个方面。

1. 大比例尺工程测图数字化

大比例尺地形图和工程图的测绘是工程测量的重要内容和任务之一。工程建设规模扩

大，城市迅速扩展以及土地利用、地籍图应用，都需要缩短成图周期和实现成图的数字化。

2. 工程测量系统的最新进展

20 世纪 80 年代以来，我国测量技术发展迅速。利用电子经纬仪、全站仪、激光跟踪、数字摄影、数码相机等作为传感器，在计算机的控制下，工业测量系统完成各种非接触和实时三维坐标测量，并在现场进行测量数据的处理、分析和管理。与传统的测量方法相比，工业测量系统在实时性、非接触性、机动性和与 CAD/CAM 连接等方面有突出的优点，因此在工业界得到广泛应用。

3. 施工测量仪器和专用仪器向自动化、智能化方向发展

施工测量仪器的自动化、智能化是施工测量仪器今后发展的方向，体现在：角度测量用光电测角代替光学测角；全站仪代替传统的距离、工程安装放样测量；数字水准仪实现了高程测量的自动化。

4. 工程摄影测量、遥感技术与 GPS 测量的应用

摄影测量与遥感技术的非接触性、实时性，使其在工程施工、监测方面应用相当普遍。GPS 测量的精度高、作业时间短，不受时间、气候条件和两点间通视的限制，并在统一坐标系中提供三维坐标信息等，在工程测量中有着极广的应用前景。

三、建筑工程中测量工作的作用

建筑工程测量学是应用各种测量技术解决工程建设中实际测量问题的学科，本教材主要介绍普通测量学和建筑工程测量学的内容。主要讲述工业与民用建筑工程中常用的测量仪器的构造与使用方法，小区域大比例尺地形图的测绘与应用，工程控制网的建立，建筑物和管道工程施工测量，建筑物变形监测，竣工测量，以及测量新技术的介绍。随着激光技术、光电测距技术、工程摄影测量技术、快速高精度空间定位技术在工程测量中的应用，建筑工程测量学的服务面越来越广。

对于建筑工程专业的学生通过学习本课程，应掌握下列有关测定和测设的基本内容：

(1)地形图测绘——运用各种测量仪器和工具，通过实地测量和计算，把小范围内地面上的地物、地貌按一定的比例尺测绘成图。

(2)地形图应用——在工程设计中，从地形图上获取设计所需要的资料，例如点的坐标和高程、两点间的水平距离、地块的面积、地面的坡度、地形的断面和进行地形分析等。

(3)施工放样——把图上设计好的建筑物或构筑物的位置标定在实地上，作为施工的依据。例如点的平面位置放样，包括坐标法、极坐标法、交会法等。

(4)变形观测——监测建筑物或构筑物的水平位移和垂直沉降，以便采取措施，保证建筑物的安全。

(5)竣工测量——测绘竣工图。

第二节　地面点位的确定方法

一、地球的形状与大小

地球是一个南北极稍扁，赤道稍长，平均半径约为 6 371km 的椭球。测量工作是在地球表面上进行的，而地球的自然表面有高山、丘陵、平原、盆地、湖泊、河流和海洋等，具有高低起伏

的形态，其中海洋面积约占71%，陆地面积约占29%。

1. 铅垂线

如图1-2-1a)所示，由于地球的自转，地球上的任一质点除受万有引力的作用外，还受到离心力的影响，其合力称为重力。重力的方向称为铅垂线方向，铅垂线是测量工作的基准线。

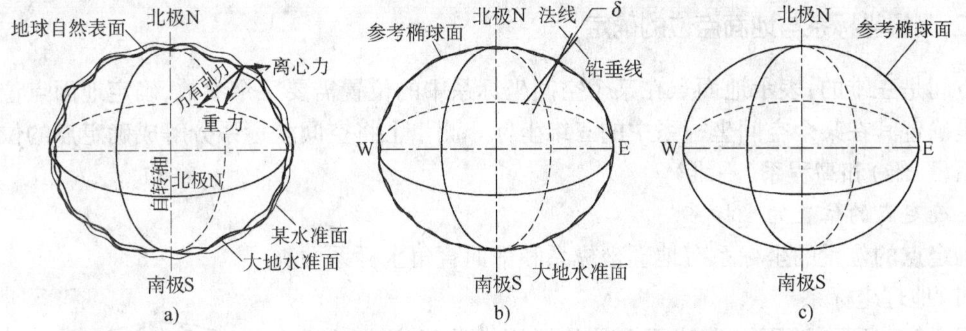

图1-2-1　地球自然表面、水准面、大地水准面、参考椭球面、铅垂线和法线的关系

2. 水准面

静止的水面称为水准面，水准面是受地球重力作用而形成的，是一个处处与重力方向垂直的连续曲面，并且是一个重力场的等位面。

3. 大地水准面

与水准面相切的平面称为水平面。水面可高可低，因此符合上述特点的水平面有无数个，其中与平均海水面相吻合并向陆地、岛屿内延伸而形成包围整个地球的封闭曲面称为大地水准面，如图1-2-1b)所示。在实际测量工作中，是以大地水准面作为测量工作的基准面。

4. 参考椭球面

由于地球内部质量分布不均匀，导致地面上各点的重力方向即铅垂线方向产生不规则的变化，因而大地水准面实际上是一个有微小起伏的不规则曲面。如果将地面上的图形投影到这个不规则的曲面上，将无法进行测量计算和绘图，为此必须用一个和大地水准面的形状非常接近的可用数学公式表达的椭球面来代替大地水准面。这个椭球面是由长半轴为 a、短半轴为 b 的椭圆 NESW 绕其短轴 NS 旋转而成的旋转椭球体面，旋转椭球又称为参考椭球，其表面称为参考椭球面，以此作为测量计算的基准面，如图1-2-1c)所示。

由地球表面任一点向参考椭球面所作的垂线称为法线，地表点的铅垂线与法线一般不重合，其夹角 δ 称为垂线偏差，如图1-2-1b)所示。

决定参考椭球面形状和大小的元素是椭圆的长半轴 a、短半轴 b，我国采用过的参考椭球体元素值及 GPS 测量使用的参考椭球体元素值列于表1-2-1。

参考椭球元素值　　表1-2-1

序号	坐标系名称	a(m)	f	e^2
1	1954 北京坐标系	6 378 245	1:298.3	0.006 693 421 622 966
2	1980 西安坐标系	6 378 140	1:298.257	0.006 694 389 995 88
3	WGS-84 坐标系(GPS 用)	6 378 137	1:298.257 223 563	0.006 694 379 990 13

注：扁率 $f=\frac{a-b}{a}$；第一偏心率 $e^2=\frac{a^2-b^2}{a^2}$。

表 1-2-1 中，序号 1 的参考椭球称为克拉索夫斯基椭球，序号 2 的参考椭球是 1975 年 16 届"国际大地测量与地球物理联合会"通过并推荐的椭球，序号 3 的参考椭球是 1979 年 17 届"国际大地测量与地球物理联合会"通过并推荐的椭球。由于参考椭球的扁率很小，当测区范围不大时，可以将参考椭球近似看作半径为 6 371km 的圆球。

二、测量坐标系与地面点位的确定

空间是三维的，表示地面点在某个空间坐标系中的位置需要三个参数，确定地面点位的实质就是确定其在某个空间坐标系中的三维坐标。测量上将空间坐标系分解成确定点的位置的坐标系（二维）和高程系（一维）。

1. 确定点的位置的坐标系

确定点的位置的坐标系有地理坐标系和平面直角坐标系两类。

（1）地理坐标系

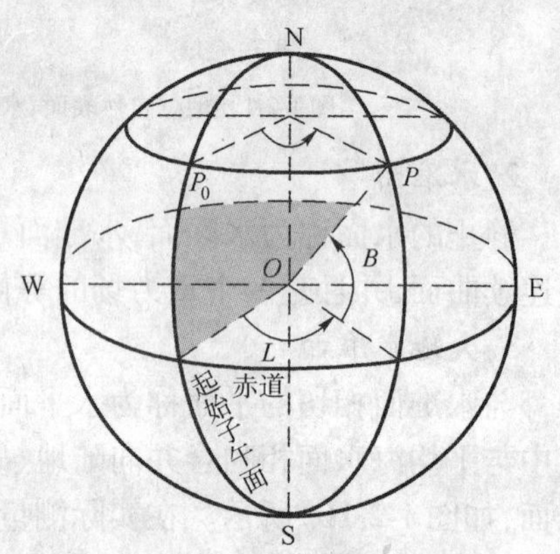

图 1-2-2 大地坐标系

图 1-2-2 所示，地面点在球面上的位置用大地经度（L）和大地纬度（B）表示。过地面上任一点 P 的法线与地球旋转轴 NS 所组成的平面称为该点的子午面。子午面与参考椭球面的交线称为子午线，也称经线。经过英国格林尼治天文台 P_0 的子午面称为起始子午面。P 点经度（L）：是过 P 点的子午面 NPS 与起始子午面的两面角，从起始子午面向东或向西计算，取值范围是 0°～180°，在起始子午线以东为东经，以西为西经。

图 1-2-2 是旋转椭球体，过 P 点垂直于地球旋转轴的平面与地球表面的交线称为 P 点的纬线，过球心 O 的纬线称为赤道。P 点纬度（B）：是过 P 点的法线与赤道平面的夹角，自赤道起向南或向北计算，取值范围为 0°～90°，在赤道以北为北纬，以南为南纬。如北京的地理坐标可表示为东经 116°28′，北纬 39°54′。

大地经、纬度是根据起始大地点的大地坐标，按大地测量所得的数据推算而得的。我国以陕西省泾阳县永乐镇大地原点为起算点，由此建立的大地坐标系，称为"1980 西安坐标系"，简称 80 系或西安系。通过与前苏联 1942 年普尔科沃坐标系联测的坐标系称"1954 北京坐标系"，其大地原点位于前苏联列宁格勒天文台中央。

（2）高斯平面直角坐标系

高斯投影是地球椭球体面正形投影于平面的一种数学转换过程。为说明简单起见，可以用下面形象的投影过程来解说这种投影规律。如图 1-2-3 所示，设想将截面为椭圆的一个椭圆柱横套在地球椭球体外面，并与椭球体面上某一条子午线相切，同时使椭圆柱的轴位于赤道面内并通过椭球体中心。椭圆柱面与椭球体面相切的子午线称为中央子午线。若以椭球中心为投影中心，将中央子午线两侧一定经差范围内的椭球图形投影到椭圆柱面上，再顺着过南、北极点的椭圆柱母线将椭圆柱面剪

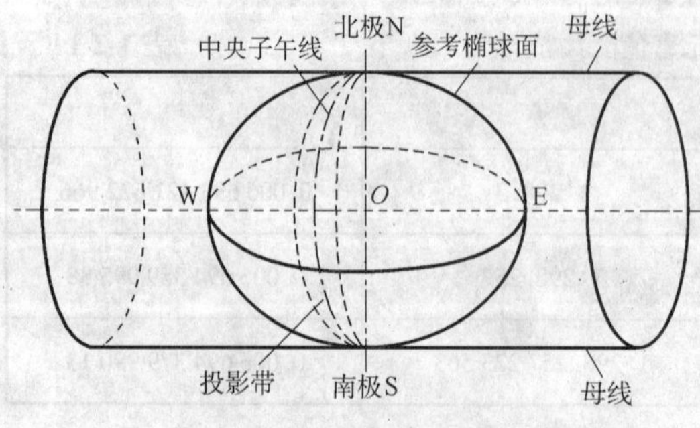

图 1-2-3 高斯投影

开,展成平面,如图1-2-4a)所示,这个平面就是高斯投影平面。

在高斯投影平面上,中央子午线投影为直线且长度不变,赤道投影后为一条与中央子午线正交的直线,离开中央子午线的线段投影后均要发生变形,且均较投影前长一些。离开中央子午线越远,长度变形越大。

为了使投影误差不致影响测图精度,规定以经差6°或更小的经差为准来限定高斯投影的范围,每一投影范围叫一个投影带。如图1-2-4a)所示,6°带是从0°子午线算起,以经度每隔6°为一带,将整个地球划分成60个投影带,并用阿拉伯数字1,2,…,60顺次编号,叫做高斯6°投影带(简称6°带)。6°带中央子午线经度L与投影带号N之间的关系式为:

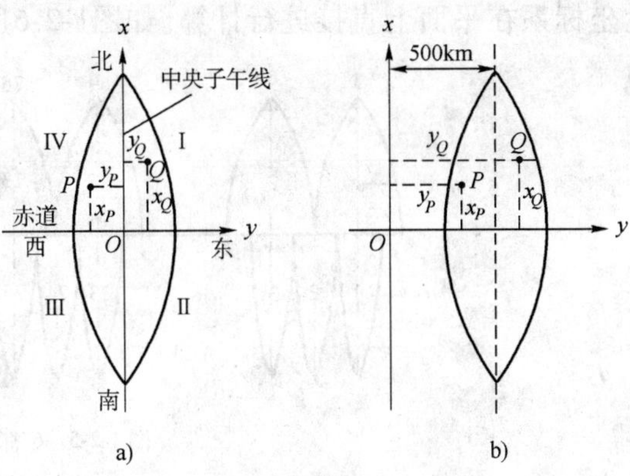

图1-2-4 高斯平面直角坐标

$$L = 6N - 3 \tag{1-2-1}$$

【例1-2-1】 某城市中心的经度为116°24′,求其所在高斯投影6°带的中央子午线经度L和投影带号N。

解:据题意,其高斯投影6°带的带号为:

$$N = \mathrm{INT}\left(\frac{116°24'}{6} + 1\right) = 20 \quad (\mathrm{INT}\text{—— 取整数})$$

中央子午线经度为:

$$L = 20 \times 6 - 3 = 117°$$

采用分带投影后,由于每一投影带的中央子午线和赤道的投影为两正交直线,故可取两正交直线的交点为坐标原点。中央子午线的投影线为坐标纵轴x轴,向北为正;赤道投影线为坐标横轴y轴,向东为正,这就是全球统一的高斯平面直角坐标系。

我国位于北半球,纵坐标均为正值,横坐标则有正有负,如图1-2-4a)所示,$y_p = -148\,680.54$m,$y_q = +134\,240.69$m。为了避免横坐标出现负值和标明坐标系所处的带号,规定将坐标系中所有点的横坐标值加上500km(相当于各带的坐标原点向西平移500km),并在横坐标前冠以带号。如图1-2-4b)中所标注的横坐标为:$y_p = 20\,351\,319.46$m,$y_q = 20\,634\,240.69$m。这就是高斯平面直角坐标的通用值,最前两位数20表示带号,不加500km和带号的横坐标值称为自然值。高斯平面直角坐标系的应用大大简化了测量计算工作,它把在椭球体面上的观测元素全部改化到高斯平面上进行计算。

对于大比例尺测图,则需采用3°带或1.5°带来限制投影误差。3°带与6°带的关系如图1-2-5所示。3°带是以东经1°30′开始,第一带的中央子午线是东经3°。3°带中央子午线经度L_0与投影带号n之间的关系式为:

$$L_0 = 3n \tag{1-2-2}$$

我国领土所处的概略经度范围是东经73°27′~东经135°09′,统一6°带投影与统一3°带投影的带号范围分别为13~23,25~45。可见,在我国领土范围内,统一6°带与统一3°带的投影带号不重复。

(3)假定平面直角坐标系

《城市测量规范》(CJJ 8—99)规定,面积小于 $25km^2$ 的城镇,可不经投影采用假定平面直角坐标系在平面上直接进行计算。如图1-2-6所示,将测区中心点C沿铅垂线投影到大地水

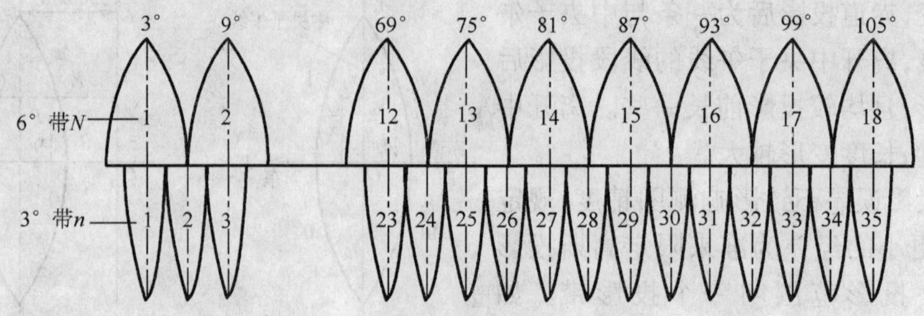

图 1-2-5　6°带和 3°带投影

准面上 c 得点,用过 c 点的切平面来代替大地水准面,在切平面上建立的测区平面直角坐标系 xoy 称为"假定平面直角坐标系"。坐标系的原点选在测区西南角以使测区内点的坐标均为正值,以过测区中心的子午线方向为 x 轴方向。将测区内任一点 P 沿铅垂线投影到切平面上得 p 点,通过测量,计算出的 p 点坐标 x_p、y_p 就是 P 点在假定平面直角坐标系中的坐标。

测量上选用的平面直角坐标系,规定纵坐标轴为 X 轴,表示南北方向,向北为正;横坐标轴为 Y 轴,表示东西方向,向东为正;坐标原点可假定,也可选在测区的已知点上。象限按顺时针方向编号,测量所用的平面直角坐标系之所以与数学上常用的直角坐标系不同,是因为测量上的直线方向都是从纵坐标轴北端顺时针方向量度的,而三角学中三角函数的角则是从横坐标轴正端按逆时针方向计量,把 X 轴与 Y 轴互换后,全部三角公式都能在测量计算中应用,如图 1-2-7 所示。

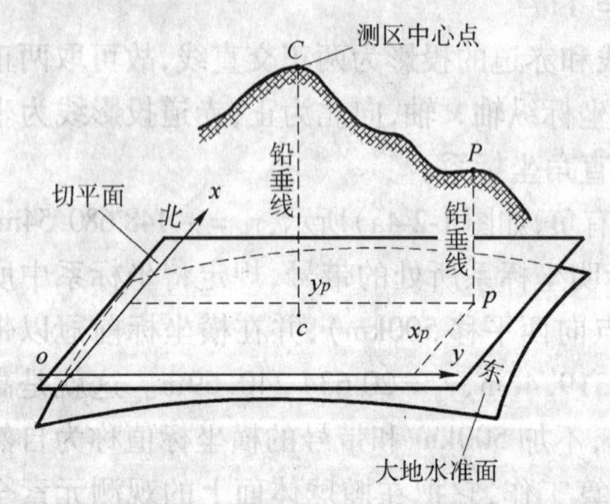

图 1-2-6　以切平面代替曲面

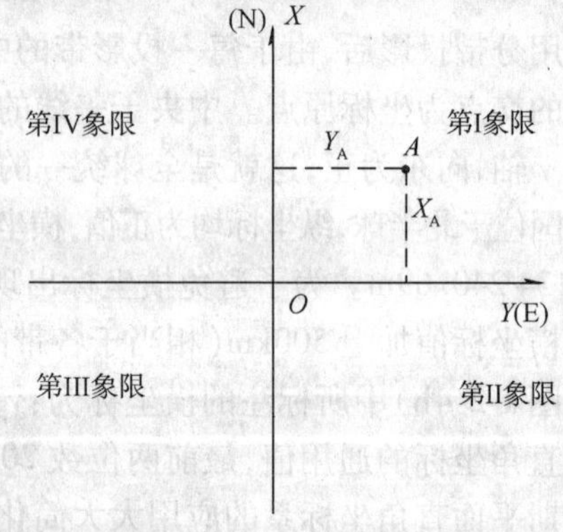

图 1-2-7　测量平面直角坐标系

2. 确定点的高程

地面点沿铅垂线到大地水准面的距离称为该点的绝对高程或海拔,简称高程,通常用加点名作下标表示,如 H_A、H_B,如图 1-2-8 所示。

高程系是一维坐标系,它的基准是大地水准面。由于海水面受潮汐、风浪等影响,它的高低时刻在变化。通常是在海边设立验潮站,进行长期观测,求得海水面的平均高度作为高程零点,以通过该点的大地水准面为高程基准面。也即大地水准面上的高程恒为零。我国境内所测定的高程点是以青岛验潮站历年观测的黄海平均海水面为基准面,并于 1954 年在青岛市观象山建立了水准原点,通过水准测量的方法将验潮站确定的高程零点引测到水准原点,也即求

出水准原点的高程。新中国成立后，1956 年我国采用青岛验潮站 1950 ~ 1956 年 7 年的潮汐记录资料推算出的大地水准面为基准引测出水准原点的高程为 72.289m，以这个大地水准面为高程基准建立的高程系称为“1956 年黄海高程系”，简称“56 黄海系”。20 世纪 80 年代，我国又采用青岛验潮站 1953 ~ 1977 年 25 年的潮汐记录资料推算出的大地水准面为基准引测出水准原点的高程为 72.260m，以这个大地水准面为高程基准建立的高程系称为“1985 国家高程基准”，简称“85 高程基准”。

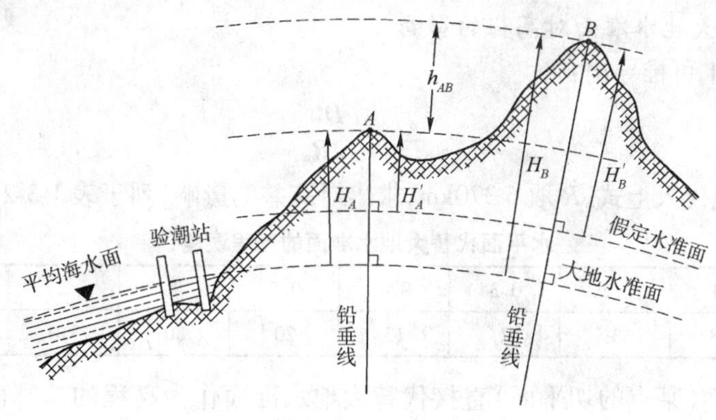

图 1-2-8　高程系统

当在局部地区进行高程测量时，也可以假定一个水准面作为高程起算面。地面点到假定水准面的铅垂距离称为假定高程或相对高程。在图 1-2-8 中，A、B 两点的相对高程为 H'_A、H'_B。

地面上两点高程之差称为这两点的高差，如图 1-2-8 中 A、B 两点间的高差为：

$$h_{AB} = H_B - H_A = H'_B - H'_A \tag{1-2-3}$$

第三节　地球曲率对测量工作的影响

在假定平面直角坐标系一节中，介绍了若测区范围面积不大，往往以水平面（某点的切平面）直接代替大地水准面，就是把球面上的点直接投影到平面上，不考虑地球曲率。但是到底多大面积范围内，用水平面代替大地水准面所产生的距离和高差变形才不超过测图误差的允许范围。

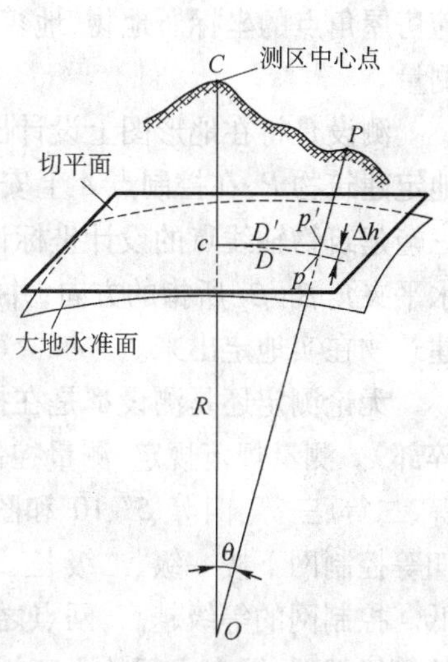

图 1-3-1　水平面代替水准面的影响

图 1-3-1 中，大地水准面的曲率对水平距离的影响为 $\Delta D = D' - D$，对高程的影响为 $\Delta h = pp'$。

1. 水平面代替大地水准面对水平距离的影响

由图 1-3-1 可知：

$$\Delta D = \frac{D^3}{3D^2} \quad 或 \quad \frac{\Delta D}{D} = \frac{D^2}{3R^2} \tag{1-3-1}$$

以不同的 D 值代入上式，R 取 6 370km，求出距离误差及相对误差，如表 1-3-1 所列。

水平面代替大地水准面的距离误差及其相对误差　　表 1-3-1

距离 D(km)	距离误差 ΔD(cm)	距离相对误差 $\Delta D/D$	距离 D(km)	距离误差 ΔD(cm)	距离相对误差 $\Delta D/D$
10	0.8	1/1 200 000	50	102.7	1/49 000
25	12.8	1/200 000	100	821.2	1/12 000

结论:在 10 ~ 15km 为半径的圆面积之内进行距离测量时,可以用水平面代替大地水准面,而不必考虑地球曲率对水平距离的影响。

2. 水平面代替大地水准面对高程的影响

同理由图 1-3-1 可推导出:

$$\Delta h = \frac{D^2}{2R} \tag{1-3-2}$$

以不同的 D 值代入上式,R 取 6 370km,求出对高差的影响,列于表 1-3-2 中。

水平面代替大地水准面的高程误差　　表 1-3-2

距离 D(km)	0.1	0.2	0.3	0.4	0.5	1	2	5	10
Δh(mm)	0.8	3	7	13	20	80	310	1 960	7 850

结论:以水平面(某点的切平面)直接代替大地水准面作为高程的起算面,对高程的影响是很大的。因此,高程的起算面不能用水平面代替,最好使用大地水准面,如果测区内没有国家高程点时(无法使用大地水准面),可以假设通过测区内某点的水准面为零高程水准面。

第四节　测量的基本原则和方法

测量的任务是测定和测设。测定是将地物和地貌按一定的比例尺缩小绘制成地形图。如图 1-4-1 所示,测区内有山丘、房屋、河流、小桥、公路等,测绘地形图的过程是先测量出这些地物、地貌特征点的坐标,然后按一定的比例尺、规定的符号缩小展绘在图纸上。例如要在图纸上绘出一幢房屋,就需要在这幢房屋附近、与房屋通视且坐标已知的点(如图中的 A 点)上安置测量仪器,选择另一个坐标已知的点(如图中的 F 点或 B 点)作为定向方向,才能测量出这幢房屋角点的坐标。地物、地貌的特征点又称碎部点,测量碎部点坐标的方法与过程称为碎部测量。

测设是将在地形图上设计出的建筑物和构筑物的位置在实地标定出来,图 1-4-1 中,要实地定建筑物 P,在控制点 A 上安置仪器,以 F 点(或 B 点)定向,由 A、F 点(或 B 点)及 P、Q、R 三幢建筑物轴线点的设计坐标计算出水平夹角 β_1、β_2,和水平距离 S_1、S_2,然后用仪器分别定出水平夹角 β_1、β_2 所指的方向,并沿这些方向量出水平距离 S_1、S_2,即可在实地上定出 1、2 点,将建筑物在实地定出来。

无论测定还是测设都是在控制点上进行的,由此得出测量工作的原则之一是“先控制后碎部”。测量规范规定,测量控制网必须由高级向低级分级布设。如平面三角控制网是按一等、二等、三等、四等、5″、10″和图根网的级别布设,而城市导线网是在国家一等、二等、三等或四等控制网下按一级、二级、三级和图根网的级别布设。一等网的精度最高,图根网的精度最低。控制网的等级越高,网点之间的距离就越大、点的密度也越稀、控制的范围就越大;控制网的等级越低,网点之间的距离就越小、点的密度也越密、控制的范围就越小。

如国家一等三角网的平均边长为 20 ~ 25km,而城市一级导线网的平均边长为 300m。由此可知，控制测量是先布设能控制大范围的高级网，再逐级布设次级网加密，我们将这种测量控制网的布设原则称为“从整体到局部”。因此测量工作的原则可以归纳为“从整体到局部，先控制后碎部”。

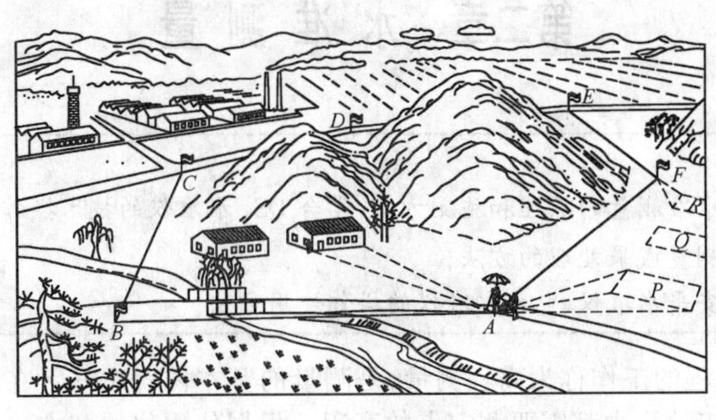

a)

b)

图 1-4-1　控制测量与碎部测量

思考题及习题

一、思考题

1. 什么叫水准面、大地水准面、水平面？

2. 高斯平面直角坐标系纵横坐标的确立原则是什么？

3. 什么叫绝对高程(海拔)？什么叫相对高程？什么叫高差？

二、习题

已知某点所在高斯平面直角坐标系中的坐标为：$X = 4\,345\,000\text{m}$，$Y = 19\,483\,000\text{m}$。问该点位于高斯 6°分带投影的第几带？该带中央子午线的经度是多少？该点位于中央子午线的东侧还是西侧？

第二章 水准测量

学习目的与要求

1. 主要掌握水准测量的原理和施测方法，学会 DS_3 水准仪的技术操作和使用方法；
2. 学会水准测量成果处理的方法；
3. 学习自动安平水准仪、电子水准仪的操作使用方法。

测定地面点高程的工作称为高程测量，是测量的基本内容之一。在地形图的测绘及工程勘察设计、施工放样中都需要测定点的高程。根据使用仪器和方法不同分为水准测量、三角高程测量、气压高程测量及GPS高程测量，水准测量是精密测定地面点高程的主要方法。

第一节 水准测量原理

水准测量是应用几何原理，利用水准仪所提供的水平视线，读取竖立在两点上水准尺的读数，测定两点间的高差，从而由已知点高程推求未知点高程。因而，水准测量又称几何水准测量。

如图2-1-1所示，设已知 A 点的高程为 H_A（称为已知高程点），欲测定 B 点的高程 H_B（称为待定高程点）。在 A、B 两点分别竖立水准尺，利用水准仪提供的水平视线在水准尺分别读数 a 和 b。则 A、B 两点间的高差 h_{AB} 为：

$$h_{AB} = a - b \tag{2-1-1}$$

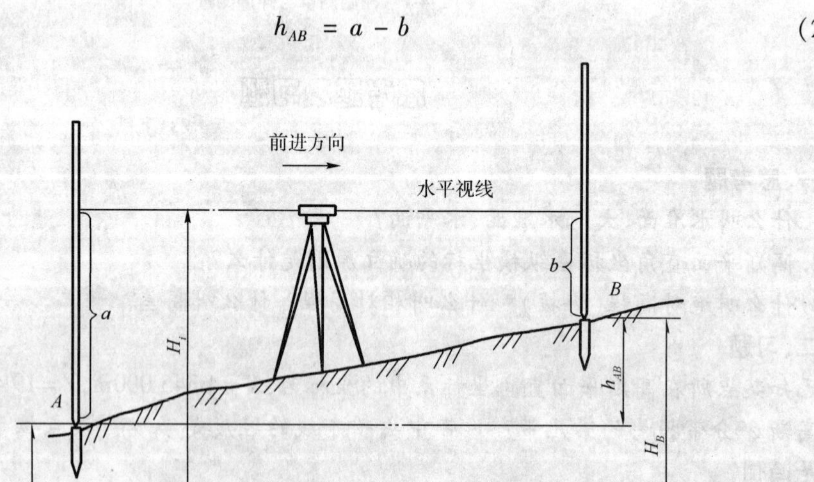

图2-1-1 水准测量原理

设水准测量已知点 A 向未知点 B 方向进行，则规定称 A 点为后视点，其水准尺尺面上的读数 a 为后视读数；称 B 点为前视点，其水准尺尺面上的读数 b 为前视读数。读数大小的规律为：当视线水平时，立尺点越低，则该点上的水准读数越大；反之，立尺点高，其上水准读数就越小。

由式(2-1-1)可知，两点间的高差，等于后视读数减前视读数，即：

$$高差 = 后视读数 - 前视读数$$

高差有正负之分，若 $\alpha > b$，h_{AB} 为正值，表示 B 高于 A；反之，则 B 低于 A。

测得 A 点与 B 点间的高差后，可求得 B 点的高程，求 B 点的高程有两种方法。

1. 高差法

$$H_B = H_A + h_{AB} \tag{2-1-2}$$

或：

$$H_B = H_A + h_{AB} = H_A + (a - b) \tag{2-1-3}$$

2. 视线高法

先求出该次测量的视线高 H_i（称为视线高程，简称视线高），则有：

$$\left.\begin{aligned} H_i &= H_A + a \\ H_B &= H_i - b \end{aligned}\right\} \tag{2-1-4}$$

当需要观测多个前视点时，这种方法较方便。

【例 2-1-1】 A 点已知高程为 $H_A = 63.714$ m，B 点上的后视读数 $a = 1.772$ m，B 点上的前视读数 $b = 1.202$m，用两种公式计算 B 点欲求高程 H_B 的值。

解：1. 视线高法：

$$H_i = H_A + a = 63.714 + 1.772 = 65.486\text{m}$$

$$H_B = H_i - b = 65.486 - 1.202 = 64.284\text{m}$$

2. 高差法：

$$h_{AB} = a - b = 1.772 - 1.202 = 0.570\text{m}$$

$$H_B = H_A + h_{AB} = 63.714 + 0.570 = 64.284\text{m}$$

两种方法结果是一致的。前者用于安置一次仪器测定多个点的高程。

第二节　水准测量仪器和工具

水准测量使用的仪器为水准仪，工具主要有水准尺和尺垫。

本节主要介绍 DS_3 型微倾式水准仪及其使用。其中“D”、“S”分别为“大地测量”、“水准仪”的汉语拼音第一个字母，下标数字表示精度等级。如 DS_3 型水准仪的“3”表示该仪器每 km 往返观测高差精度为 ±3mm，下标数字越小，测量精度越高。

一、DS_3 型微倾式水准仪的构造

根据水准测量的原理，水准仪的主要作用是提供一条水平视线，并能照准水准尺进行读数。它主要由望远镜、水准器、基座等组成。图 2-2-1 所示是我国生产的 DS_3 型微倾式水准仪。

1. 望远镜

望远镜具有成像和扩大视角的功能，是测量仪器观测远目标的主要部件。其作用是看清不同距离的目标和提供照准目标的视线。

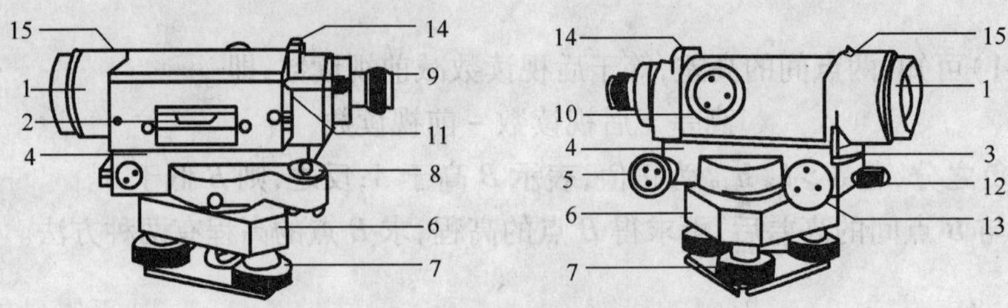

图 2-2-1　DS_3 型微倾式水准仪

1-望远镜物镜；2- 管水准器；3- 簧片；4- 支架；5- 微倾螺旋；6-基座；7- 角螺旋；8- 圆水准器；9-望远镜目镜；10-物镜对光螺旋；11-管水准观察镜；12-制动螺旋；13-微动螺旋；14-照门；15-准星

如图 2-2-2 所示，它由物镜、调焦透镜、十字丝分划板、目镜等组成。物镜、调焦透镜、目镜都为复合透镜组，分别安装在镜筒的前、中、后三个部位，三者共光轴组成一个等效光学系统。当调节目镜时可以清晰地看到放大的十字丝板像，转动调焦螺旋，调焦透镜沿光轴在镜筒内前后移动，改变等效光学系统的主焦距，可将远处目标成像到十字丝板上，从而可看清不同远近的目标和准确读数了。物镜光心与十字丝板中心的连线称为视准轴，用 CC 表示，为望远镜照准线。

DS_3 型微倾式水准仪望远镜中的十字丝是刻在平板玻璃片上的三根横丝及一根纵丝，称为十字丝，见图 2-2-2。中间一条横线称为中丝或横丝，上、下对称且平行于中丝的短线称为上丝和下丝，上、下丝统称视距丝，用来测量水准仪至水准尺的距离。竖向的线称竖丝或纵丝。十字丝分划板压装在分划板环座上，通过校正螺丝套装在镜筒内，位于目镜与调焦透镜之间。它是照准目标和读数的标志。

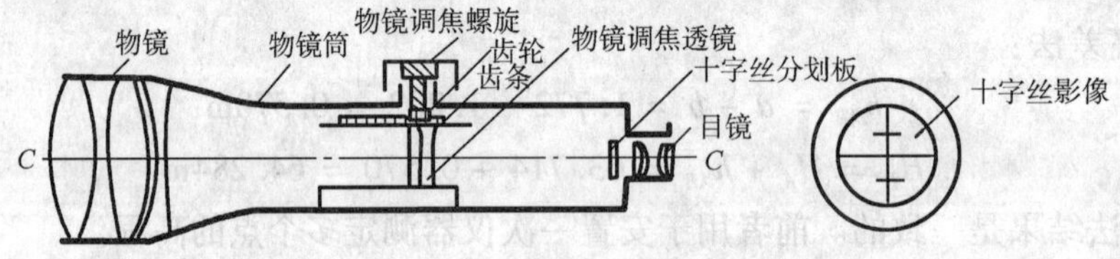

图 2-2-2　望远镜的构造

望远镜的成像原理如图 2-2-3 所示。远处目标 AB 反射的光线，通过物镜和调焦后的调焦透镜折射形成一倒立的实像 ab，落在十字丝分划板平面上。调节目镜对光螺旋，目镜又将 ab 和十字丝一起放大形成一虚像 cd，即为在望远镜中观察到的目标 AB 倒立的影像。

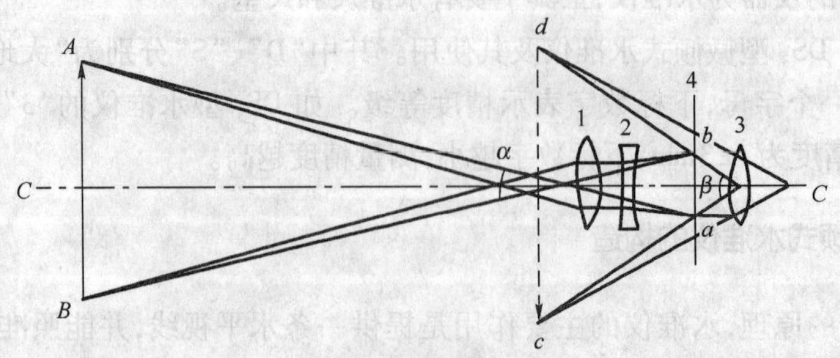

图 2-2-3　望远镜成像原理

1-物镜；2-调焦透镜；3-目镜；4-十字丝分划板

如图 2-2-3 所示，物体虚像 cd 对眼睛的张角 β 与 AB 对物镜光心的张角 α 之间的比值称为望远镜的放大倍率，用 V 表示，即：

$$V = \frac{\beta}{\alpha} \tag{2-2-1}$$

通过望远镜能看到的视野范围称为视场，视场边缘对物镜中心形成的张角称为视场角，用 ω 表示。视场角与放大率成反比。V、ω 是望远镜的重要技术指标，例如增加放大倍率可以提高观测精度，但减小了视场角，不利于观测。所以一般说来测量仪器上望远镜的放大倍率有一定限制，DS_3 型水准仪一般 $V=28\sim32$ 倍，ω 为 1″30′。

2. 水准器

水准器是用来指示视准轴 CC 是否水平、仪器旋转轴（又称竖轴）VV 是否铅垂的装置，分为管状水准器（又称水准管）和圆水准器两种。前者用于精平，用来指示仪器视准轴是否水平；后者用于粗平，用来指示竖轴是否铅垂。

（1）管状水准器

又称水准管，如图 2-2-4a）所示，为内壁沿纵向研磨成一定曲率的圆弧玻璃管，管内注以乙醚和乙醇的混合液体，两端加热融封后形成一气泡。由于气泡较轻，故恒处于管内最高位置。水准管纵向圆弧的顶点 O，称为管水准器的零点，过零点相切于内壁圆弧的纵向切线，称为水准管轴，用 LL 表示。当气泡中心与零点重合时，称为气泡居中。为了使望远镜视准轴 CC 水平，水准管安装在望远镜左侧，并满足 $LL /\!/ CC$，当水准管气泡居中时，LL 处于水平，而 CC 也就处于水平位置。这是水准仪应满足的重要条件。

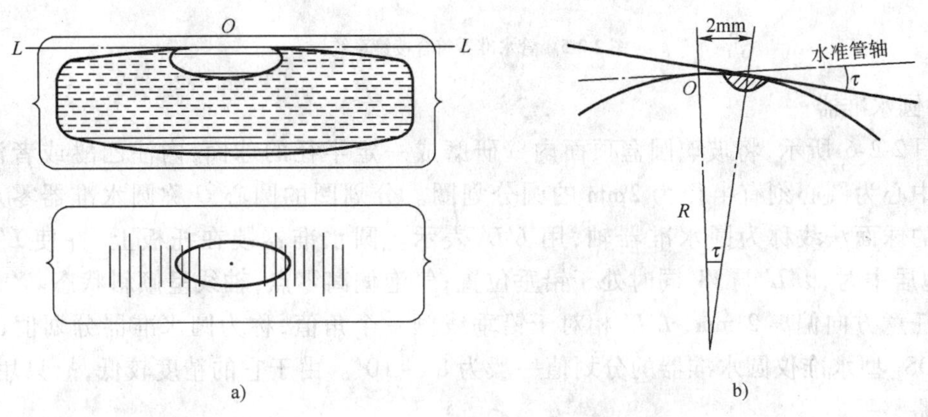

图 2-2-4　管水准器的构造与分划值

水准管上一格（2mm）所对应的圆心角称为水准管的分划值，见图 2-2-4b）。根据几何关系可以看出，分划值也是气泡移动一格水准管轴所变动的角值，即：

$$\tau = \frac{2}{R}\rho \tag{2-2-2}$$

式中：τ——水准管分划值，（″）；

ρ——1 弧度秒值，（″），$\rho=206\,265''$；

R——水准管内壁的曲率半径，mm。

水准仪上水准管的分划值为 10″～20″，水准管的分划值越小，视线置平的精度越高。但水准管的置平精度还与水准管的研磨质量、液体的性质和气泡的长度有关。在这些因素的综合影响下，使气泡移动0.1格时水准管轴所变动的角值称水准管的灵敏度。气泡的移动反映出水准管轴变动的角值越小，水准管的灵敏度就越高。DS_3型水准仪的水准管分划值为20″/2mm。

为了便于观测和提高水准管气泡居中的精度和速度，水准管上方安装了一套符合棱镜系统，如图2-2-5a)所示，通过符合棱镜的反射折光作用，将气泡同侧两端的半个气泡影像反映到望远镜旁的观察镜中。当气泡不居中时，两端气泡半像相互错开，如图2-2-5b)所示；转动微倾螺旋(左侧气泡移动方向与螺旋转动方向一致)，望远镜在竖直面内倾斜，使气泡影像吻合形成一光滑圆弧，如图2-2-5c)所示，表示气泡居中。这种水准器称为符合水准器，是微倾式水准仪上普遍采用的水准器。

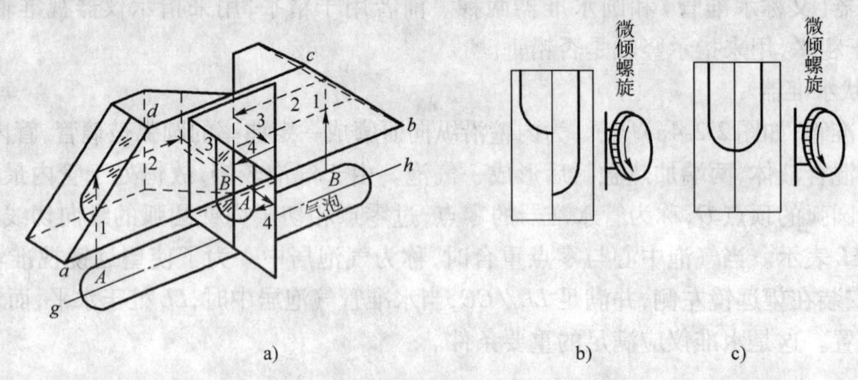

图2-2-5　管水准器符合棱镜系统

(2)圆水准器

如图2-2-6所示，将玻璃圆盒顶面内壁研磨成一定半径的球面，内注乙醚或者酒精。以球面中心为圆心刻有半径为2mm的圆分划圈。分划圈的圆心O称圆水准器零点，通过零点的球面法线称为圆水准器轴，用$L'L'$表示。圆水准器装在托板上，并使$L'L' \parallel VV$，气泡居中时，$L'L'$与VV同时处于铅垂位置；气泡偏离零点，轴线呈倾斜状态。气泡由零点向任意方向偏离2 mm，$L'L'$相对于铅垂线倾一个角值，称为圆水准器分划值，用τ'表示。DS_3型水准仪圆水准器的分划值一般为8′~10′。由于它的精度较低，故只用于仪器的概略整平。

3.基座

基座的作用是用来支撑仪器的上部并与三角架连接。它主要由轴座、脚螺旋和连接板组成。仪器的望远镜与托板铰接，通过竖轴插入轴座中，由轴座支承，轴座用三个脚螺旋与连接板连接。整个仪器用中心连接螺钉固定在三脚架上。此外，如图2-2-1所示，控制望远镜水平转动的有制动、微动螺旋，制动螺旋拧紧后，转动微倾螺旋，仪器在水平方向作微小转动，以利于照准目标。微倾螺旋可调节望远镜在竖直面内俯仰，以达到视准轴水平的目的。

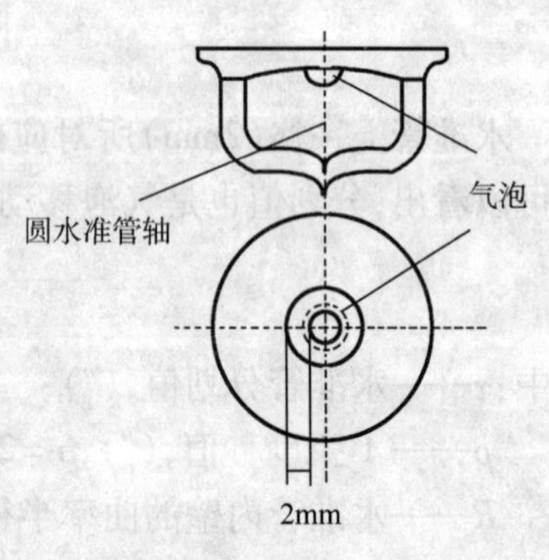

图2-2-6　圆水准器

二、水准尺与尺垫

水准尺又称标尺，有直尺和塔尺两种，如图2-2-7b)所示。直尺一般用不易变形的干燥优质木材制成，全长3m，多为双面尺。

塔尺一般用玻璃钢、铝合金或优质木材制成。如图2-2-7a)所示，一般由三节尺段套接而成，全长5m。尺面为5mm或10mm分划，每10cm加一注记，超过1m在注记上加红点表示米数，如2上加1个红点表示1.2m，加2个红点表示2.2m，依此类推。塔尺两面起点均为0，属于单面尺。它携带方便，但尺段接头易损坏，对接易出差错，常用于精度要求不高的等外水准测量。

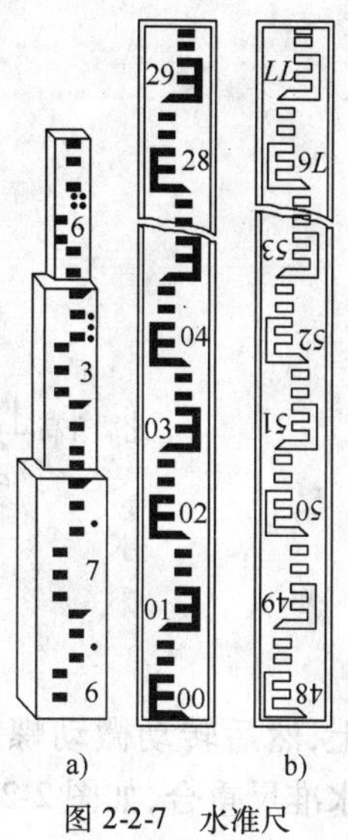

图2-2-7 水准尺

尺垫是用于转点上的一种工具，由生铁或钢板制成，如图2-2-8所示，呈三角形，下方有三个尖脚，以利于稳定地放置在地面上或插入土中。上方中央有一突出半球体，供立尺用，可使转点稳固，防止水准尺下沉。

三、水准仪技术操作

水准仪的使用包括仪器的安置、粗略整平、瞄准水准尺、精确整平和读数。

1. 安置水准仪

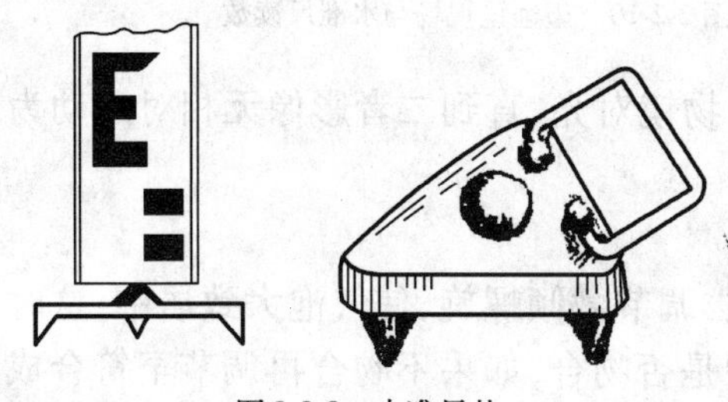

图2-2-8 水准尺垫

旋松脚架架腿上的三个伸缩固定螺旋，抽出活动腿至适当高度(大致与肩平齐)，拧紧固定螺旋，张开架腿使脚尖呈等边三角形，使架头大致水平，踏实脚架。然后将仪器用中心连接螺旋固定在脚架上，并使基座连接板三边与架头三边对齐。在斜坡上安置仪器时，可调节位于上坡一架腿长短来安置脚架。

2. 粗略整平(粗平)

任选两个脚螺旋1、2，双手相向等速转动这对脚螺旋，使气泡a移动至1、2连线通过圆水准器零点并垂直于这两个脚螺旋连线的方向上，如图2-2-9a)所示；单独转动另一个脚螺旋3，如图2-2-9b)所示，使气泡b位于分划圈的零点位置，或过零点与1、2连线的平行线上。仍有偏差，可重复进行，直至仪器转至任一方向气泡均居中为止。

操作时注意以下三条要领：

(1)先旋动两个脚螺旋，然后旋转第三个脚螺旋；

(2)旋转两个脚螺旋时必须作相对的转动，即旋转方向应相反；

(3)气泡运动的方向与左手大拇指旋转脚螺旋的方向一致，由此来判断脚螺旋转动方向，以便气泡快速居中。

3. 瞄准水准尺(瞄准)

首先进行目镜对光、粗瞄，将望远镜朝向明亮背景，转动目镜对光螺旋，使十字丝影像清晰，然后松开制动螺旋，转动仪器，利用照门和准星瞄准水准尺，使水准尺进入望远镜视场，随即拧紧制动螺旋；然后进行物镜对光、精瞄，转动调焦螺旋，使水准尺影像清晰，并落在十字丝

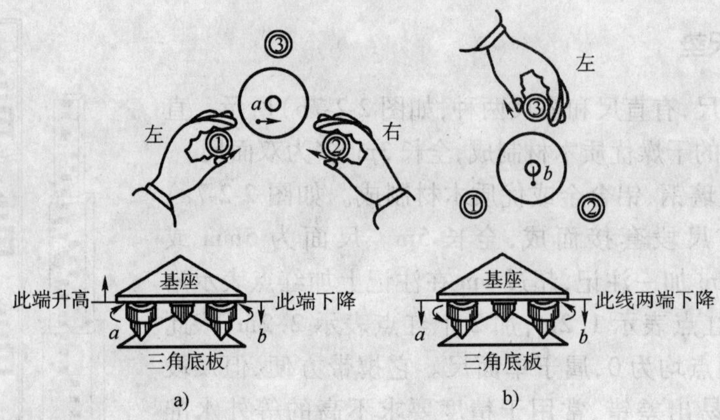

图 2-2-9 粗略整平

平面上，然后转动微动螺旋，使十字丝竖丝与水准尺重合，如图 2-2-10 所示。

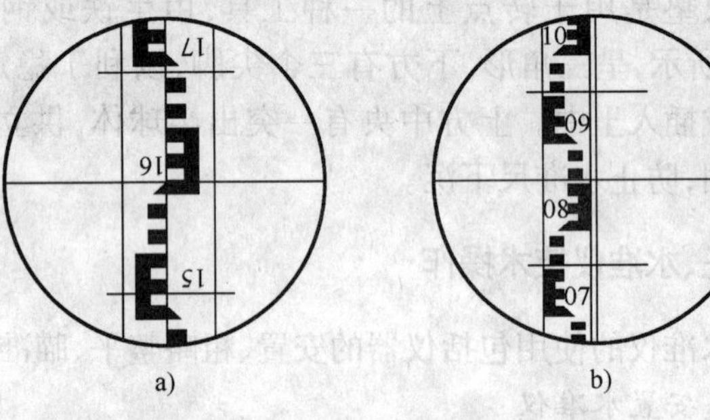

图 2-2-10 望远镜视场与水准尺读数

上述对光，如不仔细进行，就会导致水准尺的影像与十字丝影像不在同一平面，二者的影像不能同时看清，这种现象称为视差，如图 2-2-11 所示。检查视差的方法是：眼睛在目镜处上下微微移动，若十字丝与水准尺的影像产生相对运动，即读数有改变，则表示视差存在。

消除视差的方法是：反复、仔细、认真地进行目镜、物镜对光，直到二者影像无相对运动为止。视差对瞄准、读数均有影响，必须加以消除。

4. 精确整平(精平)

先从望远镜的一侧观察水准气泡偏离零点的方向，调节微倾螺旋，使气泡大致居中，这时再从目镜左边的符合水准器气泡观察窗看两半弧影像是否吻合，如果不吻合再调节至符合成一光滑圆弧为止，如图 2-2-5c) 所示，这时视准轴在瞄准方向处于精密水平。

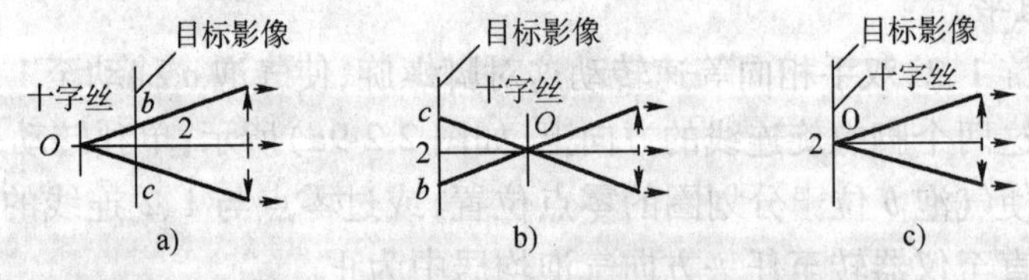

图 2-2-11 视差影响

5. 读数

读数前应判明水准尺的注记、分划特征和零点常数，以免读错。一个 E 字表示 0 ~ 5cm，其下面的分划位为 5 ~ 10cm。读数时以 dm 注记为参照点，先读出注记的 m 数和 dm 数(如1.6m)，再数读出 cm 数(如 2cm)，最后估读不足 1cm 的 mm 数(如 2mm)，综合起来即为 4 位的全读数(如 1.622m)。读数时，水准尺的影像无论倒字还是正字，一律从小向大的方向读数，读足 4 位，不要漏 0(如 1.005m，1.050)。如图 2-2-10a)、图 2-2-10b) 所示标尺读数分别为：1.610、0.860。另外，精平后应马上读数，速度要快，以减少气泡移动引起读数误差。

第三节　水准测量的实施

一、水准点

由测绘部门按照国家规范埋设和测定的已知高程的固定点，称为水准点（Bark Mark），简记为BM，如图2-3-1所示。水准测量通常是从水准点引测其他点的高程。水准点有永久性和临时性两种。需要长期保存的水准点一般用混凝土或石头制成标石，中间嵌半球形的金属标志，埋设在冰冻线以下0.5m左右的坚硬土基中，并设防护井保护，其顶部标志着该点的高程，如图2-3-1a）所示，称永久性水准点。亦可埋设在岩石或永久建筑物上，如图2-3-1b）所示。当使用时间较短时可制作临时性水准点，这种水准点一般用混凝土标石埋在地面，如图2-3-1c）所示，或用大木桩顶面加一帽钉打入地下，并用混凝土固定，如图2-3-1d）所示，亦可在岩石或建筑物上用红漆标记。

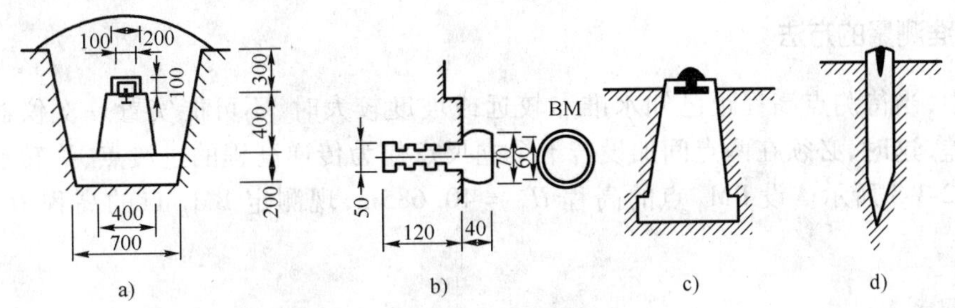

图2-3-1　水准点的埋设（尺寸单位：mm）

二、水准路线

为了便于观测和计算各点的高程，检查和发现测量中可能产生的错误，必须将各点组成一条适当的施测路线（称为水准路线），使之有可靠的校核条件。在水准路线上，两相邻水准点之间称为一个测段。根据测区情况和需要，水准路线可布设成以下形式。

1. 闭合水准路线

如图2-3-2a）所示，是从一已知高程点BM_A开始，沿线测定待定点1、2、3、…的高程后，最后又回到已知水准点BM_A上。这种水准测量路线称闭合水准路线。

2. 附合水准路线

如图2-3-2b）所示，是从一已知高程点BM_A开始，沿线测定待定点1、2、3、…的高程后，最后附合到起始点BM_B上。这种水准测量路线称附合水准路线。

3. 支水准路线

如图2-3-2c）所示，是从一已知高程点BM_A开始，沿线测定待定点1、2、3、…的高程后，其最终既不闭合又不符合到已知高程点上。这种水准测量路线称支水准路线。

4. 水准网

如图2-3-2d）所示，是由多条单一水准路线相互连接构成的水准网。水准网可以使检核成果的条件增多，因而可提高成果的精度。其中BM_A、BM_B为高级点，1、2、3、4等为结点。多用于面积较大测区。

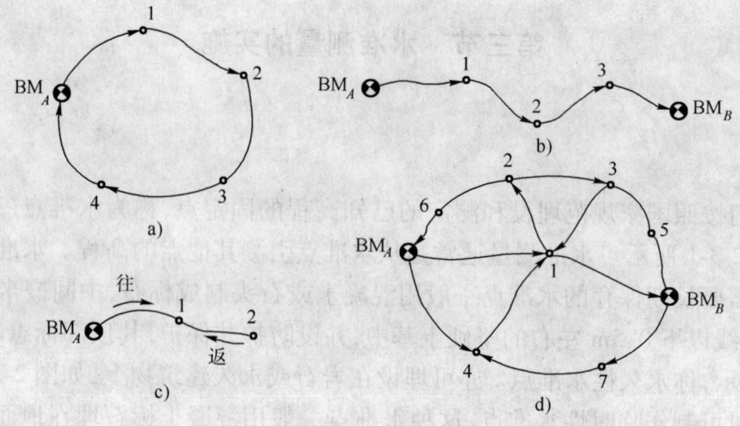

图 2-3-2　水准路线的布设

三、水准测量的方法

测量中，当待测点高程距已知水准点较远或坡度较大时，不可能安置一次仪器测定两点间的高差，这时，必须在两点间加设若干个立尺点作为传递高程的过渡点，称转点（ZD 或 TP），如图 2-3-3 所示。设 BM$_A$ 点的高程 $H_A=40.685\text{m}$，现测定 BM$_B$ 点的高程 H_B 的程序如下：

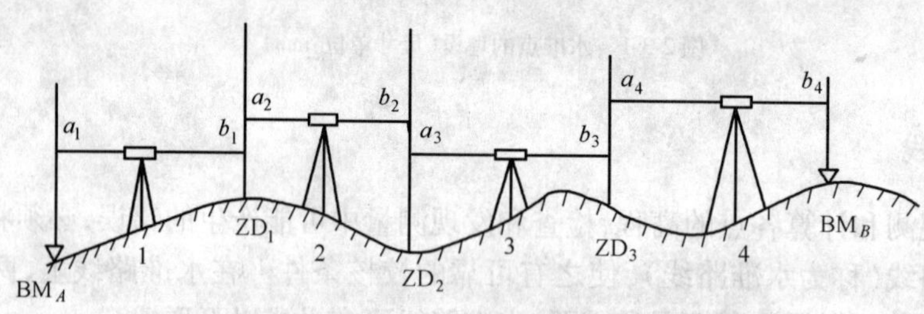

图 2-3-3　水准测量外业实施

（1）在已知点 BM$_A$ 上立后视尺，选择合适的地点为测站，再选合适的地点为转点 ZD$_1$，放上并踏实尺垫，在尺垫上立直前视尺。要求水准尺与水准仪到两水准尺之间的距离大致相等。

（2）观测者首先将水准仪粗平，瞄准后视尺，精平仪器后，读取后视读数 a_1（如 2.012m）；再瞄准前视尺，精平仪器后，读取前视读数 b_1（如 0.755），记入手簿中（表 2-3-1），则：

$$h_1=a_1-b_1(1.257\text{m})$$

（3）记录者计算完毕，通知观测者搬往下一个测站。原后尺手也同时前进到下一个站的前视点 ZD$_2$。原前尺手在原地 ZD$_1$ 不动，把尺面转向下一个测站，作为后视尺。按照前一站的方法观测，则：

$$h_2=a_2-b_2(-1.038\text{m})$$

重复上述过程，一直观测至待定点 BM$_B$，各站的高差为：

$$h_i = a_i - h_i (i = 1,2,3,\cdots) \quad (2\text{-}3\text{-}1)$$

记录、计算结果见表 2-3-1。

水准测量记录手簿 表 2-3-1

仪器型号:________ 观测日期:________ 观测:________ 计算:________

仪器编号:________ 天 气:________ 记录:________ 复核:________

测站	测点	水准尺读数(m)		高差(m)		高程(m)
		后视	前视	+(m)	−(m)	
1	BM_A	2.012		1.257		138.952
	ZD_1		0.755			140.209
2	ZD_1	1.472			1.038	
	ZD_2		2.510			139.171
3	ZD_2	1.362		0.309		
	ZD_3		1.053			139.480
4	ZD_3	3.338		2.667		
	BM_B		0.671			142.110
Σ		8.184	4.989	4.233	1.038	

根据式(2-3-1)即可求得各点的高程。将各测站高差取其和:

$$h_{AB} = \sum h_i = \sum a_i - \sum b_i$$

B 点高程为:

$$H_B = H_A + h_{AB} = H_A + \sum h_i$$

水准测量时,要求对每一项计算都要进行检核,证明计算无误,要求:

$$\sum a - \sum b = \sum h = H_B - H_A$$

否则,说明计算有误。如表 2-3-1 中:

$$\sum a - \sum b = 3.195\ \text{m}$$

$$\sum h = 3.195\ \text{m}$$

$$H_B - H_A = 3.195\ \text{m}$$

等式条件成立,说明高差和高程计算正确。

四、水准测量的检核方法

为了及时发现观测中的错误，保证每个测站的高差观测的准确，可以采用测站校核的方法。测站校核有两种方法。

1. 两次仪器高法

即在水准测量中，每一测站上用两次不同仪器高度（相差大约 10cm）的水平视线来测定相邻两点间的高差，如果测定的两次高差之差不超过限差，取两次高差的平均值作为最后结果，否则重测。只有条件满足要求才可以迁站。

图 2-3-4 为用两次仪器高法进行水准测量的观测实例示意图。设已知水准点 BM_A 的高程 $H_A = 100.000$m，求待测点 BM_B 的高程 H_B。观测数据的记录及计算列于表 2-3-2 中。

具体观测步骤如下：

从水准点 BM_A 出发，首先把水准仪安置在 BM_A 和 ZD_1 两点的中央，瞄准后视点 BM_A 上的水准尺，精平后读取读数 1.134m，记入表 2-3-2 中 BM_A 行中后视读数一栏内；然后瞄准前视点 ZD_1 上的水准尺，精平后得前视读数 1.677m，记入 ZD_1 行中前视读数一栏内，则第一次仪器高测得 BM_A、ZD_1 间的高差 $h = 1.134\text{m} - 1.677\text{m} = -0.543\text{m}$，记入高差栏内。

保持同一位置不变，改变仪器高度，重新安置仪器，先瞄准前视点 ZD_1，精平读数得 1.554m，再瞄准后视点 BM_A，精平读数得 1.011m，分别记入 ZD_1 的前视栏和 BM_A 的后视栏，则第二次仪器高测得的高差 $h = 1.011\text{m} - 1.554\text{m} = -0.543\text{m}$，记入高差栏内。

如果两次测得的高差相差在 5mm 之内，取两次高差的平均值 -0.543m，记入平均高差栏内。这样就完成了第一个测站的观测工作。依次进行其他各站的观测，直至最后一站。

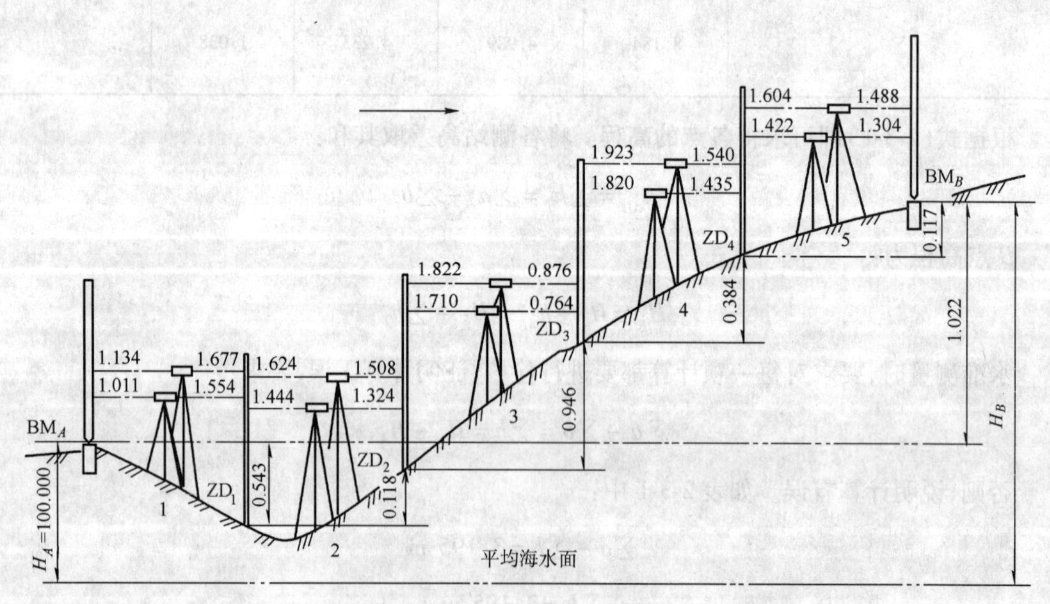

图 2-3-4 变动仪器高法水准测量示意图（尺寸单位：m）

水准测量变动仪器高法记录 表 2-3-2

测站	测点	水准尺读数(m)		高差(m)	平均高差(m)	高程(m)	备注
		后视 a	前视 b				
1	BM_A	1.134			−0.543	100.000	
		1.011					
	ZD_1		1.677	−0.543			
			1.554	−0.543			
2	ZD_2	1.444			+0.118		
		1.624					
	ZD_2		1.324	+0.120			
			1.508	+0.116			
3	ZD_2	1.822			+0.946		
		1.710					
	ZD_3		0.876	+0.946			
			0.764	+0.946			
4	ZD_3	1.820			+0.384		
		1.923					
			1.435	+0.385			
			1.540	+0.383			
5	ZD_4	1.422			+0.117		
		1.604					
	BM_B		1.304	+0.118		101.022	
			1.488	+0.116			
	$\sum$	15.514	13.476	2.044	1.022		
检验	$\sum a - \sum b = +2.044\text{m}$ $(\sum a - \sum b)/2 = +1.022\text{m}$						

同样测定完毕时，要求对每一页都要进行检核计算，证明计算无误，如表 2-3-2 所示。

最后，计算出 BM_B 的高程。

$$H_A = (100.000 + 1.022)\text{m} = 101.022\text{m}$$

2. *双面尺法*

用双面尺法进行水准测量时，每一测站上仪器高度不变，但要同时读取每一根水准尺的黑面和红面刻划的读数。分别计算黑面尺和红面尺读数的高差，二者误差应在 5mm 以内，取平均值作为测站高差值。双面尺法的记录、计算见第六章第五节。

第四节 水准测量成果的计算

水准测量中采用两次仪器高法或双面尺法进行测量时，虽然对一测站测量检核是符合要求的，但也仅限于读数误差和计算错误，对于整条路线来说，转点位置移动、标尺或仪器下沉等都会使水准测量的结果出现偏差。使得实测高差 $\sum h_{测}$ 与理论高差 $\sum h_{理}$ 不相符，存在一个差值，称为高差闭合差，用“f_h”表示。

即：

$$f_h = \sum h_{测} - \sum h_{理} \tag{2-4-1}$$

如果f_h满足：

$$f_h \leqslant f_{h容} \tag{2-4-2}$$

表示测量成果符合精度要求，可以应用；否则，必须重测。式中$f_{h容}$称为容许高差闭合差，在相应的规范中有具体规定。例如《工程测量规范》(GB 50026—93)规定：

三等水准测量平地$f_{h容} = \pm 12\sqrt{L}$ mm；山地$f_{h容} = \pm 4\sqrt{n}$ mm (2-4-3)

四等水准测量平地$f_{h容} = \pm 20\sqrt{L}$ mm；山地$f_{h容} = \pm 6\sqrt{n}$ mm (2-4-4)

图根水准测量平地$f_{h容} = \pm 40\sqrt{L}$ mm；山地$f_{h容} = \pm 12\sqrt{n}$ mm (2-4-5)

式中：L——往返测段、附合或闭合水准线路长度，km；

n——整个路线所设的测站数。

计算出的$f_{h容}$以 mm 为单位。

一、高差闭合差f_h的计算与检核

1. 闭合水准路线

如图 2-3-2a)所示，由于路线的起点与终点为同一点，其高差$\sum h$理论上应为零，即：

$$\sum h_{理} = 0 \tag{2-4-6}$$

代入式(2-4-1)得：

$$f_h = \sum h_{测} \tag{2-4-7}$$

然后按式(2-4-2)进行外业计算的成果检核，验算f_h是否符合规范要求。验算通过后，方能进入下一步高差改正数的计算；否则，必须进行重测，直至达到要求为止。

2. 符合水准路线

如图 2-3-2b)所示，由于路线的起、终点的水准点A、B为已知点，两点间高差观测值$\sum h_{测}$的理论值应为：

$$\sum h_{理} = H_B - H_A \tag{2-4-8}$$

代入式(2-4-1)得：

$$f_h = \sum h_{测} - (H_B - H_A) \tag{2-4-9}$$

3. 支线水准路线

如图 2-3-2c)所示，由于路线进行往返观测，往返观测高差和的理论值应为：

$$\sum h_{理} = 0 \tag{2-4-10}$$

代入式(2-4-1)得：

$$f_h = \sum h_{往} + \sum h_{返} \tag{2-4-11}$$

计算出f_h后，根据不同测量等级计算出$f_{h容}$，如果f_h符合规范要求，方能进入下一步高差改正数的计算；否则，必须进行重测，直至达到要求为止。

二、高差改正数V_i的计算与高差闭合差调整

1. 高差改正数V_i计算

对于闭合水准和附合水准，在满足$f_h \leqslant f_{h容}$条件下，通过计算对观测值$\sum h_{测}$进行改正，使

之符合理论值。改正的原则是：将 f_h 反号按测程 L 或测站 n 成正比分配。设路线有 i 个；测段（两水准点间的水准路线，$i=1,2,3,\cdots$），第 i 测段的水准路线长度为 L_i（以 km 计）或测站数为 n_i，总里程或总测站数为 $\sum L$ 或 $\sum n$，则测段高差改正数为：

$$V_i=\frac{-f_h}{\sum L}L_i \quad \text{或} \quad v_i=\frac{-f_h}{\sum n}n_i \tag{2-4-12}$$

式中：V_i——第 i 个测段的高差闭合差的改正数，mm；

$\sum L$——路线总长，km；

L_i——第 i 个测段长度，km；

$\sum n$——总测站数；

n_i——第 i 个测段的测站数。

改正数凑整至 mm，并按下式进行验算：

$$\sum V_i=-f_h \tag{2-4-13}$$

若改正数的总和绝对值与闭合差的绝对值不相等，则表明计算有错，应重算。如因凑整引起的微小不符值，则可将它分配在任一测段上。

2. 调整后高差计算

高差改正数计算经检核无误后，将测段实测高差加以调整，加入改正数 V_i 得到调整后的高差 $\sum h'_i$，即：

$$\sum h'=\sum h_{测i}+V_i \tag{2-4-14}$$

调整后线路的总高差应等于它相应的理论值，以便于检核。

对于支线水准，在 $f_h \leqslant f_{h容}$ 条件下，取其往返高差绝对值的平均值作为观测成果，即：

$$h=h_{往}-h_{返}$$

其正负号由往测结果为准，最后推算出待测点的高程。

三、高程计算

设 i 测段起点的高程为 H_{i-1}，则终点高程 H_i 应为：

$$H_i=H_{i-1}+\sum h'_i \tag{2-4-15}$$

从而可求得各测段终点的高程，并推算至已知点进行检核。

四、算例

1. 符合水准路线成果计算

某平地符合水准路线，BM_A、BM_B 为已知高程水准点，$H_A=68.376$，$H_B=71.623$。各测段的实测高差及测段路线长度如图 2-4-1 所示。该水准路线成果处理计算列入表 2-4-1 中。

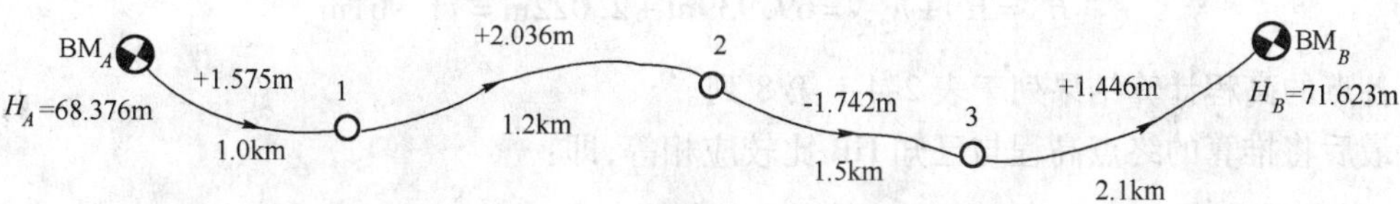

图 2-4-1　符合水准路线观测成果图

表 2-4-1

测段	点名	距离 L (km)	测站数	实测高差 (m)	改正数 (m)	改正后高差 (m)	高程 (m)	备注
1	2	3	4	5	6	7	8	9
	BM_A						68.376	
1		1.0		+1.575	−0.012	+1.563		
	1						69.939	
2		1.2		+2.036	−0.014	+2.022		
	2						71.961	
3		1.5		−1.742	−0.016	−1.758		
	3						70.203	
4		2.1		+1.446	−0.026	+1.420		
	BM_B						71.623	
Σ		5.8		+3.315	−0.068	+3.247		
辅助计算	$f_h = +68\text{mm}$ $f_{h容} = \pm 40\sqrt{5.8} = \pm 96\text{mm}$			$L = 5.8\text{km}$ $-f_h/\sum L = 12\text{mm}$				

注：表中按距离调整计算。

以第 1 测段和第二测段为例，测段改正数为：

$$V_1 = -\frac{fh}{\sum l} \times l_1 = -(0.068/5.8) \times 1.0\text{m} = -0.012\text{m}$$

$$V_2 = -\frac{fh}{\sum l} \times l_2 = -(0.068/5.8) \times 1.2\text{m} = -0.014\text{m}$$

检核：

$$\sum V = -f_h = -0.068\text{m}$$

第一测段及第二测段改正后的高差为：

$$h_{1改} = h_{1测} + V_1 = +1.575\text{m} - 0.012\text{m} = +1.563\text{m}$$

$$h_{2改} = h_{2测} + V_2 = +2.036\text{m} - 0.014\text{m} = +2.022\text{m}$$

检核：

$$\sum h_{i改} = H_B - H_A = +3.247\text{m}$$

对每一测段进行计算，将结果填入表 2-4-1 中的第 7 栏。

经过检核过的改正高差，由起点开始逐点推算出各点的高程，如：

$$H_1 = H_A + h_{1改} = 68.376\text{m} + 1.563\text{m} = 69.939\text{m}$$

$$H_2 = H_1 + h_{2改} = 69.939\text{m} + 2.022\text{m} = 71.961\text{m}$$

各点的高程计算结果列于表 2-4-1 第 8 列。

最后将推算的终点高程与已知 HB 比较应相等，即：

$$H_{B算} = H_{B已知} = 71.623\text{m}$$

否则计算有误。

2. 闭合水准路线成果计算

闭合的计算方法与符合的类似，只是闭合水准路线各测段高差的代数和为零。相应的测定值就等于闭合水准路线的高差闭合差f_h，即$f_h=\sum h_{测}$，$f_h \leqslant h_{h容}$时，可以进行闭合差的计算调整，其余步骤与符合水准路线相同。

3. 支水准路线成果计算

根据前面所述，只要对往返观测的高差取平均就可以得到需要的值。

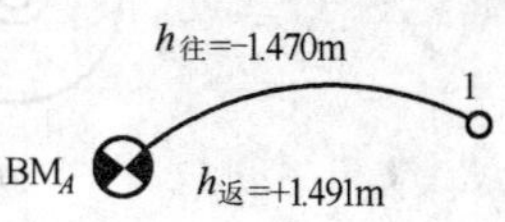

图 2-4-2　支水准路线

现在以图 2-4-2 为例说明。图中水准 A 点的高程是 100.00m，往返共计 16 个测站。

$$f_h=h_{往}+h_{返}=-1.470\text{m}+1.491\text{m}=0.021\text{m}$$

$$f_{h容}=\pm 12\sqrt{16}\text{mm}=\pm 48\text{mm}$$

可见，满足精度要求。可取往返高差绝对值的平均值作为 BM_A 与 1 之间的高差，符号与往测高差符号同，即：

$$h_{A1}=(-1.470-1.491)\text{m}/2=-1.481\text{m}$$

$$H_1=100.00-1.481=98.519\text{m}$$

第五节　DS_3 型水准仪的检验与校正

一、水准仪检定项目

由前面的内容可知，水准仪有视准轴 CC、圆水准器轴 $L'L'$、水准管轴 LL、仪器旋转轴 VV。根据水准测量的原理，水准仪必须提供一条水平视线，才能正确地测定出两点的高差，为此，其相应轴线间必须满足以下几何条件，如图 2-5-1 所示。

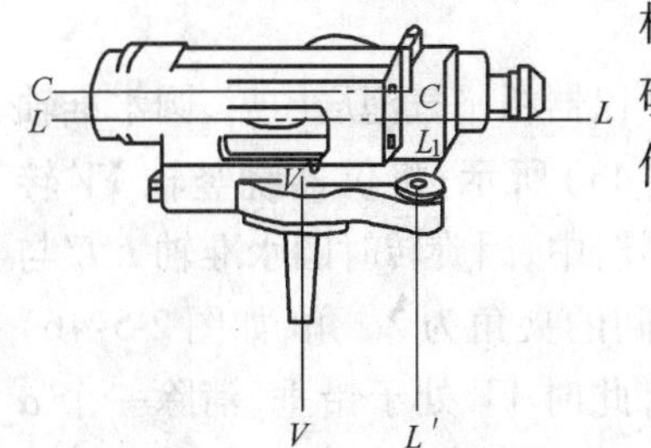

图 2-5-1　水准仪的几何轴线

(1) 圆水准器轴应平行于仪器的竖轴，即 $L'L' /\!/ VV$；

(2) 十字丝中横丝应垂直于仪器的竖轴；

(3) 水准管轴应平行于视准轴，即 $LL /\!/ CC$。

这些条件虽在仪器出厂前已经经过严格检验合格均能满足条件，但经过搬运、长期使用、振动等因素的影响，使之几何条件发生了变化。因此，为保证水准测量精度，在正式作业前，必须对水准仪进行必要的检验与校正。

二、$L'L' /\!/ VV$ 的检验与校正

1. 检验目的

满足条件 $L'L' /\!/ VV$。当圆水准器气泡居中时，VV 铅垂，这样仪器转动到任何位置，圆水准器都应居中。

2. 检验方法

安置仪器后，转动脚螺旋粗平仪器，使圆水准器气泡居中，如图 2-5-2a) 所示。

然后旋转仪器 180°，若气泡仍然居中，表明条件满足。如果气泡偏离中心则应进行校正，如图 2-5-2b）所示。

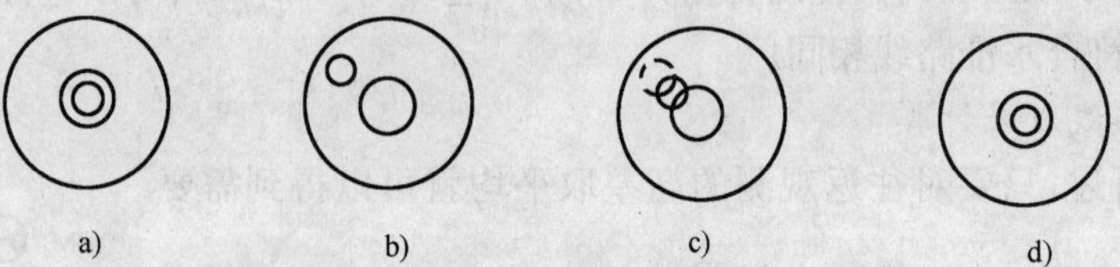

图 2-5-2　圆水准器检验与校正

3. 校正方法

转动脚螺旋使气泡返回偏离值的一半[图 2-5-2c）中粗实线]；然后用校正针稍松圆水准器背面中心固紧螺钉，如图 2-5-3 所示，拨动三个校正螺钉，使气泡居中，如图 2-5-2d）所示。校正工作一般一次难以完成，按上述检验、校正方法，需反复检校数次，直至仪器旋转在任何位置气泡均居中。最后，应注意将中心固定螺钉拧紧。

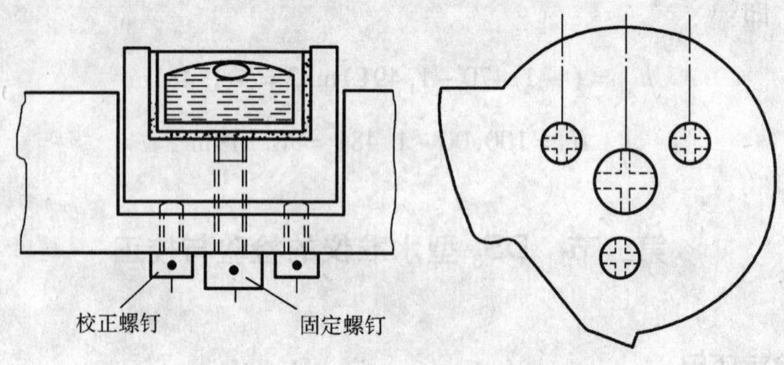

图 2-5-3　圆水准器校正部分

4. 检验原理

如图 2-5-4 所示，设 $L'L'$ 与 VV 不平行而存在一个交角 α。仪器粗平气泡居中后，圆水准轴 $L'L'$ 处于铅垂，而竖轴 VV 相对与铅垂线倾斜 α 角，如图 2-5-4a）所示；将仪器绕竖轴 VV 转 180°，圆水准轴 $L'L'$ 转到竖轴 VV 另一侧，此时圆水准器气泡不居中，因旋转时圆水准轴 $L'L'$ 与竖轴 VV 保持了交角 α，所以旋转后圆水准轴 $L'L'$ 与铅垂线之间的夹角为 2α 角，如图 2-5-4b）所示。校正时，旋转脚螺旋使气泡向中心移动偏离值的一半，此时 VV 处于铅垂，消除一个 α 角，如图 2-5-4c）所示。而后再拨校正螺钉使圆水准气泡退回另一半居中，则 $L'L'$ 也处于铅垂位置，再消除一个 α 角。于是 $L'L'//VV$ 的目的就达到了，如图 2-5-4d）所示。

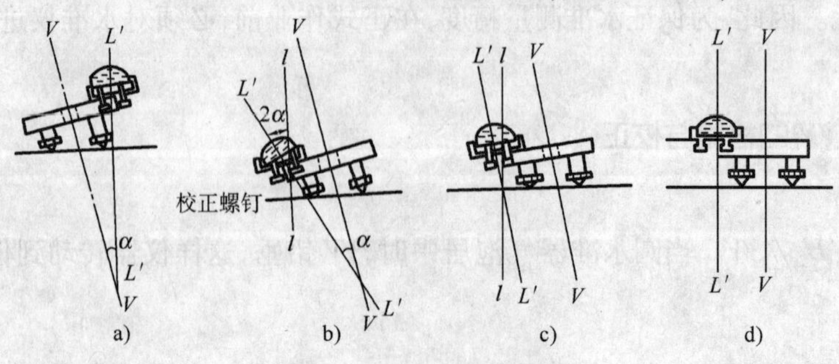

图 2-5-4　圆水准器检校原理

三、十字丝横丝垂直 VV 的检验与校正

1. 检验目的

满足十字丝横丝垂直于 VV 的条件，当 VV 铅垂时，横丝处于水平，这样，在水准尺上读数时可以用横丝的任何部分读数均相同。

2. 检验方法

粗平仪器后，用十字丝的一端瞄准一点状目标 P，如图 2-5-5a)、图 2-5-5c) 所示，旋紧制动螺旋，然后转动微动螺旋，从望远镜中观察 P 点。若 P 点始终在横丝上移动，则条件满足，如图 2-5-5b) 所示；若 P 点在望远镜左右移动时离开横丝，如图 2-5-5d) 所示，则需校正十字丝板。

3. 校正方法

松开十字丝板的 4 个固定螺钉，如图 2-5-5e)，按十字丝横丝倾斜的相反方向转动目镜筒，使横丝向 P 点移动偏离值的一半，直至 P 点始终在横丝上移动，表明横丝水平，然后拧紧固定螺钉。

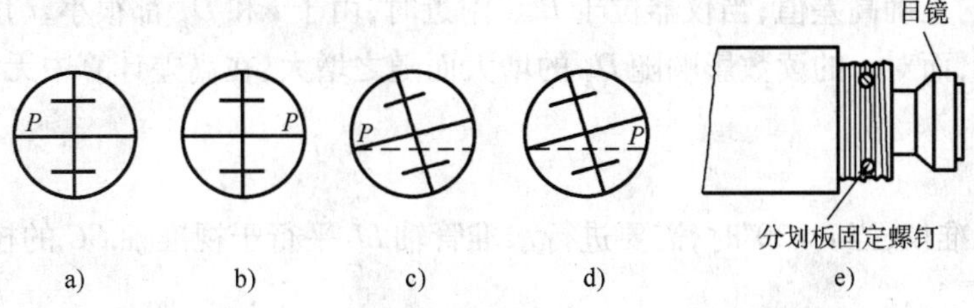

图 2-5-5 十字丝的检验与校正

四、水准管轴的检验与校正

1. 检验目的

满足 $LL//CC$，当水准管气泡居中时，水准管轴水平，视准轴 CC 处于精密水平位置。

2. 检验方法

如图 2-5-6 所示，设水准管轴不平行于视准轴，二者在竖直面内投影的夹角为 i。当水准管气泡居中时，视准轴与水平视线将产生同样的角度 i，这样，当水准仪至尺面的距离越远，引起的读数偏差将越大。

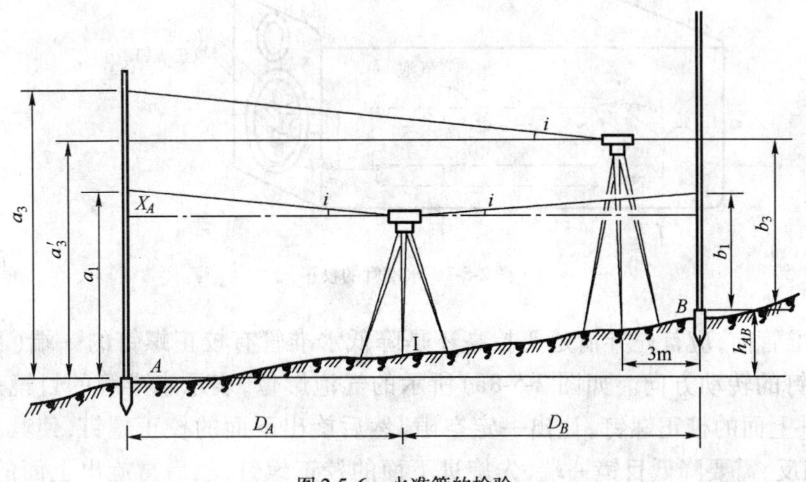

图 2-5-6 水准管的检验

选择一段 80 ~ 100m 的平坦场地，两端钉木桩或放尺垫 A、B，并立上标尺。按中间法变更仪器高两次测定 A、B 间的高差 h_1 和 h_2，若较差 $\Delta h = h_1 - h_2 \leqslant 3\text{mm}$，取其平均值 $h_{AB} = \frac{(h_1 + h_2)}{2}$ 作为两点间的正确高差。因为存在 i 角误差，分别引起 A、B 两尺的读数误差为 Δa 和 Δb，由于此时的仪器距两尺的距离相等，根据几何原理知：$\Delta a = \Delta b$，由图 2-5-6 可得：

$$h_{AB} = h_1 - h_2 = (a_1 - \Delta a) - (b_1 - \Delta b) = a_1 - b_1$$

将仪器搬至前视尺 B 附近（约 3m），精平仪器后在 A、B 尺上读数 a_3、b_3，若 $h_3 = a_3 - b_3 = h_{AB}$，则表明 $LL//CC$；若 $h_3 \neq h_A$，表明 LL 与 CC 之间存在夹角 i：

$$i = \frac{h_3 - h_{AB}}{D_{AB}}\rho'' \qquad (\rho'' = 206\,265'')$$

当 $i > 20''$时，则应进行校正。

这说明：当 i 存在时，若采用中间法（即前、后视距相等）测定高差，可以消除 i 角对高差的影响，得到两点的正确高差值；当仪器位于 B 点附近时，由于 i 和 D_B 都很小，i 角对 b 的读数影响可以忽略不计，而对 a 的读数影响随 D_A 的增大而随之增大，在高差计算中无法消除其影响，必须进行检校。

3. 校正方法

对 DS_3 型水准仪，当 $i > 20''$时，需要进行水准管轴 LL 平行于视准轴 CC 的校正。校正有两种方法。

（1）校正水准管。仪器在近 B 点不动，计算出消除 i 角影响后 A 尺（远尺）的正确读数 a'_3，由图可看出：

$$a'_3 = b_3 + h_{AB}$$

若 $a_3 < a'_3$，说明视线向上倾斜；反之向下倾斜。转动微倾螺旋，使横丝对准 a'_3，此时，视准轴 CC 处于水平位置，而水准管气泡必不居中。用校正拨针松动符合水准器一端的左侧或右侧的一个固定螺钉，如图 2-5-7 所示，然后拨动上、下校正螺钉直至气泡严密居中为止。最后拧紧左侧或右侧的前面松开的校正螺钉。

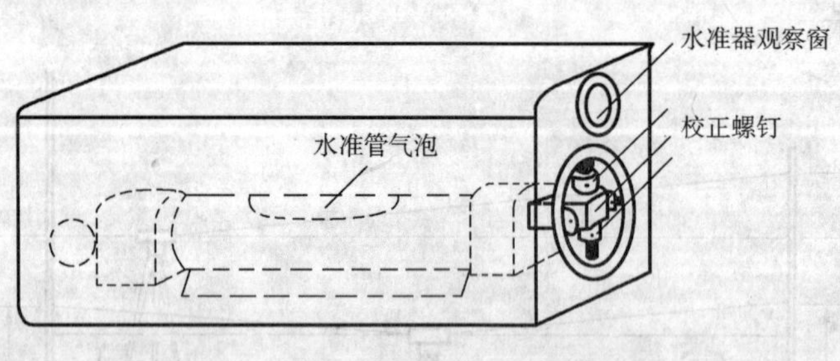

图 2-5-7　水准管的校正

校正水准管前，应首先弄清楚要抬高还是降低水准管有校正螺钉的一端（目镜端），以决定校正螺钉的转动方向。如图 2-5-8a）所示的气泡影像，表示水准管的目镜一端需要抬高，应先旋进上面的校正螺钉，让出一定空隙，然后旋出下面的校正螺钉，使其抬高。如图 2-5-8b）则相反，需要降低目镜一端，先旋进下面的校正螺钉，然后再旋出上面的校正螺钉，使其降低。由于这种成对的校正螺钉均为对抗螺钉，在校正时必须遵循“先松后紧，边松边紧,最后固紧”的规则;否则,非但不能达到校正的目的,而且容易损坏校正螺钉。

(2)校正十字丝。水准管气泡居中后,旋下十字丝外罩,转动十字丝的上、下两个校正螺钉(图 2-5-5),十字丝的横丝会上、下移动,使横丝对准 A 尺上的正确读 a'_3,使视准轴水平,满足 $LL//CC$ 的条件。同样遵循“先松后紧”的规则转动校正螺钉。

$LL//CC$ 是水准仪的重要条件,因而必须反复检校,直至达到要求为止。

最后指出,在测量时,一般保证前后视距相等,这样即使水准管轴不平行于视准轴,对所求高差没有影响。

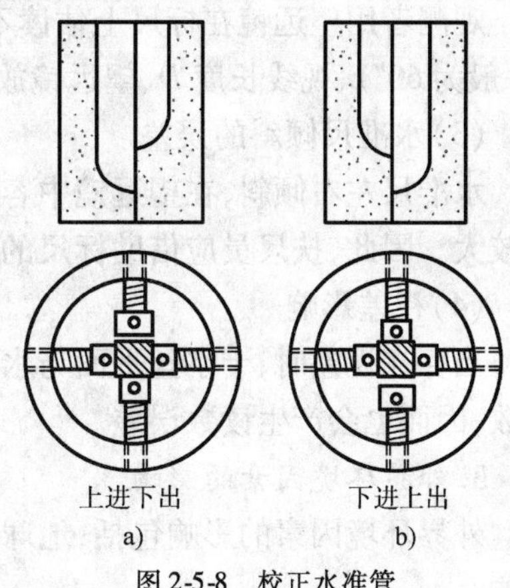

图 2-5-8　校正水准管

第六节　水准测量的误差分析及注意事项

一、水准测量的误差

测量仪器制造不可能完善,经检验校正也不能完全满足理想的几何条件。同时,由于观测人员感官的局限和外界环境因素的影响,使观测数据不可避免地存在误差。为了保证应有的观测精度,测量工作者应对测量误差产生的原因、性质及防止措施有所了解,以便将误差控制在最小程度。

测量误差主要来源于仪器误差、观测误差和外界环境因素影响 3 个方面。水准测量也不例外。

1. 仪器误差

(1)视准轴不平行水准管轴的误差

当仪器受振或使用日久,两轴线间会产生微小 i 角。即使水准管气泡居中,视线也不会水平,从而在标尺上的读数产生 i 角误差。这项 i 角的影响采用前后视距相等观测可以消除其影响。或者某一测站的前视(或后视)距离较大,那么就在下一测站上使后视(或前视)距离较大,使误差可以相互抵消一部分。

(2)水准尺的误差

这项误差包括尺长误差、分划误差和零点误差,它直接影响读数和高差精度。经检定不符合尺长误差、分划误差规定要求的水准尺应禁止使用。尺长误差较大的尺,对于精度要求较高的水准测量,应对读数进行尺长误差改正。零点误差是由于尺底不同程度磨损而造成的,成对使用的水准尺可在测段内设偶数站消除。这是因为水准尺前后视交替使用,相邻两站高差的影响值大小相等符号相反。

2. 观测误差

(1)水准管气泡居中的误差

水准测量读数前,必须使水准管气泡严格居中。由于水准管内壁的黏滞作用和观测者眼睛分辨能力局限,使气泡未严格居中产生误差,观测时使气泡精确地居中或符合。

(2)估读水准尺分划的误差

观测者用望远镜在标尺上估读不足分划值的微小读数，产生的估读误差与人眼分辨能力（一般为60″）、视线长度 D、望远镜放大倍率 V 有关。

（3）水准尺倾斜的误差

水准尺左右倾斜，在望远镜中容易发现，可及时纠正。但水准尺前后倾斜，对测量成果影响较大。因此，扶尺员应借助标尺的水准器立直标尺。

（4）视差影响

当存在视差时，十字丝平面与水准尺影像不重合，若肉眼观察的位置不同，便读出不同的读数，因而也会产生读数误差。

3. 外界环境因素的影响

外界环境因素的影响包括：地球曲率和大气折光，仪器和水准尺升降及大气温度和风力的影响。

二、注意事项

导致水准测量中精度达不到要求而返工的原因是由于对测量工作不熟悉和不够细心。为此要求测量人员除了应极端负责以外，还应注意以下事项。

1. 观测

（1）观测前，应对仪器进行认真的检验和校正。

（2）仪器放到三脚架上后，应立即把连接螺旋旋紧，以免仪器从脚架上摔下来，并做到操作人员不离开仪器。

（3）仪器应安置在土质坚硬的地方，并应将三脚架踏实，防止仪器下沉。遇有坡度的地形应注意将脚架两支置于坡下，第三支立于坡上，以防止观测中不慎碰落仪器。

（4）水准仪至前、后视水准尺的距离应尽量相等，并且距离应满足相应的规范要求。

（5）每次读数前，应严格消除视差，水准管气泡要严格居中，读数时要仔细、迅速、果断，大数（m、dm、cm）不要读错，毫米数要估读正确。

（6）晴天阳光下，应撑伞保护仪器。

（7）迁站时，先检查仪器中心连接螺旋是否可靠，将脚螺旋调至等高，然后收拢架腿，一手扶着基座，一手斜抱着架腿夹在腋下，安全搬站。如果地形复杂，应将仪器装箱搬站。严禁将仪器扛在肩上搬站，防止发生仪器事故。

2. 记录

（1）记录员在听到观测员读数后，要正确记入相应的栏目中，并要边记边回报数字、得到观测者的默许，方可确定，记录资料不得转抄。

（2）字体要清晰、端正，如果记录有误，不准用橡皮擦拭，应在错误数据上画斜线后再重新记录。

（3）每站高差应当场计算，检验合格后，方可通知观测员迁站。

3. 立尺

（1）立尺员必须将尺立在土质坚硬处，使用尺垫时，应事先将尺垫踏紧，将尺立在半球顶端。使用塔尺时，要防止尺段下滑造成读数错误。

（2）水准尺必须立直。

（3）水准仪迁站时，作为前视点的立尺员，在活动尺子时，要切记不能改变转点的位置。

第七节　自动安平水准仪和电子水准仪

一、自动安平水准仪

自动安平水准仪的结构特点是没有管水准器和微倾螺旋，通过在望远镜内装一个自动补偿器代替水准管。仪器经粗平后，由于补偿器的作用，无需精平即可通过中丝获得视线水平时的读数。简化了操作，提高了观测速度；还补偿了如温度、风力、振动等对测量成果一定限度的影响，从而提高了观测精度。如图 2-7-1 所示为 DSZ_2 型自动安平水准仪（上海隆强检测仪器设备有限公司出品）。

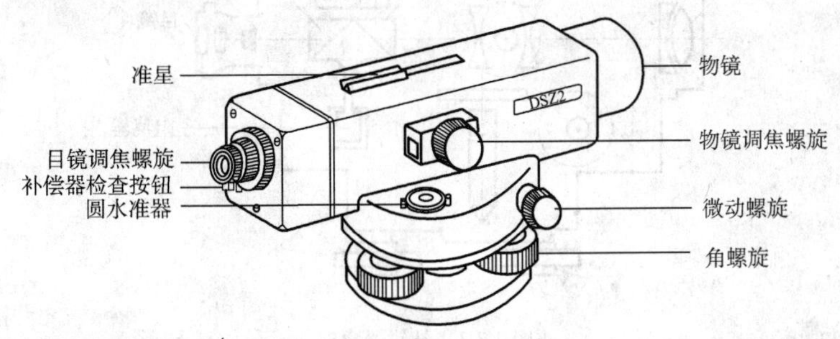

图 2-7-1　DSZ_2 型自动安平水准仪

1. 自动安平原理

如图 2-7-2 所示，视线水平时的十字丝交点在 A 处，读数为 a。当视准轴倾斜一个角值 α 后，十字丝交点由 A 移至 A'，通过视准轴的读数为 α'，不是水平视线的读数。显然，$AA' = f\alpha$。为了使水平视线能通过 A' 获得读数 α，在光路上安置一个补偿器，让视线水平的读数 α 经过补偿器后偏转一个 β 角，最后落在十字丝交点 A'。这样即使视准轴倾斜一定角度（一般为 ±10′），仍可读得水平视线的读数 α，因此达到了自动安平的目的。可见，补偿器必须满足：

$$f\alpha = s\beta$$

式中：f——物镜等效焦距；

s——补偿器到十字丝交点的距离。

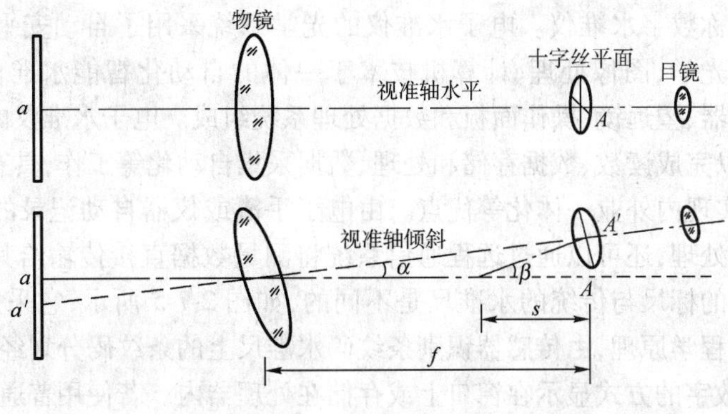

图 2-7-2　自动安平原理

2. 补偿器的结构及原理

补偿器种类繁多,常用补偿器的结构是由采用特殊材料制成的金属丝悬吊一组光学棱镜组成,它利用重力原理来进行视线安平,见图 2-7-3,只有当视准轴的倾斜角 α 在一定范围内时,补偿器才起作用,补偿器起作用的最大容许倾斜角称为补偿范围。自动安平水准仪的补偿范围一般为 ±8′ ~ ±11′,其圆水准器的分划值一般为 8′/2mm,因此操作自动安平水准仪时只要旋转脚螺旋,将圆水准气泡居中,补偿器就能起作用。由于补偿器相当于一个重摆,因此开始时会有些晃动(表现为十字丝相对于水准尺像的晃动),1 ~2s 后即趋于稳定,就可以在水准尺上进行读数了。

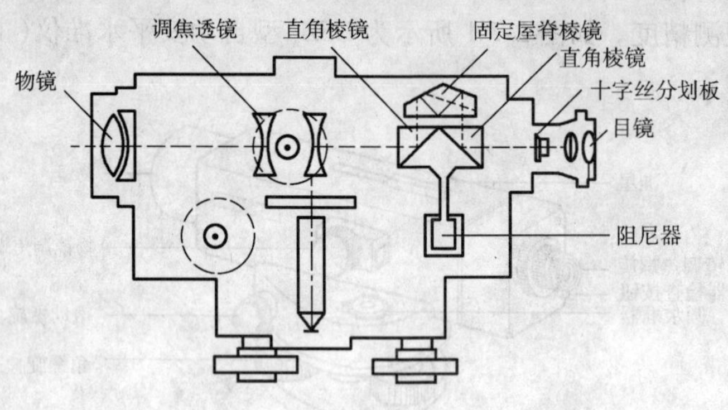

图 2-7-3　补偿器原理

3. 自动安平水准仪的使用

自动安平水准仪的使用与一般微倾式水准仪的操作方法基本相同,不同之处为自动安平水准仪不需要精平这一项操作。仪器经过认真粗平、照准后,即可进行读数。由于补偿器相当于一个重力摆,无论采用何种阻尼装置,重力摆静止需要几秒钟,故照准后过几秒钟读数为好。补偿器由于外力作用(如剧烈振动、碰撞等)和机械故障,会出现"卡死"失灵,甚至损坏,所以必须当心,使用前应检查其工作是否正常。检查方法:可以转动位于望远镜视准轴正下方的脚螺旋,如果警告指示窗两端能分别出现红色,反转该脚螺旋红色能消除,并能由红色转为绿色,说明补偿器灵敏,可以进行水准测量的观测。

二、电子水准仪

1. 电子水准仪的原理

电子水准仪又称数字水准仪。电子水准仪的光学系统采用了自动安平水准仪的基本形式,是一种集电子、光学、图像处理、计算机技术于一体的自动化智能水准仪。如图 2-7-4 所示,它由基座、水准器、望远镜、操作面板和数据处理系统组成。电子水准仪内藏应用软件和良好的操作界面,可以完成读数、数据存储和处理、数据采集自动化等工作,具有速度快、精度高、作业劳动强度小、实现内外业一体化等优点。由电子手簿或仪器自动记录的数据可以传输到计算机内进行后续处理,还可以通过远程通信系统将测量数据直接传输给其他用户。电子水准仪测量时所使用的标尺与传统的水准尺是不同的,如图 2-7-5 所示,它采用条纹码水准尺,是利用近代电子工程学原理,由传感器识别条纹码水准尺上的条纹码分划经信息的转换、处理获得观测值,并以数字的方式显示在窗口上或存储在处理器内。若使用普通水准尺,也可当普通水准仪使用。

2. 电子水准仪的特点

电子水准仪是以自动安平水准仪为基础,在望远镜光路中增加了分光镜和探测器(CCD),并采用条码标尺和图像处理电子系统而构成的光机电测一体化的高科技产品。采用普通标尺时,又可像一般自动安平水准仪一样使用。

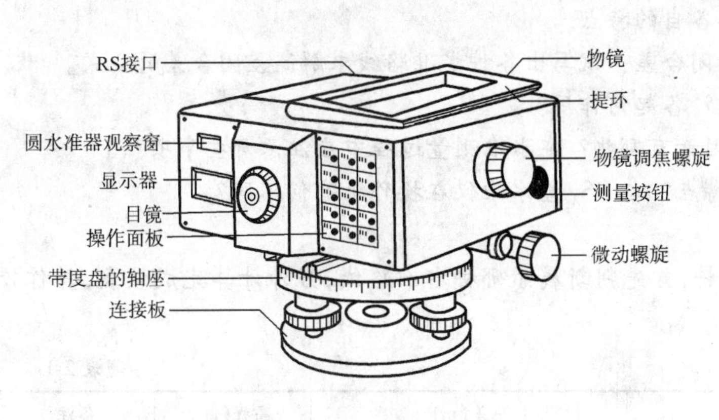

图 2-7-4 电子水准仪图

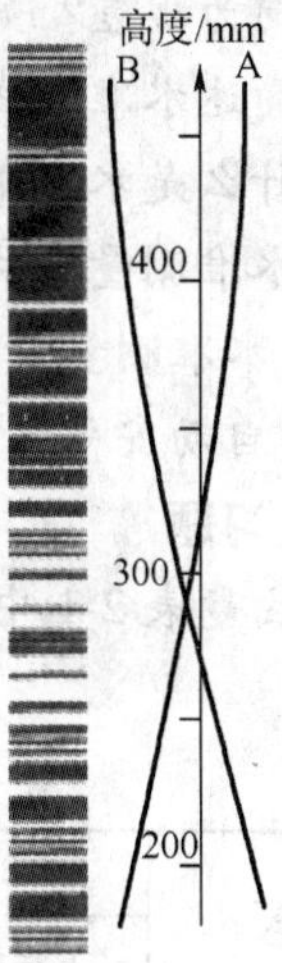

图 2-7-5 条纹码水准尺

它与传统仪器相比有以下不同特点。

(1)读数客观。不存在误差、误记问题,没有人为读数误差产生。

(2)精度高。视线高和视距读数都是采用大量条码分划图像经处理后取平均值得出的,因此减小了标尺分划误差的影响。多数仪器都有进行多次读数取平均值的功能,可以削弱外界条件影响。不熟练的作业人员也能进行高精度测量。

(3)速度快。由于省去了报数、听记、现场计算的时间以及人为出错的重测数量,测量时间与传统仪器相比可以节省 1/3 左右。

(4)效率高。只需调焦和按键就可以自动读数,减轻了劳动强度。视距还能自动记录、检核、处理并可输入电子计算机进行后处理,可实现内、外业一体化。

3. 电子水准仪的使用

电子水准仪的安置与使用与传统的光学水准仪相比,具有操作更简单、观测无疲劳且自动化程度高等特点。

(1)安置仪器:电子水准仪的架设与传统的光学水准仪的架设相同。

(2)整平:旋转脚螺旋,使圆水准器的气泡居中即可。

(3)输入测站参数:主要应输入测站点的高程。

(4)观测:将望远镜对准条纹码水准尺,按动仪器上的红色测量键即可。

(5)读数:直接从显示窗口显示的数字,获取高差、高程以及距离等观测结果。

思考题及习题

一、思考题

1. 水准测量中,计算待定点高程有哪两种方法? 各在什么情况下应用?

2. 何为前视读书？何为后视读数？

3. DS_3 型水准仪由几部分组成？有哪几条轴线？各轴线应满足什么条件？

4. 水准测量中的“中间法”有何作用？

5. 何为水准点？何为转点？转点的作用是什么？

6. 何为视差？如何检查？简述消除视差的方法。

7. 简述水准路线的形式及其各自的特点。

8. 什么是水准测量中的高差闭合差？试写出各种水准路线求解高差闭合差的公式。

9. 水准测量中共有几项检核？各起何作用？

10. 水准测量中产生误差的因素有哪些？在水准测量过程中应注意哪些事项？

11. 自动安平水准仪有什么特点？与 DS_3 型水准仪在操作上有何不同？

二、习题

1. 由题表 2-1 中所列观测资料，首先判断属于哪种水准路线，另外计算完成该表，并作较核计算。

题表 2-1

测点	标尺读数(m)		高差(m)		高程(m)	备注
	后视 a	前视 b	+	−		
BM_1	0.235				100.00	已知 BM_1 的高程为 100.00
ZD_1	2.168	1.218				
ZD_2	2.453	0.598				
ZD_3	1.721	0.746				
BM_2		0.981				
计算检核						

2. 如题图 2-1 所示，为一闭合水准路线的图根水准测量观测成果，试计算各水准点的高程，将结果填于题表 2-2 中。

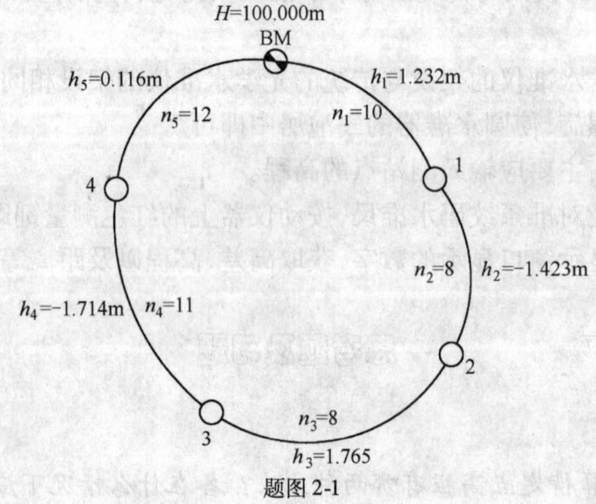

题图 2-1

题表 2-2

点　　号	测　站　数	观测高差（m）	高差改正数（m）	改正后高差（m）	高程（m）	备　　注
BM					100.000	
1						
2						
3						
4						
BM						
辅助计算						

3. 在水准仪检校时，如题图 2-2 所示，将水准仪安置在 A、B 两点正中间的情况下，A 尺读数 $a_1=1.432$m，B 尺读数 $b_1=1.228$m。将水准仪搬至 B 尺附近，对 B 尺读数为 $b_2=1.577$m，A 尺读数为 $a_2=1.806$m，问水准管轴是否平行于视准轴，若不平行应如何校正。

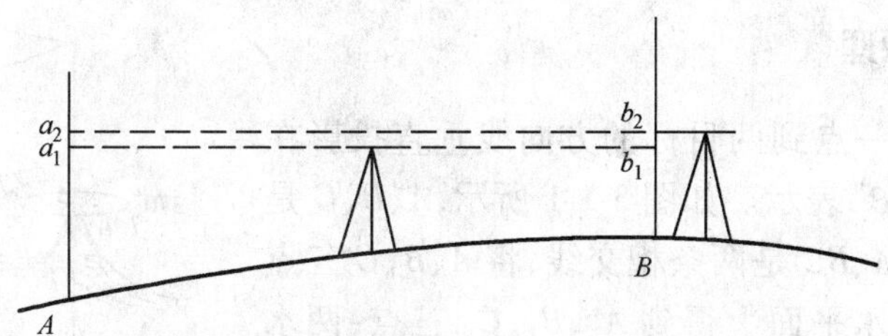

题图 2-2

4. 某高层建筑，二层地面高程为 +3.000m，现浇楼板及地面共 150mm 厚，其模板板面高程为__________，该工程有两层地下室，地下一层地面高程为 −3.000m，现浇板一次成活 120mm 厚，其模板板面高程为__________。

第三章　角 度 测 量

学习目的与要求

1. 了解角度测量原理；
2. 掌握经纬仪的技术操作方法，用光学对中器进行对中时经纬仪的安置方法；
3. 掌握测回法观测水平角和竖直角；
4. 了解光学经纬仪经常检验与校正的项目，影响角度测量的因素；
5. 了解电子、激光经纬仪。

第一节　角度测量原理

一、水平角测量原理

水平角是地面上一点到两目标的方向线垂直投影在水平面上的夹角，用"β"表示。如图 3-1-1 所示，A、B、C 是地面上任意三个点，BA、BC 是两条相交线，将 A、B、C 三点沿铅垂线方向投影到水平面上得到 A_1、B_1、C_1 三点，两水平线 B_1A_1、B_1C_1 形成一夹角 $\angle A_1B_1C_1$，就是 B 点对 A、C 方向的水平角 β，其数值范围在 0°～360°之间，由此可见，地面上一点到两目标的方向线之间的夹角，就是通过该两方向线所作铅垂面间的二面角。

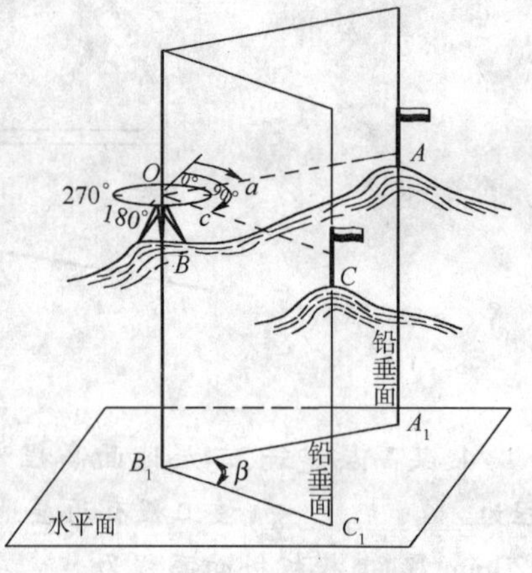

图 3-1-1　水平角测量原理

为测量出水平角的大小，可以设想在两铅垂面的交线的一点 O，水平放置一个顺时针方向刻画的圆形度盘，圆盘的圆心与过 B 点的铅垂线一致，且使圆盘水平；另外，还必须有一个能够瞄准远方目标的望远镜，望远镜应可以在水平面和铅垂面内旋转，通过望远镜分别瞄准高低不同的目标 A 和 C，过 BA 方向线沿铅垂面投影在水平度盘上，得一读数 a，过 BC 方向线沿铅垂面投影在水平度盘上，得一读数 c，则水平角为：

$$\beta = c - a \qquad (3\text{-}1\text{-}1)$$

二、竖直角测量原理

在同一竖直面内，一点至目标的方向线（视线）与一水平线之间的夹角，称为竖直角，或称为高度角，通常用 α 表示。如图 3-1-2 所示，视线在水平线之上称为仰角，测量规定仰角为正（$\alpha > 0$），图中 M 点竖直角 α_M 为仰角；视线在水平线之下称为俯角，测量规定俯角为负（$\alpha < 0$），图中 N 点竖直角 α_N 为俯角。竖直角角值范围为$[\alpha] \leqslant 90°$。

其测角原理如图 3-1-2 所示，在测站点 O 上安置一个带有竖直刻度盘的测角仪器，其竖盘中心通过水平视线，为便于读数，仪器上设置一根不随读数盘上下旋转而变动的指标线（且处于铅垂位置）。当视线水平时，指标线在读数盘上的对应读数为0°或90°的倍数，设照准目标点 A 时视线的读数为 n，水平视线的读数为90°，则目标方向的竖直角 α 为：

$$\alpha = 90° - n \qquad (3\text{-}1\text{-}2)$$

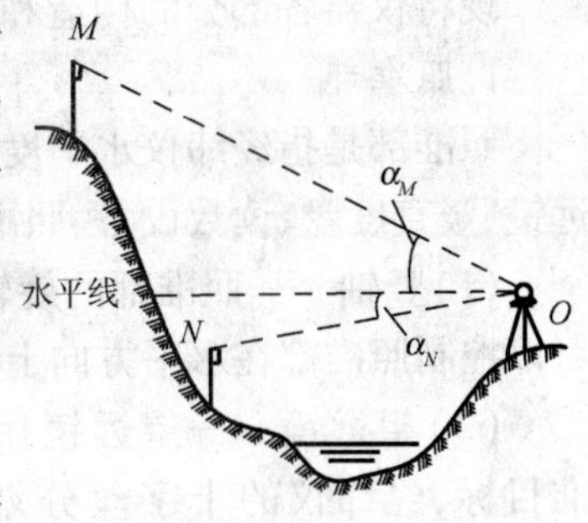

图 3-1-2　竖直角测量原理

由此可见，为完成水平角和竖直角的测量，测量使用的仪器必须具备水平度盘、竖直度盘和能在水平方向左右旋转，而且还能在竖直方向上下旋转，用于瞄准不同方向、不同高度目标的望远镜。经纬仪就是根据上述基本要求设计制造的测角仪器。

第二节　DJ_6 级光学经纬仪的构造

一、经纬仪概述

经纬仪的种类繁多，按其读数系统区分，可以分成光学经纬仪、电子经纬仪和激光经纬仪等。现在使用的大多是光学经纬仪，光学经纬仪按测角精度，分为 DJ_{07}、DJ_1、DJ_2、DJ_6 和 DJ_{15} 等几个等级；电子经纬仪有 DJD_2、DJD_5、DJD_7 等几个等级，前面的字母"D、J、D"分别是大地测量的"大"、经纬仪的"经"及电子测角的"电"的汉字拼音第一个字母，下标数字07、1、2、5、6、7、15 表示仪器的精度等级，即"一测回方向观测中误差的秒数"。下标数字越小，测角的精度越高。本章主要介绍 DJ_6 型光学经纬仪的构造和使用。

二、DJ_6 型光学经纬仪的构造

DJ_6 型光学经纬仪主要由照准部、水平度盘和基座三部分组成。如图 3-2-1 所示为 DJ_6 型光学经纬仪，其各部件名称已注记在图上。

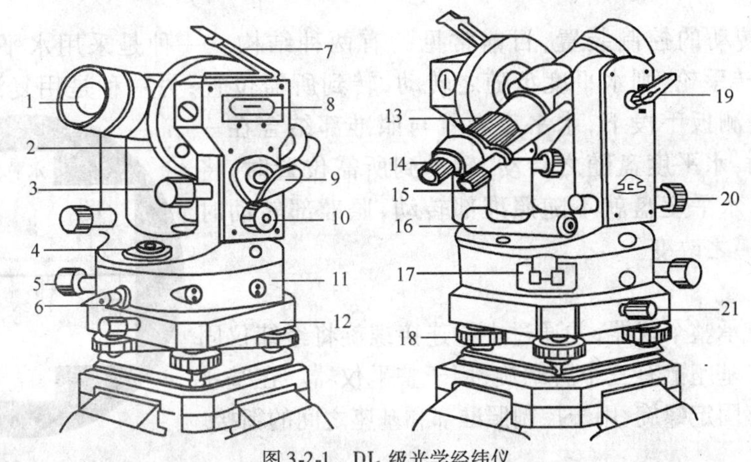

图 3-2-1　DJ_6 级光学经纬仪

1-物镜；2-竖直度盘；3-竖盘指标水准管微动螺旋；4-圆水准器；5-照准部微动螺旋；6-照准部制动扳钮；7-水准管反光镜；8-竖盘指标水准管；9-度盘照明反光镜；10-测微轮；11-水平度盘；12-基座；13-望远镜调焦筒；4-目镜；15-读数显微镜目镜；16-照准部水准管；17-复测扳手；18-脚螺旋；19-望远镜制动扳钮；20-望远镜微动螺旋；21-轴座固定螺旋

现将仪器各部分的构造和部件名称及使用说明如下。

1. 照准部

照准部是指经纬仪水平度盘之上，能绕其旋转轴旋转部分的总称。照准部主要由竖轴、望远镜、竖直度盘、读数设备、照准部水准管和光学对中器等组成。

(1)竖轴——照准部的旋转轴称为仪器的竖轴。通过调节照准部制动螺旋和微动螺旋，可以控制照准部在水平方向上的转动。

(2)望远镜——望远镜用于瞄准目标。另外为了便于精确瞄准目标，经纬仪的十字丝分划板与水准仪的稍有不同，如图 3-2-2 所示。

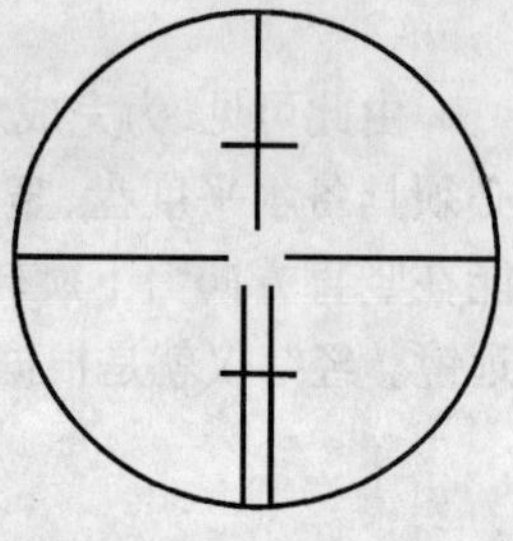

图 3-2-2 十字丝分划板

望远镜的旋转轴称为横轴。通过调节望远镜制动螺旋和微动螺旋，可以控制望远镜的上下转动。

望远镜的视准轴垂直于横轴，横轴垂直于仪器竖轴。因此，在仪器竖轴铅直时，望远镜绕横轴转动扫出一个铅垂面。

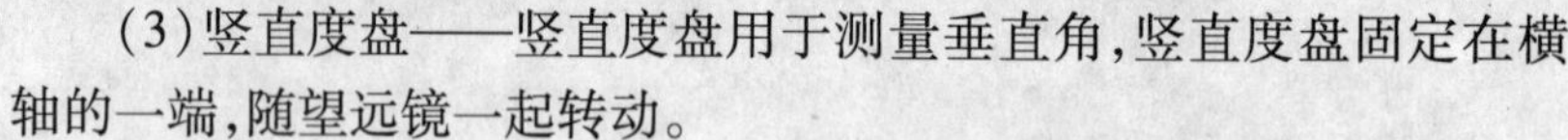

(3)竖直度盘——竖直度盘用于测量垂直角，竖直度盘固定在横轴的一端，随望远镜一起转动。

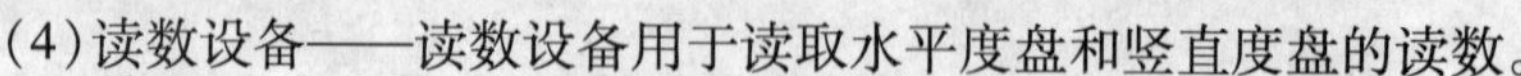

(4)读数设备——读数设备用于读取水平度盘和竖直度盘的读数。

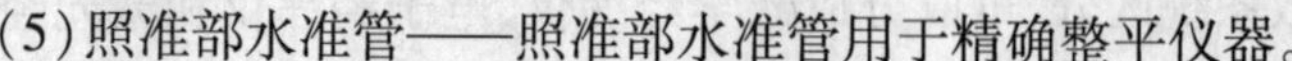

(5)照准部水准管——照准部水准管用于精确整平仪器。

水准管轴垂直于仪器竖轴，当照准部水准管气泡居中时，经纬仪的竖轴铅直，水平度盘处于水平位置。

(6)光学对中器——光学对中器用于使水平度盘中心位于测站点的铅垂线上。

2. 水平度盘

水平度盘是用于测量水平角的。它是由光学玻璃制成的圆环，环上刻有 0°～360°的分划线，在整度分划线上标有注记，并按顺时针方向注记，其度盘分划值为 1°或 30′。水平度盘与照准部是分离的，当照准部转动时，水平度盘并不随之转动。如果需要改变水平度盘的位置，以消除水平度盘的刻划误差时，则可以通过水平度盘转动的控制装置，将度盘变换到所需要的位置。

水平度盘转动的控制装置，目前常见的有两种结构。一种是采用水平度盘变换手轮，使用时，旋转手轮，则水平度盘随之转动，转到所需位置；另一种是用复测机钮装置，使用时，可将复测扳手拨下，水平度盘就与照准部结合在一起，照准部转动，水平度盘随之转动，转动到所需位置时，将复测扳手拨上，水平度盘就不随照准部转动，照准部转动时水平度盘读数随之改变。

3. 基座

基座用于支承整个仪器，并通过中心连接螺旋将经纬仪固定在三脚架上。基座上有三个脚螺旋，用于整平仪器。在基座上还有一个轴座固定螺旋，用于控制照准部和基座之间的衔接。

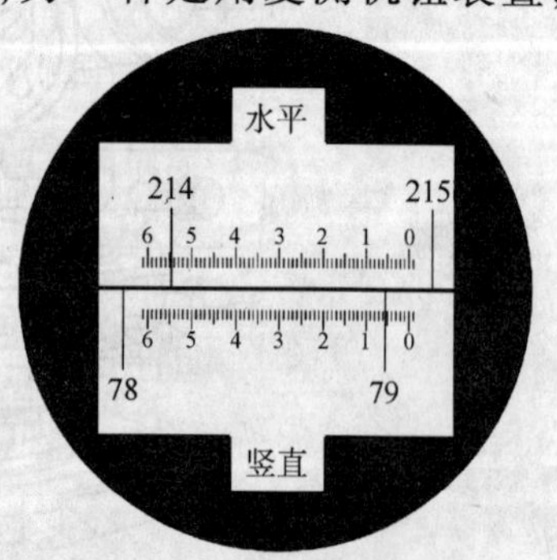

水平度盘读数214°54′42″

竖直度盘读数79°05′30″

图 3-2-3 测微尺的读数窗

三、读数设备及读数方法

度盘上小于度盘分划值的读数要利用测微器读出，DJ_6 型光学经纬仪一般采用分微尺测微器。如图 3-2-3 所示，在读数显微镜内可以看到两个读数窗：注有"水平"或"H"的是水平度盘读数窗；注有"竖直"或"V"的是竖直读数窗。每个读数窗上有一分微尺。

分微尺的长度等于度盘上 1°影像的宽度，即分微尺全长代表 1°。将分微尺分成 60 小格，每 1 小格代表 1′，可估读到 0.1′，即 6″。每 10 小格注有数字，表示 10′的倍数。

读数时，先调节读数显微镜目镜对光螺旋，使读数窗内度盘影像清晰，然后，读出位于分微尺中的度盘分划线上的注记度数，最后，以度盘分划线为指标，在分微尺上读取不足 1°的分数，并估读秒数。如图 3-2-3 所示，其水平度盘读数为214°54′42″，竖直度盘读数为 79°05′30″。

第三节　经纬仪的安置与水平角测量

角度测量的首要工作就是熟悉经纬仪的使用，经纬仪的使用主要包括仪器的安置、目标的瞄准和读数三项工作。

一、安置仪器

安置仪器是将经纬仪安置在测站点上，包括对中和整平两项内容。对中的目的是使仪器中心与测站点标志中心位于同一铅垂线上；整平的目的是使仪器竖轴处于铅垂位置，水平度盘处于水平位置。

1. 初步对中整平

(1)用垂球对中，其操作方法如下：

①将三脚架调整到合适高度，张开三脚架安置在测站点上方，在脚架的连接螺旋上挂上垂球，如果垂球尖离标志中心太远，可固定一脚移动另外两脚，或将三脚架整体平移，使垂球尖大致对准测站点标志中心，并注意使架头大致水平，然后将三脚架的脚尖踩入土中。

②将经纬仪从箱中取出(注意仪器在箱中的摆放位置，便于仪器用完后能正确装箱)，一只手握住仪器支架，另一只手托住仪器基座底部将仪器放在三脚架头中央位置，用连接螺旋将经纬仪安装在三脚架上。调整脚螺旋，使圆水准器气泡居中。

③此时，如果垂球尖偏离测站点标志中心，可旋松连接螺旋，在架头上移动经纬仪，使垂球尖精确对中测站点标志中心，然后旋紧连接螺旋。

(2)用光学对中器对中时，其操作方法如下：

①使三脚架头大致对中和水平，按上述方法将经纬仪安装在三脚架上，调节光学对中器的目镜和物镜对光螺旋，使光学对中器的分划板小圆圈和测站点标志的影像清晰。

②转动脚螺旋，使光学对中器对准测站标志中心，此时圆水准器气泡偏离，可以任选两个架腿，第三个架腿始终不动，并通过其上的伸缩制动螺旋伸缩三脚架架腿(注意伸缩时应缓慢，防止仪器滑落)，使圆水准器气泡居中，注意脚架尖位置不得移动；如果测站点标志的影像不在光学对中器的目镜视场内，则可使自己的脚尖放在测站点附近处，任选三脚架的两个架腿，双手提起，前后、左右地移动该两个架腿，同时眼睛观测对中器的目镜(注意通过眼睛的余光，尽量保持架头大致水平)，当测站点的标志中心大部分在对中器圆圈标志内时，踩实这两个架腿，然后旋转基座上的三个脚螺旋，使光学对中器的分划

板小圆圈和测站点标志中心重合，再任选两个架腿，并通过其上的伸缩制动螺旋伸缩三脚架架腿，使圆水准器气泡居中。

用光学对中器对中的精度高于垂球对中的精度（垂球对中的精度为3mm，光学对中器对中的精度为1mm），因此，目前生产的DJ_6型光学经纬仪均有光学对中器装置。

2. 精确对中和整平

（1）整平——先转动照准部如图3-3-1所示，使水准管平行于任意一对脚螺旋的连线，两手同时向内或向外转动这两个脚螺旋，使气泡居中，注意气泡移动方向始终与左手大拇指移动方向一致；然后将照准部转动90°，转动第三个脚螺旋，使水准管气泡居中。再将照准部转回原位置，检查气泡是否居中，若不居中，按上述步骤反复进行，直到水准管在任何位置，气泡偏离零点不超过一格为止。

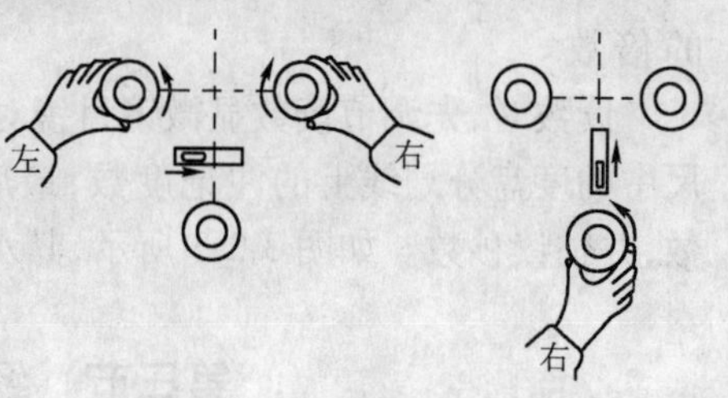

图3-3-1　照准部水准管整平方法

（2）对中——先旋松连接螺旋，在架头上轻轻移动经纬仪，使垂球尖精确对中测站点标志中心，或使对中器分划板的刻划中心与测站点标志中心影像重合；然后旋紧连接螺旋。垂球对中误差一般可控制在3mm以内，光学对中器对中误差一般可控制在1mm以内。

对中和整平，一般都需要经过几次“整平—对中—整平”的循环过程，直至整平和对中均符合要求。

二、瞄准目标

（1）松开望远镜制动螺旋和照准部制动螺旋，将望远镜朝向明亮背景，调节目镜对光螺旋，使十字丝清晰。

（2）利用望远镜上的照门和准星粗略对准目标，拧紧照准部及望远镜制动螺旋；调节物镜对光螺旋，使目标影像清晰，并注意消除视差。

（3）转动照准部和望远镜微动螺旋，精确瞄准目标。测量水平角时，应用十字丝交点附近的竖丝瞄准目标底部，如图3-3-2所示。

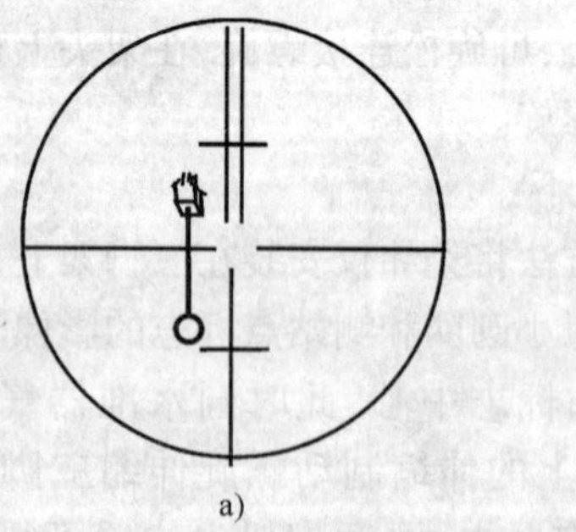
a)

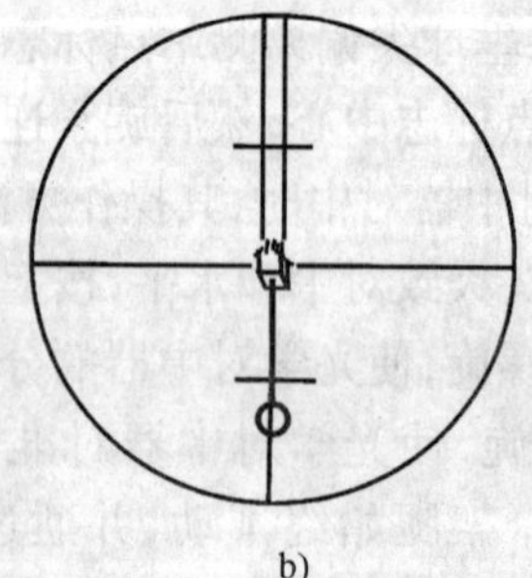
b)

图3-3-2　瞄准目标

三、读数

（1）打开反光镜，调节反光镜镜面位置，使读数窗亮度适中。

(2)转动读数显微镜目镜对光螺旋,使度盘、测微尺及指标线的影像清晰。

(3)根据仪器的读数设备,按前述的经纬仪读数方法进行读数。

四、注意事项

(1)仪器高度要与观测者的身高相适应,三脚架要踩实,中心连接螺旋要拧紧,操作时不要用手扶三脚架,使用各螺旋时用力要轻。

(2)要精确对中,越是边长短时,对中应越严格。

(3)照准标志要竖直,尽可能用十字丝交点瞄准标志底部。

(4)记录要清楚,当场计算,发现错误,应立即重测。

(5)水平角观测过程中,不得再调整照准部水准管。如气泡偏离中央超过 2 格时,须重新整平仪器,重新观测。

第四节　水平角观测方法

观测水平角的方法一般根据目标的多少和等级而定,常用的方法有测回法和方向观测法。

一、测回法

测回法是观测水平角的一种最基本的方法,适用于观测两个目标之间的单个角值,如图 3-4-1 所示。设要测水平角$\angle ABC$,在 B 点(测站点)安置经纬仪(对中、整平),在 A、C 两点竖立测杆或测钎等,作为目标标志。观测方法、步骤如下:

(1)将仪器置于盘左位置(竖直度盘在望远镜目镜左侧,也称正镜或上半测回),转动照准部瞄准目标 A(一般将起始方向称为零方向,通常选成像稳定、目标背景清晰向为零方向),拧紧照准部制动螺旋和望远镜制动螺旋,转动照准部微动螺旋和望远镜微动螺旋精确照准目标,读取水平度盘读数 $a_{左}$,设读数为 $0°01'30''$,记入水平角观测手簿表 3-4-1 相应栏内。

图 3-4-1　水平角观测

测回法观测手簿 表 3- 4-1

测站	测回	竖盘位置	目标	水平度盘读数 (° ′ ″)	半测回角值 (° ′ ″)	一测回角值 (° ′ ″)	各测回平均值 (° ′ ″)	备注
B	第一测回	左	A	00 01 30	98 19 18	98 19 24	98 19 30	可参考图 3-4-1
			C	98 20 48				
		右	A	180 01 42	98 19 30			
			C	278 21 12				
	第二测回	左	A	90 01 06	98 19 30	98 19 36		
			C	188 20 36				
		右	A	270 00 54	98 19 42			
			C	08 20 36				

(2)松开照准部制动螺旋,顺时针转动照准部,瞄准目标 C,同法精确照准目标,读取水平度盘读数 $C_{左}$,设读数为 98°20′48″,记入表 3- 4-1 相应栏内。

以上两步称为盘左半测回或上半测回,所测水平角角值 $\beta_{左}$ 为:

$$\beta_{左} = c_{左} - a_{左} = 98°20'48'' - 0°01'30'' = 98°19'18''$$

(3)松开照准部制动螺旋,倒转望远镜成盘右位置(竖直度盘在望远镜目镜右侧,也称倒镜或下半测回),逆时针转动照准部瞄准目标 C,同法精确照准目标,读取水平度盘读数 $C_{右}$,设读数为 278°21′12″,记入表 3- 4-1 相应栏内。

(4)松开照准部制动螺旋,逆时针转动照准部,也以同法精确照准目标 A,读取水平度盘读数 $a_{右}$,设读数为 180°01′42″,记入表 3- 4-1 相应栏内。

以上两步称为盘右半测回或下半测回,所测水平角角值 $\beta_{右}$ 为:

$$\beta_{右} = c_{右} - a_{右} = 278°21'12'' - 180°01'42'' = 98°19'30''$$

上半测回和下半测回合在一起称为一测回。

对于 DJ_6 型光学经纬仪,如果上、下两半测回角值之差不大于 ±40″,认为观测合格。此时,可取上、下两半测回角值的平均值作为一测回角值 β。上例中,上、下两半测回角值之差为:

$$\Delta\beta = \beta_{左} - \beta_{右} = 98°19'18'' - 98°19'30'' = -12''$$

第一测回角值为:$\beta = (98°19'18'' + 98°19'30'')/2 = 98°19'24''$,将结果记入表 3-4-1 相应栏内。

注意:由于水平度盘是顺时针刻划和注记的,所以在计算水平角时,总是用右目标的读数减去左目标的读数,如果不够减,则应在右目标的读数上加上 360°,再减去左目标的读数,绝不可以倒过来减。

当测角精度要求较高时,需对一个角度观测多个测回,为了减少度盘刻划误差的影响,各测回间应根据测回数 n,以 $180°/n$ 的差值,安置水平度盘读数。例如,当测回数 $n = 2$ 时,第一测回的起始方向读数可安置在略大于 0°处;第二测回的起始方向读数可安置在略大于(180°/2)= 90°处。

安置水平度盘读数的方法因仪器构造的不同而异,对方向经纬仪:于盘左位置瞄准起始目标,然后按下度盘变换手轮下的保险手柄,将手轮推压进去,并转动手轮,直至从读数窗看到所需读数,将手松开,手轮退出,把保险手柄倒回。对复测经纬仪:于盘左位置，松开照准部制动螺旋，扳上复测器扳手，然后转动照准部并在读数显微镜中对到所需的度盘读数，然后扳下复测器扳手，此时，度盘将随照准部转动，读数不会改变，瞄准起始目标后，再扳上复测器扳手。

在观测中，应注意两项限差，一是上、下两半测回角值之差，二是各测回间所测的角值之差，对于不同精度的仪器，有不同的规范要求。对于 DJ_6 型经纬仪要求半测回角值之差不得大于 ±40″；各测回间所测的角值互差不得超过 ±24″。若半测回角值之差超限，应重测该测回；若测回角值互差超限，则应重测某一测回角值偏离各测回平均角值较大的那一测回。

二、方向观测法

当观测方向数为 3 个或 3 个以上时，通常采用方向观测法，方向观测法简称方向法。为消减因望远镜调焦而产生的照准误差，往往在观测之前，应从几个方向中选一个目标清晰、成像稳定、距离适中的方向，作为起始零方向。

1. 方向观测法的观测方法、步骤

(1) 如图 3-4-2 图 3-4-3 所示，设 O 为测站点，A、B、C、D 为观测目标，在测站点 O 安置经纬仪（对中、整平），在 A、B、C、D 观测目标处竖立观测标志。

(2) 盘左位置，选择一个目标 A 作为起始方向，瞄准零方向 A，将水平度盘读数安置在稍大于 0°处，读取水平度盘读数，记入表 3-4-2 方向观测法观测手簿第 4 栏。

松开照准部制动螺旋，顺时针方向旋转照准部，依次瞄准 B、C、D 各目标，分别读取水平度盘读数，记入表 3-4-2 第 4 栏。为了校核，再次瞄准零方向 A，称为上半测回归零，读取水平度盘读数，记入表 3-4-2 第 4 栏。

零方向 A 的两次读数之差的绝对值，称为半测回归零差，归零差不应超过表 3-4-3 中的规定。如果归零差超限，应重新观测。以上称为上半测回。

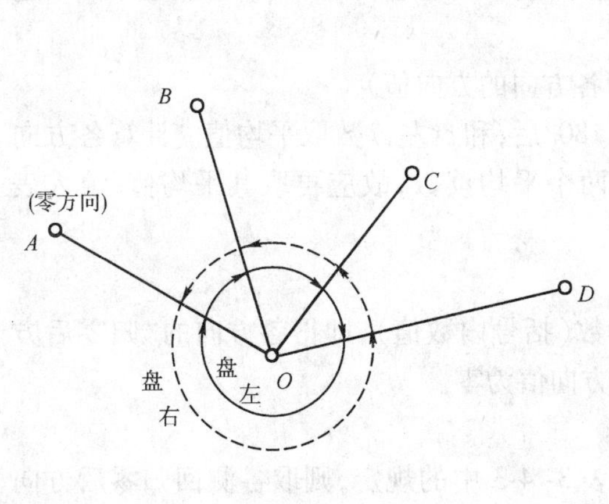

图 3-4-2　水平角观测（方向观测法）

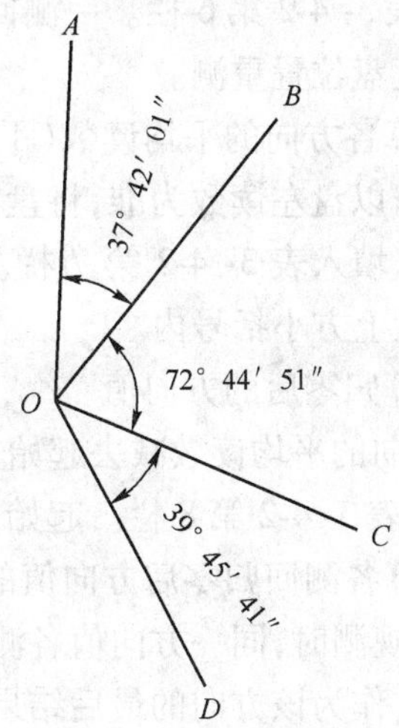

图 3-4-3　方向观测法

(3) 盘右位置，逆时针方向依次照准目标 A、D、C、B、A，并将水平度盘读数由下向上记入表 3-4-2 第 5 栏，此为下半测回。

上、下两个半测回合称一测回。为了提高精度，有时需要观测 n 个测回，则各测回起始方向仍按 $180°/n$ 的差值，安置水平度盘读数。

方向观测法观测手簿 表3-4-2

测站	测回数	目标	水平度盘读数		2c	平均读数	归零方向值	各测回归零方向平均值	略　图
			盘左 (° ′ ″)	盘右 (° ′ ″)	(″)	(° ′ ″)	(° ′ ″)	(° ′ ″)	
1	2	3	4	5	6	7	8	9	10
0	1	A	00 02 12	180 02 00	+12	(00 02 10) 00 02 06	00 00 00	00 00 00	可参考图3-4-3
		B	37 44 15	217 44 05	+10	37 44 10	37 42 00	37 42 01	
		C	110 29 04	290 28 52	+12	110 28 58	110 26 48	110 26 52	
		D	150 14 51	330 14 43	+8	150 14 47	150 12 37	150 12 33	
		A	00 02 18	180 02 08	+10	00 02 13			
	2	A	90 03 30	270 03 22	+8	(90 03 24) 90 03 26	00 00 00		
		B	127 45 34	307 45 28	+6	127 45 31	37 42 07		
		C	200 30 24	20 30 18	+6	200 30 21	110 26 57		
		D	240 15 57	60 15 49	+8	240 15 53	150 12 29		
		A	90 03 25	270 03 18	+7	90 03 22			

2. 方向观测法的计算方法

(1)计算两倍视准轴误差 $2c$ 值

$$2c = 盘左读数 - (盘右读数 \pm 180°)$$

上式中,盘右读数大于180°时取“-”号,盘右读数小于180°时取“+”号。计算各方向的 $2c$ 值,填入表3-4-2第6栏。一测回内各方向 $2c$ 值互差不应超过表3-4-3中的规定。如果超限,应在原度盘位置重测。

(2)计算各方向的平均读数(平均读数又称为各方向的方向值)

计算时,以盘左读数为准,将盘右读数加或减180°后,和盘左读数取平均值。计算各方向的平均读数,填入表3-4-2第7栏。起始方向有两个平均读数,故应再取其平均值,填入表3-4-2第7栏上方小括号内。

(3)计算归零后的方向值

将各方向的平均读数减去起始方向的平均读数(括号内数值),即得各方向的“归零后方向值”,填入表3-4-2第8栏。起始方向归零后的方向值为零。

(4)计算各测回归零后方向值的平均值

多测回观测时,同一方向值各测回互差,符合表3-4-3中的规定,则取各测回归零后方向值的平均值,作为该方向的最后结果,填入表3-4-2第9栏。

(5)计算各目标间水平角角值

将第9栏相邻两方向值相减即可求得,注于第10栏略图的相应位置上。

当需要观测的方向为三个时,除不做归零观测外,其他均与三个以上方向的观测方法相同。

3. 方向观测法的技术要求

见表3-4-3。

方向观测法的技术要求　　表 3-4-3

经纬仪型号	半测回归零差	一测回内 $2c$ 互差	同一方向值各测回互差
DJ_2	8″	13″	9″
DJ_6	18″		24″

在观测中应随时检查各项限差。上半测回测完后，立即检查半测回归零差，若超限应重测；下半测回测完后，也应立即检查半测回归零差，若超限需重测整个测回。所有测回测完后，计算测回差，若超限应进行具体的分析，一般来讲，某一测回的几个方向值与其他测回中该方向的方向值偏离较大，须重测该测回中这几个方向的盘左和盘右值，但如果超限的方向数大于所有方向总和的1/3，则必须重测整个测回。

第五节　竖直角观测方法

竖直角主要用于将观测的倾斜距离换算为水平距离或计算三角高程。

一、竖直度盘的构造

竖直度盘垂直固定在望远镜旋转轴的一端，随望远镜的转动而转动。竖直度盘的刻划与水平度盘基本相同，但其注记随仪器构造的不同分为顺时针和逆时针两种形式。

在竖盘中心的铅垂方向装有光学读数指示线，为了判断读数前竖盘指标线位置是否正确，在竖盘指标线（一个棱镜或棱镜组）上设置了竖盘指标管水准管和竖盘指标管水准管微动螺旋，用来控制指标位置，如图3-5-1所示。当竖盘指标水准管气泡居中时，竖盘指标就处于正确位置。对于 DJ_6 级光学经纬仪竖盘与指标及指标水准管之间应满足下列关系：当视准轴水平，指标水准管气泡居中时，指标所指的竖盘读数值盘左为90°，盘右为270°。当望远镜的转动时，竖盘随之转动而指标不动，因而可读得望远镜不同位置的竖盘读数，以计算竖直角。

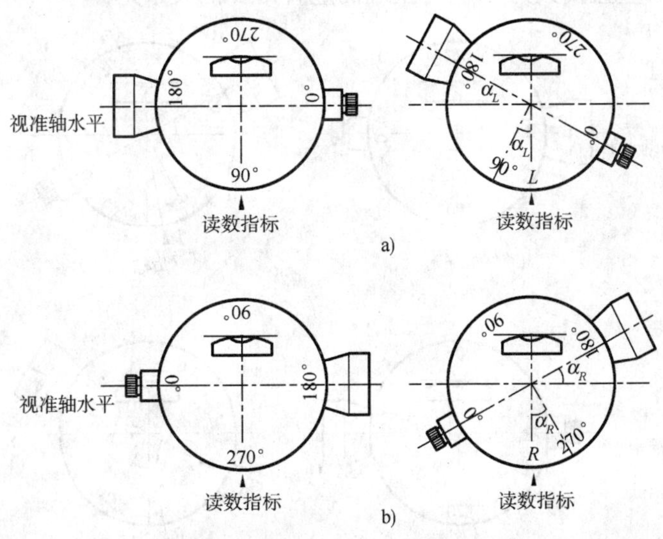

图 3-5-1　竖盘读数与竖直角计算

a）盘左；b）盘右

二、竖直角的计算公式

当经纬仪在测站上安置好后，首先应依据竖盘的注记形式，推导出测定竖直角的计算公式，其具体做法如下：

(1)盘左位置把望远镜大致置水平位置，这时竖盘读数值约为 90°(若置盘右位置约为 270°)，这个读数称为始读数。

(2)慢慢仰起望远镜物镜，观测竖盘读数(盘左时记作 L，盘右时记作 R)，并与始读数相比，是增加还是减少。

(3)以盘左为例，若 $L > 90°$，则竖角计算公式为：

$$\alpha_{左} = L - 90° \tag{3-5-1}$$

$$\alpha_{右} = 270° - R \tag{3-5-2}$$

若 $L < 90°$，则竖角计算公式为：

$$\alpha_{左} = 90° - L \tag{3-5-3}$$

$$\alpha_{右} = R - 270° \tag{3-5-4}$$

对于图 3-5-1 的竖盘注记形式，其竖直角计算公式为：

$$平均竖直角\ \alpha = \frac{\alpha_{左} + \alpha_{右}}{2} = \frac{R - L - 180°}{2} \tag{3-5-5}$$

上述竖直角的计算公式是认为竖盘指标处在正确位置时导出的。即当视线水平，竖盘指标水准管气泡居中时，竖盘指标所指读数应为始读数。但当指标偏离正确位置时，这个指标线所指的读数就比始读数增大或减少一个角值 x，此值称为竖盘指标差，也就是竖盘指标位置不正确所引起的读数误差。

在有指标差时，如图 3-5-2 所示，以盘左位置瞄准目标，转动竖盘指标水准管微动螺旋使水准管气泡居中，测得竖盘读数为 L，它与正确的竖直角 α 的关系是：

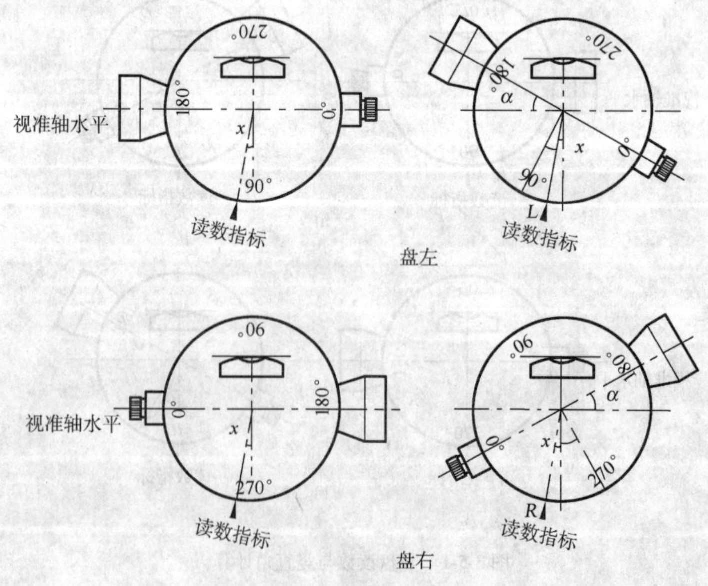

图 3-5-2　竖盘指标差

$$\alpha = 90° - (L - x) = \alpha_{左} + x \tag{3-5-6}$$

以盘右位置按同法测得竖盘读数为R,它与正确的竖角α的关系是:

$$\alpha = (R - x) - 270° = \alpha_{右} - x \tag{3-5-7}$$

将式(3-5)加式(3-6)得:

$$\alpha = \frac{\alpha_{左} + \alpha_{右}}{2} = \frac{R - L - 180°}{2} \tag{3-5-8}$$

由此可知,在测量竖角时,用盘左、盘右两个位置观测取其平均值作为最后结果,可以消除竖盘指标差的影响。

若将式(3-5)减式(3-6)即得指标差计算公式:

$$x = \frac{\alpha_{左} - \alpha_{右}}{2} = \frac{R + L - 360°}{2} \tag{3-5-9}$$

对一架仪器来说,竖盘指标差在同一时段是相对稳定的,但由于仪器误差、观测误差及外界条件影响等因素,不同目标观测时的指标差是有变化的,变化幅度的大小,可以反映出观察质量的高低,对此,就要求一测回各方向间的指标差互差必须在规定的范围内。DJ_6型经纬仪要求一测回各方向间的指标差变动范围(互差)不得超过±25″(DJ_2型经纬仪要求一测回各方向间的指标差互差不得超过±12″),如果超限,须对仪器进行检校。此公式适用于竖盘顺时针刻划的注记形式,若竖盘为逆时针刻划的注记形式,按上式求得指标差应改变符号。

三、竖直角观测方法

在测站上安置仪器,用下述方法测定竖直角。

(1)盘左位置:瞄准目标后,用十字丝横丝卡准目标的固定位置,旋转竖盘指标水准管微动螺旋,使水准管气泡居中或使气泡影像符合,读取竖盘读数L,并记入竖直角观测记录表中,见表3-5-1。用所推导的竖角计算公式,计算出盘左时的竖直角,上述观测称为上半测回观测。

竖直角观测记录表 表3-5-1

测站	目标	盘位	竖 盘 读 数	半测回竖直角	指标差	一测回竖直角	备 注
O	M	左	59°29′48″	+30°30′12″	−12″	+30°30′00″	270 盘左 180 90
		右	300°29′48″	+30°39′48″			
	N	左	93°18′40″	−3°18′40″	−13″	−3°18′53″	90 盘右 180 270
		右	266°40′54″	−3°19′06″			

(2)盘右位置:仍照准原目标,调节竖盘指标水准管微动螺旋,使水准管气泡居中,读取竖盘读数值R,并记入记录表中。用所推导的竖角计算公式,计算出盘右时的竖角,称为下半测回观测。

上、下半测回合称一测回。

(3)计算一测回竖直角α:

$$\alpha = \frac{\alpha_{左} + \alpha_{右}}{2} \quad 或 \quad \alpha = \frac{R - L - 180°}{2}$$

(4)计算竖盘指标差 x：

$$x = \frac{\alpha_{左} + \alpha_{右}}{2} \quad 或 \quad x = \frac{R + L - 360°}{2}$$

四、竖直度盘自动归零装置

观测竖直角时，每次读数之前，都应转动竖盘指标水准管微动螺旋使水准管气泡居中，这就降低了竖直角观测的效率。目前，只有少数光学经纬仪仍在使用这种竖盘读数装置，大部分光学经纬仪及所有的电子经纬仪和全站仪都是采用竖盘指标自动归零补偿装置。

竖盘指标自动归零补偿器的构造形式有多种，图 3-5-3 为其中的一种。它是在读数指标 A 和竖盘之间悬吊一组光学透镜，当仪器竖轴铅直，视准轴水平时，读数指标 A 处于铅垂位置，

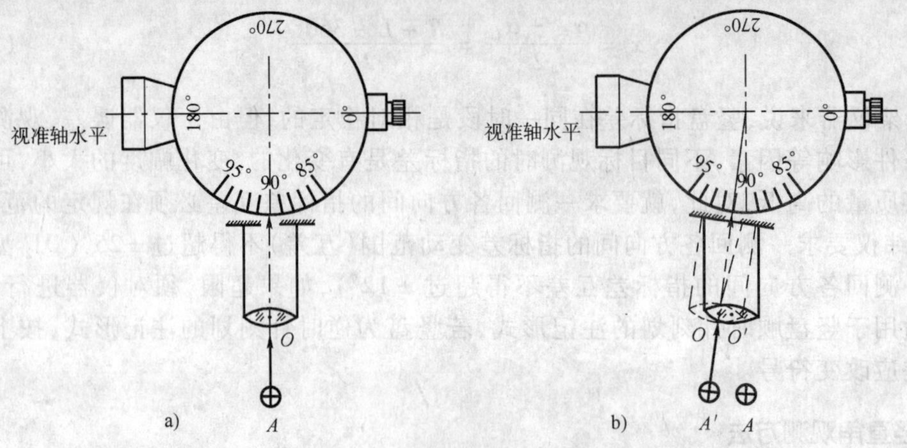

图 3-5-3　竖盘自动归零补偿装置

通过补偿器读出竖盘的正确读数 90°。当仪器竖轴稍有倾斜，视准轴仍然水平时，因无竖盘指标管水准器及其微动螺旋可以调整，读数指标 A 偏斜到 A' 处，而悬吊的透镜因重力作用由 O 移动到 O' 处，此时，由 A' 处的读数指标通过 O' 处的透镜，仍然能读出正确读数 90°，达到竖盘指标自动归零补偿的作用。

实际操作时，竖直度观测前将自动归零补偿器锁紧手轮逆时针旋转，使手轮上红点对准照准部支架上的黑点，再用手轻轻敲动仪器，如听到竖盘自动归零补偿器有了"当、当"响声，表示补偿器处于正常工作状态，如听不到响声表明补偿器有故障。可再次转动锁紧手轮，直到用手轻敲有响声为止。竖直角观测完毕，一定要顺时针旋转手轮，以锁紧补偿机构，防止振坏吊丝。

第六节　经纬仪的检验与校正

一、经纬仪的轴线及其应满足的几何条件

为了保证角度测量的精度，经纬仪的设计制造有严格的要求，其主要轴线和平面之间必须满足角度观测所提出的要求。根据角度观测的概念，如图 3- 6-1 所示，经纬仪主要部件及轴线之间应满足下列几何条件：

(1)照准部水准管轴应垂直于仪器竖轴（$LL \perp VV$）；

(2)十字丝纵丝应垂直于横轴；

(3)视准轴应垂直于横轴($CC \perp HH$)；

(4)横轴应垂直于仪器竖轴($HH \perp VV$)；

(5)竖盘指标差应为零；

(6)光学对中器的视准轴应与仪器竖轴重合。

由于仪器经过长期外业使用或长途运输及外界影响等,会使各轴线的几何关系发生变化,因此在使用前必须对仪器进行检验和校正。

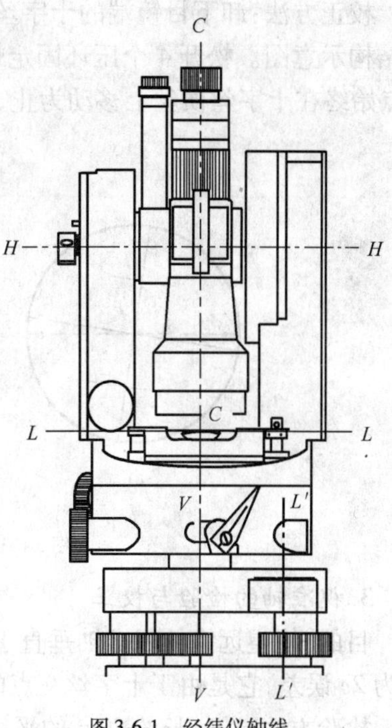

图 3-6-1 经纬仪轴线

二、经纬仪的检验与校正方法

1. 照准部水准管的检验与校正

目的:当照准部水准管气泡居中时,应使水平度盘水平,竖轴铅垂。

检验方法:将仪器安置好后,使照准部水准管平行于两个脚螺旋的连线,转动两个脚螺旋使气泡居中。再将照准部旋转 180°,若气泡仍居中,说明条件满足,即水准管轴垂直于仪器竖轴;否则,应进行校正,如图3-6-2a)和图 3-6-2b)所示。

校正方法:转动平行于水准管的两个脚螺旋使气泡退回偏离零点的格数的一半[图 3-6-2c)],再用拨针拨动水准管校正螺钉,使气泡居中[图 3-6-2d)]。该项校正需要反复进行几次,直至气泡偏离值在一格以内为止。

如果仪器上装有圆水准器,已校正好的照准部水准管气泡居中后,若圆气泡也居中,表明圆水准器的水准轴垂直于仪器竖轴;否则,应校正圆水准器下面的三个校正螺钉使其气泡居中。

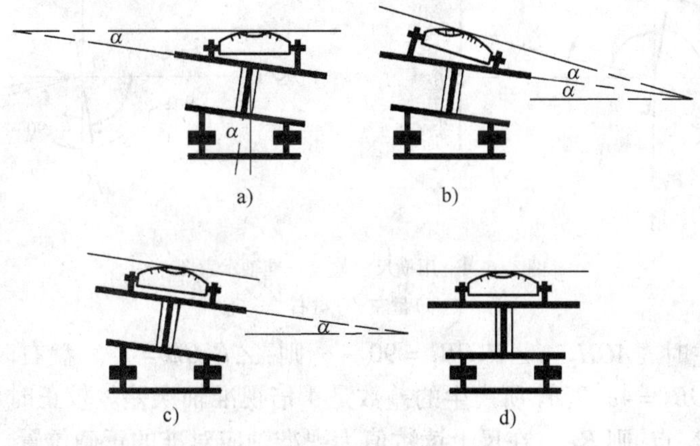

图 3-6-2 照准部水准管的检验与校正

2. 十字丝竖丝垂直横轴的检验与校正

目的:使十字丝竖丝垂直横轴。当横轴居于水平位置时,竖丝处于铅垂位置。

检验方法:用十字丝交点精确瞄准远处一目标 P 点,固定水平制动螺旋和望远镜制动螺旋,慢慢旋转水平微动螺旋。如果 P 点左、右移动的轨迹偏离十字丝横丝(图 3-6-3a),说明此项条件不满足,即十字丝竖丝不垂直于横轴,需要校正。

校正方法:卸下目镜端的十字丝分划板护罩。图 3-6-3b)所示就是十字丝板座和仪器连接的结构示意图。松开 4 个压环固定螺钉,缓慢转动十字丝校正螺钉,直到照准部水平微动时,P 点始终在十字丝横丝上移动为止,最后旋紧 4 个压环固定螺钉。

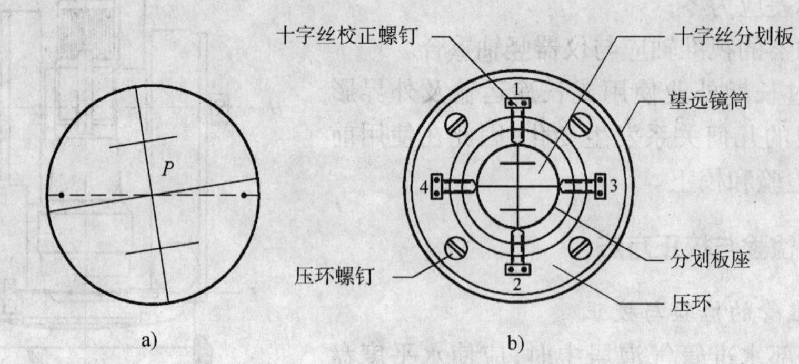

图 3-6-3　十字丝竖丝垂直横轴的检验与校正

3. 视准轴的检验与校正

目的:使望远镜的视准轴垂直于横轴。视准轴不垂直于横轴的倾角 c 称为视准轴误差,也称为 $2c$ 误差,它是由于十字丝交点的位置不正确而产生的。

检验方法;选一长约 80m 的平坦地区,将经纬仪安置于中间 O 点,在 A 点竖立测量标志,在 B 点水平横置一根水准尺,使尺身垂直于视线 OB 并与仪器同高。

盘左位置,视线大致水平照准 A 点,固定照准部,然后纵转望远镜,在 B 点的横尺上读取读数 B_1,如图 3-6-4a)所示。松开照准部,再以盘右位置照准 A 点,固定照准部。再纵转望远镜在 B 点横尺上读取读数 B_2,如图 3-6-4b)所示。如果 B_1、B_2 两点重合,则说明视准轴与横轴相互垂直;否则,需要进行校正。

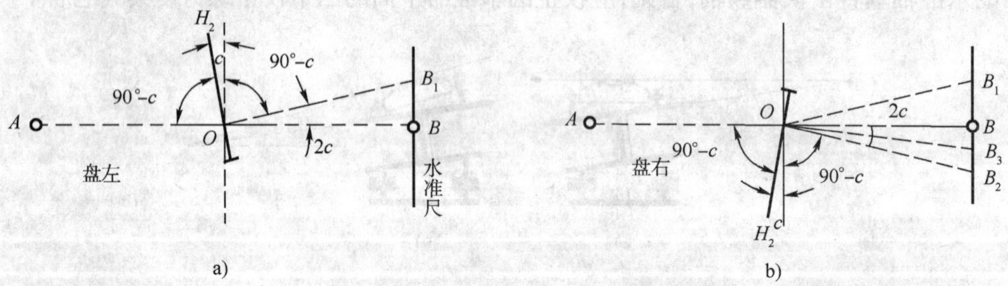

图 3- 6- 4　用横尺法检校视准轴示意图

a)盘左;b)盘右

校正方法:盘左时 $\angle AOH_2 = \angle H_2OB_1 = 90 - c$,则:$\angle B_1OB = 2c$。盘右时,同理 $\angle BOB_2 = 2c$。由此得到 $\angle B_1OB_2 = 4c$,B_1B_2 所产生的差数是 4 倍视准轴误差。校正时从 B_2 起在四分之一 B_1B_2 距离处得 B_3 点,则 B_3 点在尺上读数值为视准轴应对准的正确位置。用拨针拨动十字丝的左右两个校正螺钉,如图 3-6-3b)所示,注意应先松后紧,边松边紧,使十字丝交点对准 B_3 点的读数即可。

要求:在同一测回中,同一目标的盘左、盘右读数的差为 2 倍视准轴误差,以 $2c$ 表示。对于 DJ_2 型光学经纬仪当 $2c$ 的绝对值大于 30″时,就要校正十字丝的位置。c 值可按下式计算:

$$c = \frac{B_1B_2}{4S} \cdot \rho'' \tag{3-6-1}$$

式中：S——仪器到横置水准尺的距离；

$\rho''=206\ 265''$。

视准轴的检验和校正也可以利用度盘读数法按下述方法进行。

检验：选与视准轴近于水平的一点作为照准目标，盘左照准目标的读数为 $a_{左}$，盘右再照准原目标的读数为 $a_{右}$，如 $a_{左}$ 与 $a_{右}$ 不相差 180°，则表明视准轴不垂直于横轴，视准轴应进行校正。

校正：以盘右位置读数为准，计算两次读数的平均数 a，即：

$$a=\frac{a_{右}+(a_{左}\pm 180°)}{2} \tag{3-6-2}$$

转动水平微动螺旋将度盘读数值配置为读数 a，此时视准轴偏离了原照准的目标，然后拨动十字丝校正螺钉，直至使视准轴再照准原目标为止，即视准轴与横轴相垂直。

4. 横轴的检验与校正

目的：使横轴垂直于仪器竖轴。

检验方法：如图 3-6-5 所示，在一面高墙上固定一个清晰的照准标志 P，在距离墙面 20～30m 处安置经纬仪。盘左位置照准目标 P 点，固定水平制动螺旋，将望远镜大致放平，在墙上或横放的尺上标出 P_1 点；纵转望远镜，盘右位置仍然照准 P 点，放平望远镜，在墙上标出 P_2 点。如果 P_1 和 P_2 相重合，则说明此条件满足，即横轴垂直于仪器竖轴；否则，需要进行校正。

校正方法：此项校正一般应由厂家或专业仪器修理人员进行。

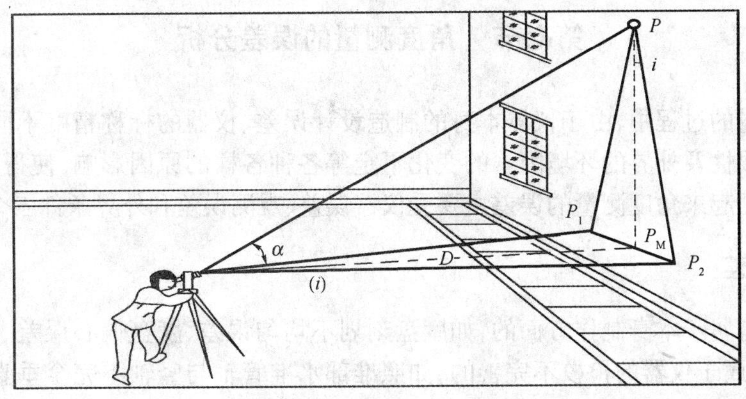

图 3-6-5　横轴的检验与校正

5. 竖盘指标水准管的检验与校正

目的：使竖盘指标差 x 为零，指标处于正确的位置。

检验方法：安置经纬仪于测站上，用望远镜在盘左、盘右两个位置观测同一目标，当竖盘指标水准管气泡居中后，分别读取竖盘读数 L 和 R，用式(3-5-9)计算出指标差 x。如果 x 超过限差，则须校正。

校正方法：按式(3-5-8)求得正确的竖直角 α 后，不改变望远镜在盘右所照准的目标位置，转动竖盘指标水准管微动螺旋，根据竖盘刻划注记形式，在竖盘上配置竖角为 α 值时的盘右读数 $R'(R'=270°+\alpha)$，此时竖盘指标水准管气泡必然不居中，然后用拨针拨动竖盘指标水准管上、下校正螺钉使气泡居中即可。

6. 光学对中器的检验与校正

目的：使光学对中器视准轴与仪器竖轴重合。

检验方法：

(1)装置在照准部上的光学对中器的检验。精确地安置经纬仪，在脚架的中央地面上放一张白纸，由光学对中器目镜观测，将光学对中器分划板的刻划中心标记于纸上，然后，水平旋转照准部，每隔120°用同样的方法在白纸上作出标记点，如三点重合，说明此条件满足；否则，需要进行校正。

(2)装置在基座上的光学对中器的检验。将仪器侧放在特制的夹具上，照准部固定不动，而使基座能自由旋转，在距离仪器不小于2m的墙壁上钉贴一张白纸，用上述同样的方法，转动基座，每隔120°在白纸上作出一标记点，若三点不重合，则需要校正。

校正方法：在白纸的三点构成误差三角形，绘出误差三角形外接圆的圆心。由于仪器的类型不同，校正部位也不同。有的校正转向直角棱镜，有的校正分划板，有的两者均可校正。校正时均须通过拨动对点器上相应的校正螺钉，调整目标偏离量的一半，并反复1～2次，直到照准部转到任何位置观测时，目标都在中心圈以内为止。

必须指出：光学经纬仪这6项检验校正的顺序不能颠倒，而且照准部水准管轴垂直于仪器的竖轴的检校是其他项目检验与校正的基础，这一条件不满足，其他几项检验与校正就不能正确进行。另外，竖轴不铅垂对测角的影响不能用盘左、盘右两个位置观测而消除，所以此项检验与校正也是主要的项目。其他几项，在一般情况下，有的对测角影响不大，有的可通过盘左、盘右两个位置观测来消除其对测角的影响，因此是次要的检校项目。

第七节　角度测量的误差分析

在角度测量的过程中，由于仪器本身的制造设计误差、仪器的标称精度不同，观测者的感官鉴别生理局限性及外界的环境因素的变化不定等各种各样的原因影响，使得观测结果中包含有误差。概括起来角度测量的误差主要受仪器误差、观测误差和外界条件三个方面的影响。

一、仪器误差

仪器误差有属于本身制作方面的，如度盘刻划不均匀误差、度盘偏心误差、水平度盘与竖轴不垂直等；有属于仪器的检校不完善的，如照准部水准管轴与竖轴不完全垂直、视准轴与横轴的残差、横轴与竖轴的残差；有属于仪器自身的标称精度，每一类仪器只具有一定限度的精密度等。总体上讲仪器误差主要包括以下几个方面。

1. 视准轴误差

由于视准轴与竖轴不垂直就会产生视准轴误差 c，从而引起水平方向的读数误差。对同一方向，盘左和盘右两次给度盘带来的误差($2c$)大小相等、符号相反，因此，可以通过取盘左和盘右两次读数的平均值的方法来消除视准轴误差的影响；另外，对同一台仪器，视准轴误差与目标方向的垂直角有关，垂直角越大，视准轴误差给度盘读数带来的误差越大，因此，规范中规定：当照准点方向的垂直角超过±3°时，$2c$ 互差应在不同测回方向间进行比较。

2. 横轴误差

由于横轴与竖轴不垂直就会产生横轴误差，当仪器整平后竖轴处于竖直位置，而此时横轴不水平，从而引起水平方向的读数误差。对同一目标，盘左和盘右两次给度盘带来的横轴误差大小相等、符号相反，因此，可以通过取盘左和盘右两次读数的平均值的方法来消除横轴误差的影响；另外，对同一台仪器，横轴误差也与目标方向的竖直角有关，竖直角越大，横轴误差给度盘读数带来的误差越大，而当竖直角为零时（即目标处于水平位置），横轴的误差对水平方向的读数没有影响。

3. 竖轴误差

由于水准管轴与竖轴垂直，或者水准管轴与竖轴原已垂直，但安置仪器时未能将水准管轴严格调整水平，均会产生竖轴误差，从而引起水平方向的读数误差。对同一目标，盘左和盘右两次给度盘带来的竖轴误差符号不变，故通过取盘左和盘右两次读数的平均值不能消除竖轴误差的影响；另外，目标方向的竖直角越大，竖轴误差给度盘读数带来的误差越大，因此，在视线倾斜角大的地区进行测量时，应严格检校仪器，特别是注意仪器的整平。

4. 度盘偏心误差

度盘偏心就是度盘分划线的中心与照准部的旋转中心不重合，从而引起度盘的实际读数比正确读数小，且在度盘处于不同位置对读数将有不同的影响；另外，在盘左和盘右进行同一目标的观测时，度盘的指示线在读数上具有对称性，因此，取盘左和盘右两次读数的平均值可消除度盘偏心的影响。

5. 度盘刻划不均匀误差

在仪器的制造中，由于度盘刻划线的不均匀，使得观测方向的读数产生误差。这种误差，就目前生产的仪器而言，一般都很小，可以在不同的测回中采用变换度盘位置的方法，使读数均匀地分布在度盘的各个区间加以消减，其影响不是很大。

6. 竖盘指标差

当竖盘指标水准管气泡居中，望远镜水平时，竖盘读数不为90°的整倍数，使得所测竖直角产生误差。一般通过竖盘指标差的检校可减弱其影响，但校正存在残差，由式(3-5-8)知，可通过取盘左和盘右两次竖盘读数平均值的方法来消除影响。

二、观测误差

在角度的观测中，因仪器的对中不严格、观测点上所立标志几何中心偏离目标实际点位、对目标的瞄准不准确及仪器本身读数设备的限度和观测者的估读误差等原因，也会对观测结果产生影响，这种影响称观测误差。

1. 对中误差

对中误差是指仪器在对中时，未严格使仪器与测站标志中心重合，从而对在测站上测定目标间的水平角带来影响，也称测站偏心。如图3-7-1所示，设B为测站点，实际对中时对到了B'点，二者的间距设为e，是对中误差，观测目标点A、C距测站点的距离设为D_1、D_2，β为正确角值，β'为因未严格对中的实际观测角值，ε_1、ε_2为因对中偏差引起A、C方向值的误差。

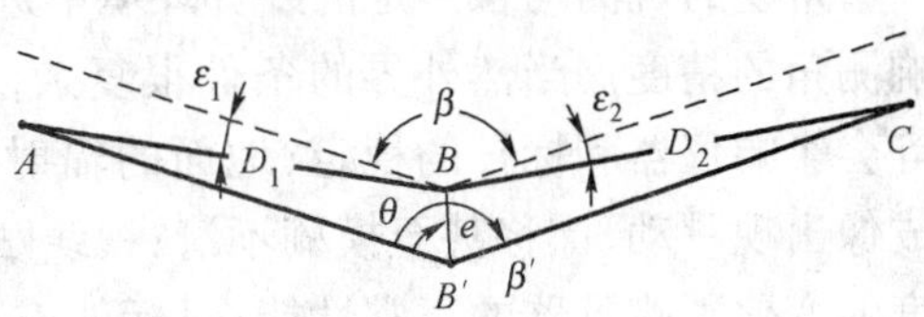

图3-7-1　对中误差对水平角的影响

$$\varepsilon = \varepsilon_1 + \varepsilon_2 \tag{3-7-1}$$

当$\beta=180°$、$\theta=90°$时，经推导ε取最大值为：

$$\varepsilon''_{\max} = \rho'' \cdot \varepsilon\left(\frac{1}{D_1}+\frac{1}{D_2}\right) \tag{3-7-2}$$

设$\varepsilon=3\text{mm}$，$D_1=D_2=100\text{m}$，则求得$\varepsilon''=12.4''$。可见对中误差对水平角观测的影响是很大的，且边长越短，影响越大。

2. 目标偏心误差

目标偏心误差是指仪器瞄准在观测点上所立的标志杆位置同观测点的标志中心不在一铅垂线上或者所立的标志杆不在观测点上，从而因照准目标的偏心对水平角产生的影响。如图 3-7-2 所示，设 B 为测站点，A 为照准点标志中心，A'为实际瞄准的目标中心，S 为两点间的距离，e_1 为目标的偏心距，θ_1 为 e_1 与观测方向的水平夹角，则目标偏心对水平方向观测的影响为：

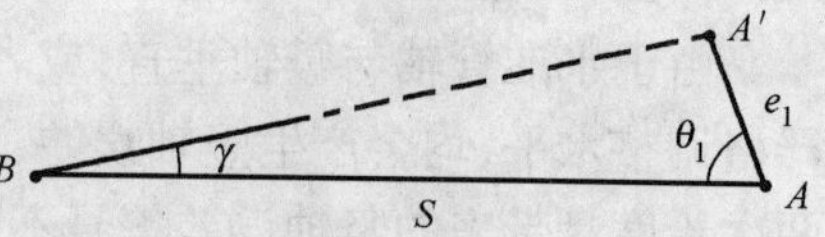

图 3-7-2　目标偏心误差对水平角的影响

$$\gamma'' = \frac{e_1 \cdot \sin\theta}{S} \cdot \rho'' \tag{3-7-3}$$

由上式可知，当 $\theta_1 = 90°$时，γ''取得最大值，即与瞄准方向垂直的目标偏心对水平方向观测的影响最大。为了减少目标偏心对水平方向观测的影响，作为照准目标的标杆应竖直，并尽量瞄准标杆的底部。

3. 瞄准误差

瞄准误差是人眼在通过望远镜瞄准远处目标时所产生的一种偶然误差，它取决于望远镜的照准精度，目标与照准标志的形状、大小及颜色，人眼对照准标志在望远镜中的影像的判断力，目标影像的亮度和清晰度，目标成像的稳定性以及通视情况等因素。一般认为，瞄准误差与望远镜的放大率和人眼的分辨率有直接关系，是影响瞄准误差的主要因素。由实验数据统计得出：在目标亮度适宜、标志杆宽度较小、成像稳定及目标背景清晰的情况下，瞄准误差最小。

4. 读数误差

读数误差主要取决于仪器的读数设备，一般以仪器的最小估读数为读数误差的极限。对于采用分微尺测微器的 J_6 型经纬仪而言，其估读的极限误差为分划值的 1/10，即 ±6″。当然，在读数窗照明不佳、读数显微镜的目镜焦距未调好以及观测者的技术不熟练等情况下，估读的极限误差则会增大，从而读数误差将超过 6″。

三、外界条件的影响

角度的观测均在一定的外界环境中进行，外界条件或外界条件的变化都不可避免地影响测角的精度。当然外界的条件很复杂，其变化的随机性很大，如大风天气或附近的振动等会影响仪器和标杆的稳定；地面的辐射热会引起大气的不稳定，从而目标在望远镜中的成像出现跳动、漂移甚至模糊不清；视线贴近地面或从建筑物旁擦过而使光线产生折光；温度的变化影响仪器的正常性能；目标处于逆光状态或者标志杆的颜色同其周围环境的颜色较为接近，而使目标成像模糊或难于分辨；地面如不坚固稳定，也会使仪器或者目标出现沉降；因交通、施工等的影响，使视线不时受阻等。这些因素均会对观测角度带来影响，要完全避免这些因素是不可能的，但可以在观测时采取一定的措施，选择有利的观测条件和时段，从而使这些外界条件的影响减弱和降低到较小的程度。例如：当视线处于逆光，可以选择顺光时段，分组进行观测；观测时尽量避免视线通过建筑物旁、冒烟的上方或其他热辐射区域的上方、近水面的空间；标志杆的颜色应涂成较鲜艳或颜色对比较强，便于分辨；避免在交通、人流量大的时段进行观测等。

第八节　其他经纬仪简介

一、DJ_2 型光学经纬仪

DJ_2 型光学经纬仪的构造与 DJ_6 型光学经纬仪基本相同，图 3-8-1 为苏州第一光学仪器厂生产的 DJ_2 型光学经纬仪，各部件名称见图下注记。

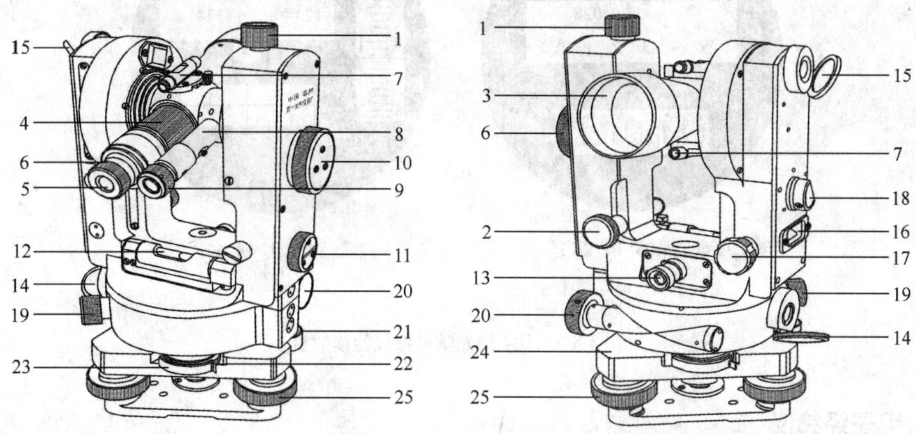

图 3-8-1　DJ_2 型光学经纬仪

1-望远镜制动螺旋；2-望远镜微动螺旋；3-物镜；4-物镜调焦螺旋；5-目镜；6-目镜调焦螺旋；7-光学瞄准器；8-度盘读数显微镜；9-度盘读数显微镜调焦螺旋；10-测微轮；11-水平度盘与竖直度盘换像手轮；12-照准部管水准器；13-光学对中器；14-水平度盘照明镜；15-垂直度盘照明镜；16-竖盘指标管水准器进光窗口；17-竖盘指标管水准器微动螺旋；18-竖盘指标管水准气泡观察窗；19-水平制动螺旋；20-水平微动螺旋；21-基座圆水准器；22-水平度盘位置变换手轮；23-水平度盘位置变换手轮护盖；24-基座；25-脚螺旋

1. DJ_2 型光学经纬仪与 DJ_6 型光学经纬仪比较

主要有以下特点：

（1）轴系间结构稳定，望远镜的放大倍数较大，照准部水准管的灵敏度较高。

（2）在 DJ_2 型光学经纬仪读数显微镜中，只能看到水平度盘和竖直度盘中的一种影像，读数时，通过转动换像手轮，使读数显微镜中出现需要读数的度盘影像。

（3）DJ_2 型光学经纬仪采用对径符合读数装置，相当于取度盘对径相差 180°处的两个读数的平均值，可以消除偏心误差的影响，提高读数精度。

2. DJ_2 型光学经纬仪的读数方法

对径符合读数装置（通常为双光锲测微器）是通过一系列棱镜和透镜的作用，将度盘相对 180°的分划线，同时反映到读数显微镜中，如图 3-8-2a）、b）所示的读数窗。度盘对径分划像及度盘和 10′的影像分别出现于两个窗口，另一窗口为测微器读数。当转动测微轮使对径上、下分划线对齐以后，从度盘读数窗读取度数和 10′数，从测微器窗口读取分数和秒数。

测微尺刻划有 600 小格，最小分划为 1″，可估读到 0.1″，全程测微范围为 10′。测微尺的读数窗中左边注记数字为分，右边注记数字为整 10″数。读数方法如下：

（1）转动测微轮，使分划线与窗中上、下分划线精确重合，如图 3-8-2a）的上方、b）的右下方所示。

(2)在读数窗中读出度数及整10′数。

(3)在测微尺读数窗中，根据单指标线的位置，直接读出不足10′的分数和秒数，并估读到0.1″。

(4)将度数、整10′数及测微尺上读数相加，即为度盘读数，如图3-8-2所示。

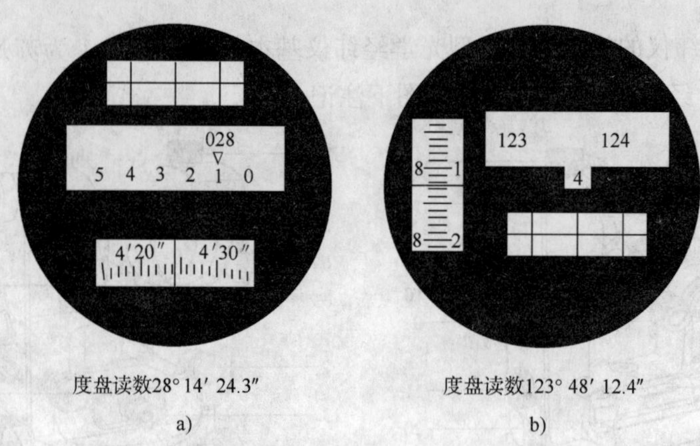

图3-8-2 DJ_2 型光学经纬仪的读数窗

二、电子经纬仪

世界上第一台电子经纬仪于1968年研制成功，20世纪80年代初生产出商品化的电子经纬仪。采用光电扫描度盘，利用光电转换原理和微处理器将角度方向值变为电信号，从而完成自动化测角的全过程，实现角度测量的自动显示、自动记录和自动传输数据，这种经纬仪称为电子经纬仪。近年来，电子经纬仪的应用已非常广泛，电子经纬仪与光学经纬仪的外部结构类似，主要包括照准部、测角装置和基座三大部分。图3-8-3所示为南方测绘公司生产的ET-02电子经纬仪，各部件的名称见图中的注记，显示屏与操作键盘简介如下。

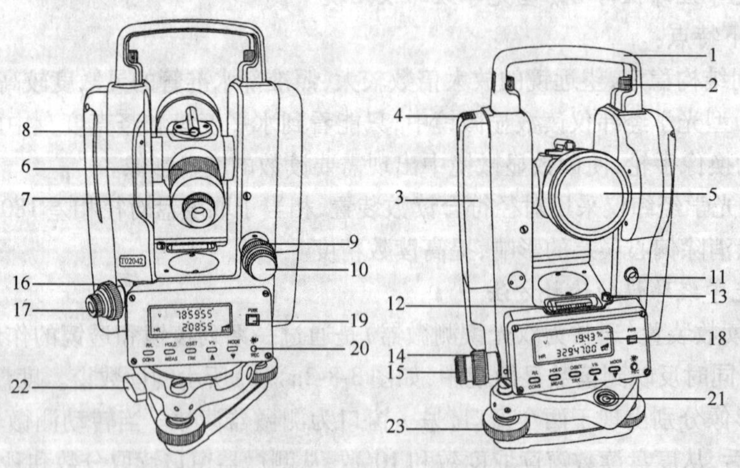

图3-8-3 ET-02电子经纬仪

1-手柄；2-手柄固定螺旋；3-电池盒；4-电池盒按钮；5-物镜；6-物镜调焦螺旋；7-目镜调焦螺旋；8-光学瞄准器；9-望远镜调焦螺旋；10-望远镜微动螺旋；11-光电测距仪数据接口；12-管水准器；13-管水准器校正螺旋；14-水平制动螺旋；15-水平微动螺旋；16-光学对中器物镜调焦螺旋；17-光学对中器目镜调焦螺旋；18-显示窗；19-电源开关键；20-显示窗照明开关键；21-圆水准器；22-轴套锁定钮；23-脚螺旋

1. 显示屏

V —— 竖直角　　　　　　　　　% —— 斜率百分比

H —— 水平角　　　　　　　　　G——角度单位

HR——右旋(顺时针)水平角　　　HL ——左旋(逆时针)水平角

m —— 距离单位(米)　　　　　　ft ——距离单位(英尺)

2. 操作键盘

本仪器共有6个操作键和1个电源开关键,每个键具有一键双功能,一般情况下仪器执行键上方所标示的第一(测角)功能,当按下MODE键后再按其余各键则执行按键下方所标示的第二(测距)功能,具体说明如下。

OSET:水平角置零键,按此键两次,水平角置零。

V%:竖直角和斜率百分比显示转换键,连续按键交替显示。

▲:增量键,在特种功能模式中按此键,显示屏中的光标可上下移动或数字向上增加。

▼:减量键,在特种功能模式中按此键,显示屏中的光标可向下、向上移动或数字向下减少。

MODE:测角、测距模式转换键,连续按键,仪器交替进入一种模式,分别执行键上或键下标示的功能。

REC:记录键,令电子手簿执行记录。

PWR:电源开关键,按键开机;按键时间大于2s则关机。

3. 电子经纬仪与光学经纬仪的区别

其区别在于它用微机控制的电子测角系统代替了光学读数系统。其主要特点是:

(1) 使用电子测角系统,能将测量结果自动显示出来,实现了读数的自动化和数字化。

(2) 采用积木式结构,可和光电测距仪组合成全站型电子速测仪,配合适当的接口,可将手簿记录的数据输入计算机,以进行数据处理和绘图。

4. 电子经纬仪的测角原理

电子经纬仪的光电扫描测角系统主要有3种。

(1)编码度盘测角系统——即采用编码度盘及编码测微器的绝对式测角系统。

(2)光栅度盘测角系统——即采用光栅度盘及莫尔干涉条纹技术的增量式测角系统。

(3)动态测角系统——即采用计时测角度盘并实现光电动态扫描的绝对式测角系统。

目前,大部分电子经纬仪采用光栅度盘测角系统和动态测角系统,本节介绍光栅度盘测角系统的测角原理。

在光学玻璃圆盘上全圆360°均匀而密集地刻划出许多径向刻线,构成等间隔的明暗条纹——光栅,称为光栅度盘,如图3-8-4a)所示。通常光栅的刻线宽度和缝隙宽度相同,二者之和称为光栅的栅距[图3-8-4a)中的d]。栅距所对应的圆心角即为栅距的分划值。如在光栅度盘上、下对应位置安装照明器和光电接收管,光栅的刻线不透光,缝隙透光,即可把光信号转换成电信号。当照明器和接收管随照准部相对于光栅度盘转动,由计数器计出转动所累积的栅距数,就可以得到转动的角度值,因为光栅度盘是累积计数的,所以通常这种系统为增量式读数系统。

仪器在操作中会顺时针转动和逆时针转动，因此计数器在累积栅距数时也有增有减。例如在目标瞄准时，如果转动过了目标，当反向回到目标时，计数器就会减去多转的栅距数，所以这种度数系统具有方向判别的能力，顺时针转动时就进行加法计数，而逆时针转动时就进行减法计数，最后结果为顺时针转动时相应的角值。

在 80mm 直径的度盘上刻线密度已达到 50 线/mm，如此之密，而栅距的分划值仍很大，为 1′43″。为了提高测角精度，还必须用电子方法对栅距进行细分，分成几十至上千等份。由于栅距太小，细分和计数都不易准确，所以在光栅测角系统中都采用了莫尔条纹技术，借以将条纹放大，再细分和计数。莫尔条纹如图 3-8-4b）所示，是用与光栅度盘相同密度和栅距的一段光栅（称为指示光栅），与光栅度盘以微小间距重叠起来，并使两光栅刻线互成一微小夹角 θ，这时就会出现放大的明暗交替的条纹，这些条纹就是莫尔条纹。通过莫尔条纹，即可使栅距 d 放大至 w，从而达到提高测角的精度。

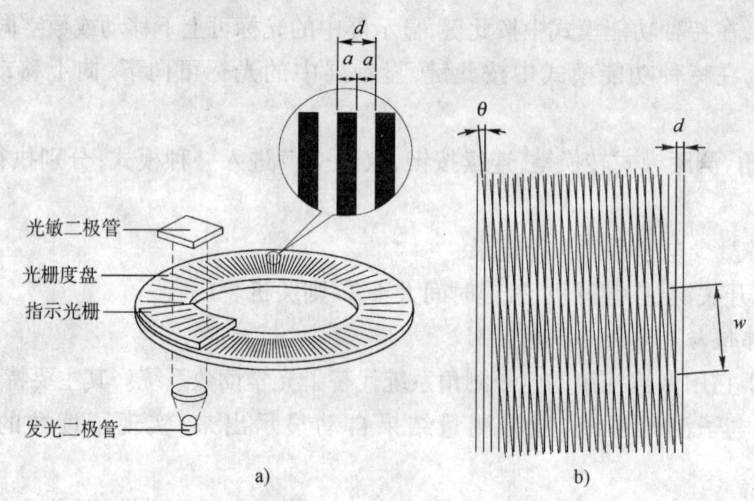

图 3-8-4　光栅度盘测角原理

用微电子技术自动取得度盘的读数，从而可以经微电脑进一步加工计算用电子水准器自动传感竖轴的倾斜，再由微电脑自动对读数加倾斜改正数。竖直度盘处的电子水准器使“指标线”自动处于标准位置。可以自动改正读数中的 c、i 误差影响。

三、激光经纬仪

激光是一种方向性极强、能量十分集中的光辐射。激光经纬仪正是利用激光的这一特性，来实现测量中的准直测量。所谓准直测量，就是定出一条标准的直线，作为施工放样的基准线。激光经纬仪是在电子经纬仪的基础上，增加激光发射系统改制而成，多数仪器采用半导体激光发射器，由半导体激光发射器所发射的激光，通过仪器的望远镜发射出去，与望远镜照准轴保持同轴、同焦，而且所发射的是一条可见的激光束。

激光经纬仪可向天顶方向垂直发射激光束，成为一台激光垂准仪，当将望远镜照准轴精确调平后，又可作激光水准仪或作激光扫平仪来使用。当然，其望远镜可绕支架进行盘左盘右的角度测量，可完全将其作为电子经纬仪使用，进行高精度的水平角观测。

由于这种经纬仪兼顾电子测角和激光投点的功能，又可使用微型计算机技术进行测量、计算、显示和存储等多项功能，所以可用于高精度的角度测量，也可进行大型构件的架设、大型建筑物的位移测量、重型机器的安装与校正、天顶和水平方向的定向准直以及精密的水准测量，因而有着广泛的用途。

图 3-8-5 为苏州第一光学仪器厂生产的 LT_2/LT_5 型激光经纬仪，各部件名称如图所示。

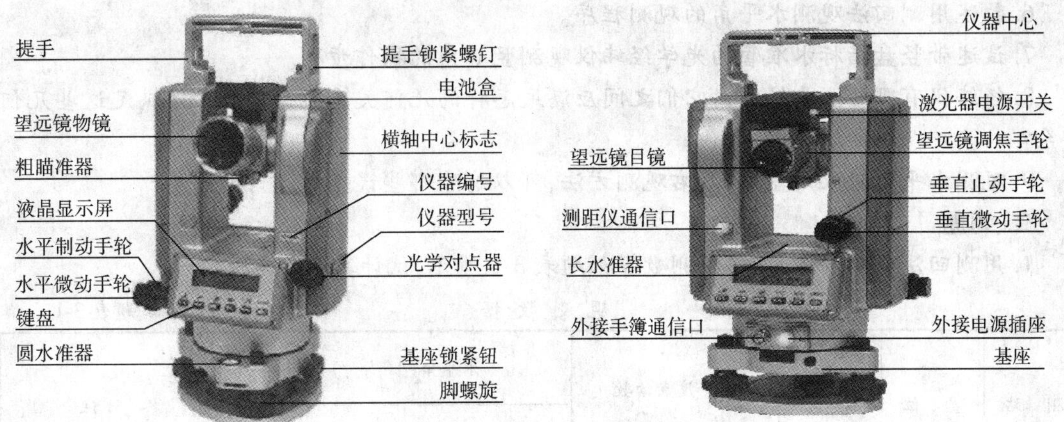

图 3-8-5　激光经纬仪

激光经纬仪的操作与电子经纬仪基本相同，下面简要介绍其激光部分的操作。

1. 定向测量

以已知的两点为基准，找出这两点连线之间的其他点称其为激光定向测量。操作步骤为：先将仪器对中并整平，精确瞄准目标后，打开激光器电源开关，发射激光束，要找出两点连线上的其他点，可在需要处竖一屏，让激光束聚焦即可。由于红色激光的可见性，很快就可以完成测量工作。

2. 布设角度

以两点的连线为基准，按要求作出一水平角，称为布设角度。操作步骤为：安置仪器，先通过望远镜照准另一基准点，将水平度盘置零，然后使得水平度盘读数为所要求的角度值。打开激光器电源开关，激光束就会于其固定夹角射出。

3. 天顶测量

以一点为基准，向上垂直发射激光束称为天顶测量。操作步骤：精确对中，并打开激光器电源开关，使激光束射向天顶。可用下述两种方法使激光束垂直：

(1)竖盘读数为 0 时，即表示垂直；

(2)转动调焦手轮，使目标处的激光光斑最小。旋转照准部，利用垂直微动手轮使光斑在目标处晃动最小，光斑晃动的中心即为激光束的垂直位置。

4. 水准测量

先将仪器对中、整平，然后测出仪器指标差，将望远镜调到水平位置，并旋紧垂直制动手轮，利用垂直微动手轮调整到要求的读数处，这样射出的激光束可以作为水准线使用。

思考题及习题

一、思考题

1. 什么叫水平角？什么叫竖直角？

2. 经纬仪的技术操作包括哪些步骤？

3. 试述用光学对中器对中的步骤。

4. 试述经纬仪整平的步骤。

5. 什么是经纬仪的正、倒镜？

6. 叙述用测回法观测水平角的观测程序。

7. 试述带竖盘指标水准管的光学经纬仪观测竖直角的操作步骤。

8. 经纬仪有哪些主要轴线？它们之间应满足怎样的几何关系？为什么必须满足这些几何关系？

9. 观测水平角时采用盘左、盘右观测方法，可以消除哪些误差对测角的影响？

二、习题

1. 用测回法观测水平角，其观测数据如题表3-1所示，试计算测回角值。

观 测 数 据　　题表3-1

测 站	盘 位	目 标	水平度盘读数（° ′ ″）	水平角（° ′ ″）		备 注
				半测回竖直角	测回值	
O	左	A	00 00 12			
		B	304 40 30			
	右	A	180 00 48			
		B	124 40 54			

2. 在 O 点架设经纬仪，观测 M、N 两点，其竖盘读数如题表3-2所示，(1) 试计算各竖直角；(2) 求竖盘指标差 x；(3) 以 N 点读数为例，如何校正指标差 x？

观 测 数 据　　题表3-2

测 站	目 标	盘 位	竖 盘 读 数	半测回竖直角	指 标 差	一测回竖直角	备 注
O	M	左	79° 29′ 36″				盘左
		右	290° 29′ 24″				
	N	左	83° 18′ 24″				盘右
		右	276° 40′ 48″				

第四章　距离测量与直线定向

学习目的与要求

1. 掌握钢尺量距方法及评定距离测量精度的方法；
2. 了解电磁波测距的原理；
3. 掌握直线定向及坐标方位角概念，能够用罗盘仪测定直线的磁方位角；
4. 了解全站仪的测量原理及操作方法。

第一节　钢尺量距的一般方法

一、量距工具

在建筑工程测量中，通常使用的量距工具有钢尺、皮尺、测绳、测钎、标杆和垂球等。钢尺量距较为精确，皮尺和测绳量距较为粗略，本节重点介绍钢尺量距。

钢尺又称钢卷尺，为优质薄钢制作的带状尺，尺的宽度约 10 ~ 15mm，厚度约 0.4mm，长度有 30m、50m 等几种。钢尺的基本分划为厘米，最小分划值为毫米，每厘米、每分米及每米处印有数字注记。钢尺可以卷放在圆形的尺壳内，也可以卷放在金属的尺架上，如图 4-1-1 所示。

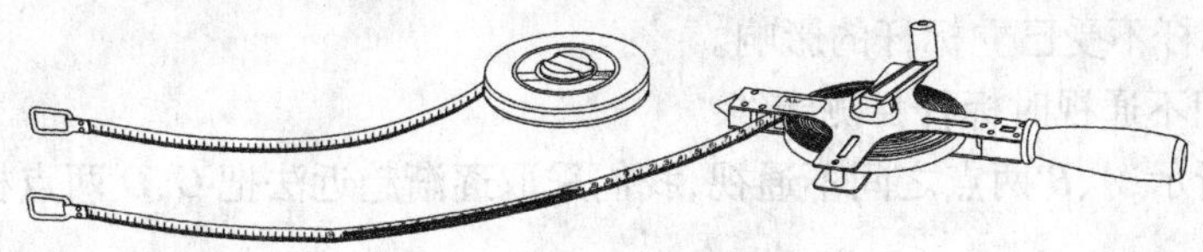

图 4-1-1　钢尺

根据钢尺零点位置的不同，钢尺可分为端点尺和刻线尺两种。以钢尺的最外端作为尺子零点的为端点尺，尺子零点位于钢尺的起点一端某一横线处称为刻线尺。钢尺刻划线的最大注记值，称为钢尺的名义长度。

钢尺量距辅助工具有测钎、标杆、垂球，如图 4-1-2 所示。

测钎由粗铁丝制成，长度为 30 ~ 40cm，上端弯成环形，下端磨尖，一般以 6 根或 11 根为一组，穿在一个铁环上。在距离测量中用于标定尺端点的位置和计算丈量时的整尺段数。标杆又称为花杆，长度为 2m 或 3m，杆上按 20cm 间隔涂上红白相间的油漆，杆底部装有圆锥形的铁脚，在距离测量中用于标志点位和直线定线。垂球用于在倾斜地面丈量距离时将钢尺的端点垂直投影到地面。

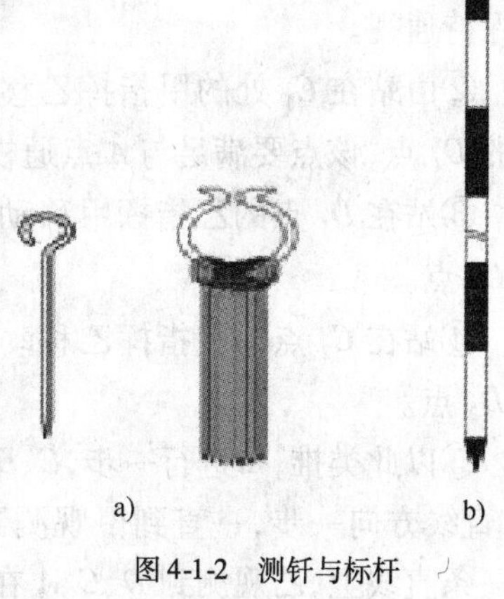

图 4-1-2　测钎与标杆
a）测钎；b）标杆

二、直线定线

当两点间距离较远或地面起伏较大时，用一个整尺段长不能丈量全程，则需要在两点直线方向上标定若干临时分段点，以便分段测量，临时分段点间长度可以小于或等于尺长度。这种在直线方向上标定出一系列临时分段点的工作，称为直线定线。直线定线的方法有两种：在精度要求不高的情况下可用目测定线；如果精度要求较高，可采用经纬仪定线。

1. 目测定线

(1)两点之间通视时标杆目测定线

如图4-1-3所示，A、B两点为直线的两个端点，互相通视，要在A、B两点间的直线上标出1、2两个临时分段点。

图4-1-3 目测定线

先在A、B两点上竖立标杆，测量员甲站在A点标杆后1～2m处，用眼睛由A点标杆端瞄向B点标杆，使单眼的视线与标杆边缘相切。并指挥测量员乙左右移动标杆，直到甲在A点沿标杆的同一侧看到A、1、B三支标杆成一条线为止，1点标定完毕。依次定出其余各点。

从直线远端(B段端)走向近端的定线方法为走近定线；反之，测量员乙持标杆由直线近端走向直线远端的定线方法为走远定线。走近定线较走远定线法精确，其原因在于在走近定线过程中，新立标杆不受已立标杆的影响。

(2)两点之间不通视时标杆目测定线

如图4-1-4所示，A、B两点之间不通视，我们采取逐渐趋近法把C、D两点标定在A、B直线方向上。

步骤如下：

①在A、B两点竖立标杆，甲站在C_1点，该点尽可能地靠近AB直线方向和A点，并且与B点保持通视。

②由站在C_1处的甲指挥乙移动到C_1B方向上的D_1点，该点要满足与A点通视且靠近B点。

③站在D_1点的乙指挥甲移动到D_1A方向上的C_2点。

④站在C_2点的甲指挥乙移动到C_2B方向上的D_2点。

⑤以此类推，每进行一步，C、D两点就更接近AB直线方向一步，一直到甲观测到C、D、B三点在一条直线上，乙观测到D、C、A在一条直线上为止，这时A、C、D、B就在一条直线上。

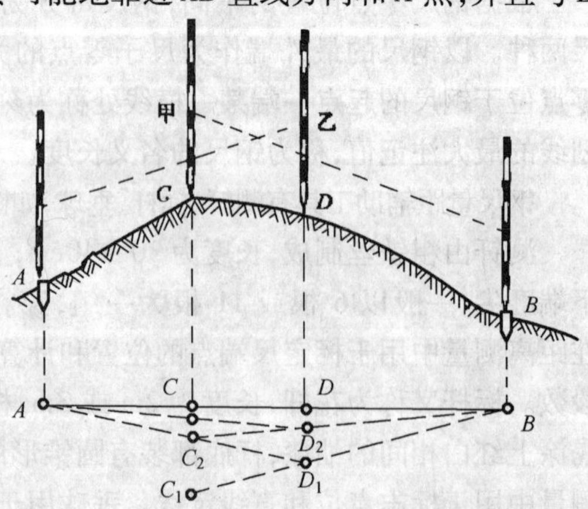

图4-1-4 两点之间不通视时标杆目测定线

2. 经纬仪定线

当丈量距离精度要求较高或测角量边同时进行时,可以直接用经纬仪定线。

设 A、B 两点互相通视,一名测量员将经纬仪安置在 A 点,用望远镜竖丝瞄准 B 点,水平制动照准部,望远镜上下转动,指挥另一个测量员,左右移动标杆,直至标杆与十字丝竖丝重合,在望远镜视线上得到直线上一个分段点。同法,定出直线上其他各点,为减小照准误差,可以用直径更小的测钎代替标杆进行定线。

三、钢尺量距的一般方法

钢尺量距的基本要求是“直、平、准”。“直”就是要量两点间的直线长度,要求定线直;“平”就是要量出两点间的水平距离,保持尺身水平;“准”就是要求对点、投点、读数要准确,符合精度要求。

在钢尺一般量距工作中,直线定线与尺段丈量可同时进行,也可以先定线后丈量。钢尺量距工作一般需要三个人,分别担任前尺手、后尺手和记录员。在地势起伏较大地区丈量时,还应增加辅助人员。根据地势条件,分为平坦地面的距离丈量和倾斜地面的距离丈量。

1. 平坦地面的距离丈量

如图 4-1-5 所示,平坦地面的距离丈量一般采用整尺段法进行丈量。为了防止错误和提高丈量精度,一般要求往返观测。下面介绍以 30m 为一整尺段的丈量方法。丈量前,先进行标杆定线。丈量时,后尺手甲拿着钢尺的末端在直线的起点 A,前尺手乙拿着钢尺的零点一端沿直线方向前进,将钢尺通过定线时的临时分段点,保证 A、B 两点在钢尺的同一侧通过,将钢尺拉紧、拉直、拉平。甲、乙拉紧钢尺后,甲把钢尺的末端 30m 刻线处对在 A 点并喊“预备”,当钢尺拉稳、拉平后喊“好”,乙听到“好”的同时把测钎对准钢尺零点刻划处垂直插入地面(或作上标记),这样就完成了第一个整尺段的丈量。甲、乙两人抬尺前进,甲到达测钎或标记处停住,重复上述操作,以此类推,量完最后一个整尺段的丈量工作。剩余不足整尺段的距离为余长,丈量时,乙将钢尺的零点对准 B 点,甲拉紧钢尺后,在钢尺上读数,并计算出余长 q。

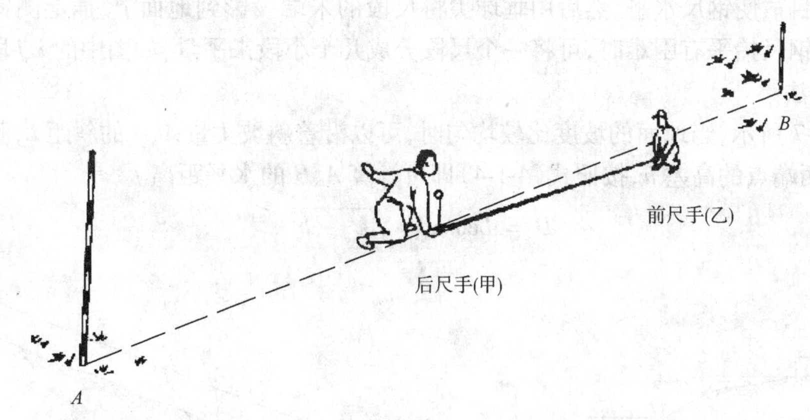

图 4-1-5 平坦地面上的距离丈量

以上步骤为往测,则 A、B 两点间的距离为:

$$D_{往} = n \times l + q \tag{4-1-1}$$

式中：$D_{往}$——A、B 两点往测距离；

n——整尺段数；

l——钢尺长度；

q——不足一整尺余长。

重复上述步骤，由 B 到 A 进行丈量，称为返测，丈量结果为 $D_{返}$。在符合精度要求的情况下，取往返丈量结果的平均值作为丈量结果。

$$D = (D_{往} + D_{返})/2 \tag{4-1-2}$$

距离丈量的精度需要用相对误差来评定。所谓相对误差是指往、返测距的较差 ΔD 的绝对值与往、返测距的平均值 D 之比，用分数形式表示，分子为 1，分母取整数。

$$K = |\Delta D|/D = \frac{1}{D/|\Delta D|} \tag{4-1-3}$$

相对误差的分母愈大，说明量距的精度愈高。一般情况下，平坦地区丈量的相对精度应高于 1/3 000，困难地区不低于 1/1 000。

【例 4-1-1】 用 30m 长的钢尺往返丈量 A、B 两点间的水平距离，丈量结果分别为：往测 5 个整尺段，余长为 9.980m；返测 5 个整尺段，余长为 10.020m。计算 A、B 两点间的水平距离 D 以及相对中误差 K。

解：

$$D_{往} = n \times l + q = 5 \times 30 + 9.980 = 159.980\text{m}$$

$$D_{返} = n \times l + q = 5 \times 30 + 10.020 = 160.020\text{m}$$

$$D = (D_{往} + D_{返})/2 = (159.980 + 160.020)/2 = 160.000\text{m}$$

$$K = \frac{|D_{往} - D_{返}|}{D} = \frac{|159.980 - 160.020|}{160.000} = \frac{0.04}{160.000} = \frac{1}{4\,000}$$

2. 倾斜地面的距离丈量

(1)平量法

如图 4-1-6 所示，沿倾斜地面丈量距离，当地势起伏不大时可将钢尺拉平丈量。丈量由 A 点向 B 点进行，甲立于 A 点，指挥乙将尺拉在 AB 方向线上。甲将尺的零端对准 A 点，乙将钢尺抬高，并且目估使钢尺水平，然后用垂球尖将尺段的末端投影到地面上，插上测钎。若地面倾斜较大，将钢尺抬平有困难时，可将一个尺段分成几个小段来平量，如图中的 i、j 段。

(2)斜量法

如图 4-1-7 所示，当地面的坡度比较均匀时，可以沿着斜坡丈量 A、B 的斜距 L，测出地面倾斜角度 α 或两端点的高差 h，按照式(4-1-4)即可计算 A、B 的水平距离。

$$D = L\cos\alpha = \sqrt{L^2 - h^2} \tag{4-1-4}$$

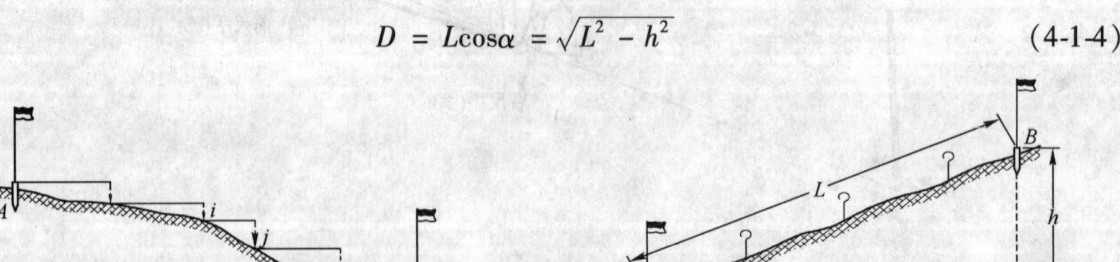

图 4-1-6　平量法示意图

图 4-1-7　斜量法示意图

四、钢尺量距的误差分析及注意事项

1. 量距误差分析

钢尺量距的主要误差来源有以下几种。

(1)尺子倾斜

钢尺不处于水平状态会使所测距离增大,对于30m钢尺,如果目估尺子水平误差为0.5m(倾角约为1°),由此产生的量距误差为4mm。因此,用平量法丈量时应尽可能使钢尺水平。

(2)垂曲误差

钢尺悬空丈量时中间下垂,造成垂曲,由此产生的误差为钢尺垂曲差。垂曲误差会使量得的长度大于实际长度,因此,丈量时,必须注意尺子的水平,整尺段悬空时,应有人在中间托扶。

(3)定线误差

由于丈量时的尺子没有准确地放在所量距离的直线方向上,使所丈量距离不是直线而是一组折线的误差称为定线误差。一般丈量时,要求标杆定线偏差不大于0.1m,经纬仪定线偏差不大于5~7cm。

(4)对点误差

丈量时,用测钎在地面上标定尺端点时,若插测钎不准确将会对丈量结果造成一定的影响。距离量测过程中要对点准确,配合默契。

2. 钢尺的维护

(1)钢尺易生锈,丈量结束后应用软布擦拭尺面。

(2)丈量过程中禁止车辆压过钢尺,以防折断。

(3)不可以将钢尺沿地面拖拉,以免磨损尺面刻划。

第二节　相位法光电测距原理

电磁波测距是用电磁波(光波或微波)作为载波传输测距信号以测量两点间距离的一种方法。与传统的钢尺量距相比,电磁波测距具有测程长、精度高、作业快、几乎不受地形限制等优点。

电磁波测距是通过测定电磁波波束在待测距离上的传播时间确定距离的。如图4-2-1所示,欲测 A、B 两点间的距离 D,在 A 点安置电磁波测距仪,在 B 点设置反射棱镜,测距仪发出

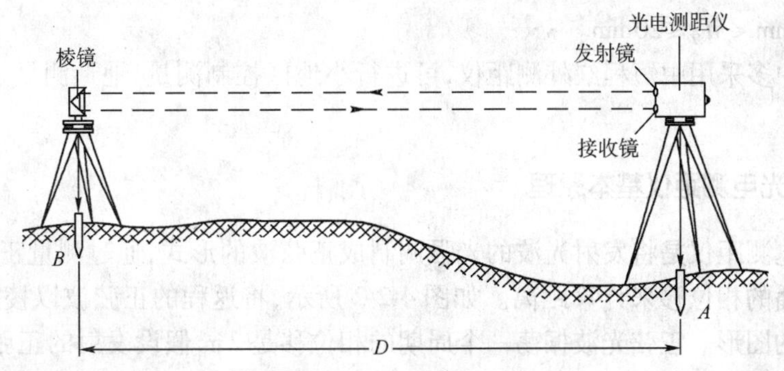

图4-2-1　电磁波测距基本方法

的电磁波信号经反射棱镜返回到测距仪主机上。如果测定电磁波信号在 A、B 往返路线之间传播的时间为 t,则距离 D 可以按照下式计算:

$$D = (C \times t)/2 \tag{4-2-1}$$

式中:C——电磁波在大气中的传播速度,约等于 3×10^8m/s;

t——往返路线之间传播时间。

由此可见,测出信号往返 A、B 所需的时间即可测量出 A、B 两点间距离。

由式(4-2-1)可以看出,测量距离的精度主要取决于测量时间的精度。在电磁测距中,测量时间一般有两种方法:直接测时和间接测时。对于直接测时,若要求测距误差 $\Delta D \leqslant 10$mm,则要求时间 t 的测定误差 $\Delta t \leqslant 2/3 \times 10^{-10}$s,要达到此精度是非常困难的。因此,对于精密测距,多采用第二种方法。目前应用最多的是通过测定电磁波信号往返传播所产生的相位移来间接测定传播时间,即相位法。

一、光电测距仪分类与分级

光电测距仪种类繁多,有多种不同的分类方法。

光电测距仪可以按测程进行分类:短程光电测距仪,测程小于 3km,多用于工程测量;中程测距仪,测程为 3 ~ 5km,通常用于一般等级控制测量;远程测距仪,测程大于 15km,通常用于国家三角网及导线测量。

电磁波测距仪按其所采用的载波的不同可分为:微波测距仪、激光测距仪和红外测距仪。激光测距仪与红外测距仪统称为光电测距仪。

按照测量信号往返传播时间 t 的方法不同分为:脉冲式测距仪和相位式测距仪两类。脉冲式测距仪直接测定时间 t,相位式测距仪间接测定时间 t。

测距仪按照每千米测距中误差进行分级,按照测距精度可分为 I、II、III、IV 级。测距精度计算公式如下:

$$M_D = \pm (a + b \times D) \tag{4-2-2}$$

式中:M_D——测距中误差;

a——仪器精度指标中的固定误差,mm;

b——仪器精度指标中的比例误差系数,mm/km;

D——测距边长度,km。

当 $D = 1$km 时,M_D 为 1km 的测距中误差,我国《中短光电测距仪规范》中规定,I 级测距中误差 $M_D \leqslant 2$mm;II 级测距中误差 $2\text{mm} \leqslant M_D \leqslant 5$mm;III 级测距中误差 $5\text{mm} < M_D \leqslant 10$mm;IV 级测距中误差 $10\text{mm} < M_D \leqslant 20$mm。

目前测量中多采用中短程红外测距仪,可进行小地区控制测量、地形测量、地籍测量和工程测量等。

二、相位式光电测距仪基本原理

相位式光电测距仪是将发射光波的光强调制成正弦波的形式,通过测量正弦光波在待测距离上往返传播的相位移来计算距离。如图 4-2-2 所示,将返程的正弦波以棱镜站 B 点为中心对称展开后的图形。正弦光波振荡一个周期的相位移是 2π,假设发射的正弦波经过 $2D$ 距离后的相位移为 φ,则 φ 可以分解为 N 个 2π 整数周期和不足一个整数周期相位移 $\Delta\varphi$,即有:

$$\varphi = 2\pi N + \Delta\varphi \tag{4-2-3}$$

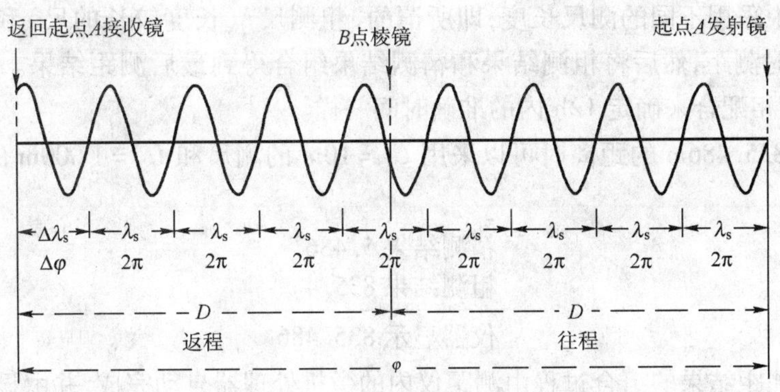

图 4-2-2　相位测距原理图

正弦光波的振荡频率为f,由于频率表示 1s 振荡的次数,振荡一次的相位移为2π,则正弦光波经过t_{2D}秒钟后振荡的相位移为:

$$\varphi = 2\pi f t_{2D} \tag{4-2-4}$$

由式(4-2-3)和式(4-2-4)可以解出t_{2D}为:

$$t_{2D} = \frac{2\pi N + \Delta\varphi}{2\pi f} = \frac{1}{f}\left(N + \frac{\Delta\varphi}{2\pi}\right) = \frac{1}{f}(N + \Delta N) \tag{4-2-5}$$

其中 $\Delta N = \dfrac{\Delta\varphi}{2\pi}$,$0 < \Delta N < 1$。

则距离 D 为:

$$D = \frac{C}{2f}(N + \Delta N) = \frac{\lambda_s}{2}(N + \Delta N) \tag{4-2-6}$$

式中:λ_s——正弦波的波长,$\lambda_s = C/f$;

$\lambda_s/2$——正弦波的半波长。

另 $U = \lambda_s/2$,式(4-2-6)可以写成:

$$D = U(N + \Delta N) \tag{4-2-7}$$

式(4-2-7)就是相位法光电测距仪测距的基本公式。相位法测距仪相当于用一把尺度为U的"电尺"来丈量距离,被测距离等于N个正尺段长再加上余长$\Delta N \times U$,$U = \lambda_s/2$,为测距仪的测尺。不同的调制频率f对应不同的测尺长,表 4-2-1 表示的是调制频率(测尺频率)与测尺长度之间的对应关系。

调制频率与测尺长度之间的对应关系　　表 4-2-1

测尺频率	15MHz	1.5MHz	150kHz	15kHz	1.5kHz
测尺长度	10m	100m	1km	10km	100km
精度	1cm	10cm	1m	10m	100m

如此可见,测尺长度越短,调制频率越大。

如果能够测出正弦光波在待测距离上往返传播的整周期相位移数N和不足一个周期的余数ΔN,就可以测定距离D。但仪器用于测量相位的装置(相位计)只能测量出尺段余数ΔN,而不能测量出整周期数N。例如,当测量距离为 835.486m 时,选用测尺长度为 10m,此时只能测量出 5.486m,即只能测量小于 10m 的距离。为此,要增大测程则要增大测尺长度,但相位计的测距误差和测尺长度成正比例,增大测尺长度会使测距误差增大。为了兼顾测程和测距精度，仪器中采用不同的测尺长度，即所谓的“粗测尺”（长度较长的尺）和“精测尺”（长度较短的尺）同时测距，然后将粗测结果和精测结果组合得到最后测距结果。这就如同钟表上时、分、秒针互相配合来确定12h内的准确时间一样。

例如，测量835.486m的距离时可以采用 $U_1 = 10\text{m}$ 的测尺和 $U_2 = 1\,000\text{m}$ 的测尺，测量结果如下：

精测结果5.486
粗测结果835.4

仪器显示835.486

精、粗测尺测距结果的组合过程由测距仪内的微机处理器自动完成，并由显示窗口显示出测距结果。若待测距离较大，还需加第三把测尺。不同测尺频率的组合过程，也是由测距仪的微机处理器自动完成的。

第三节　直线定向

确定地面直线与标准方向间的水平夹角称为直线定向。在测量工作中常用的标准方向有真子午线方向、磁子午线方向、坐标子午线方向三种。

一、标准方向的分类

1. 真子午线方向

地球表面任一点指向地球南北极的方向线为该点的真子午线，真子午线的切线方向为该点真子午线方向。可以应用天文测量方法或者陀螺经纬仪来测定地球表面任一点的真子午线方向。

2. 磁子午线方向

地球表面任一点与地球磁场南北极连线所组成的平面与地球表面的交线称为该点的磁子午线，磁子午线在该点的切线方向称为该点的磁子午线方向。磁针静止时所指的方向为该点的磁子午线方向，可以应用罗盘仪来测定。

由于地球的南、北极与地球磁场的南、北极不重合，过地表任意一点 P 的真子午线方向与磁子午线方向也不重合，两者间的夹角称为磁偏角，用 δ 表示。测量规定：当磁子午线在真子午线东侧，称为东偏，δ 为正；当磁子午线在真子午线西侧，称为西偏，δ 为负。我国磁偏角变化大约在 $+6° \sim -10°$ 之间。

3. 坐标子午线方向

坐标子午线方向又称坐标纵轴方向，它是指高斯投影直角坐标系中坐标纵轴的方向。地面上各点真子午线都是指向地球的南北极，不同点的真子午线方向是不平行的，这给计算工作带来不便。在普通测量中，一般采用坐标子午线作为标准方向，这样测区内地面各点的标准方向是相互平行的。

在高斯平面直角坐标系中，中央子午线与坐标子午线方向一致，除中央子午线上的点外，其他各点的真子午线方向与坐标子午线方向不重合，两者所夹的角称为子午线收敛角，用 γ 表示。测量规定：当坐标子午线在真子午线东侧，γ 为正；当坐标子午线在真子午线西侧，γ 为负。

二、直线方向的表示方法

1. 方位角

测量中直线的方向常用方位角表示，方位角是指由标准方向的北端起顺时针方向旋转至该直线方向的水平夹角。方位角的取值范围是0°~360°。因为标准方向有三种，坐标方位角也有三种。

以真子午线北端起算的方位角为真方位角，用A表示。

以磁子午线北端起算的方位角为磁方位角，用A_m表示。

以坐标子午线(坐标纵轴)北端起算的方位角，称为坐标方位角，用α表示。

根据真子午线、磁子午线、坐标纵轴子午线三者之间的相互关系，如图4-3-1所示，三种方位角有以下联系：

$$A = A_m + \delta(\delta \text{东偏为正,西偏为负}) \tag{4-3-1}$$

$$A = \alpha + \gamma(\gamma \text{东偏为正,西偏为负}) \tag{4-3-2}$$

因此：

$$\alpha = A_m + \delta - \gamma \tag{4-3-3}$$

2. 正、反坐标方位角

直线AB前进方向的α_{AB}为正坐标方位角，其反方向BA的坐标方位角α_{BA}为直线AB的反坐标方位角，同一条直线的正、反坐标方位角互差180°。

如图4-3-2所示，正、反坐标方位角的关系为：

$$\alpha_{AB} = \alpha_{BA} \pm 180° \tag{4-3-4}$$

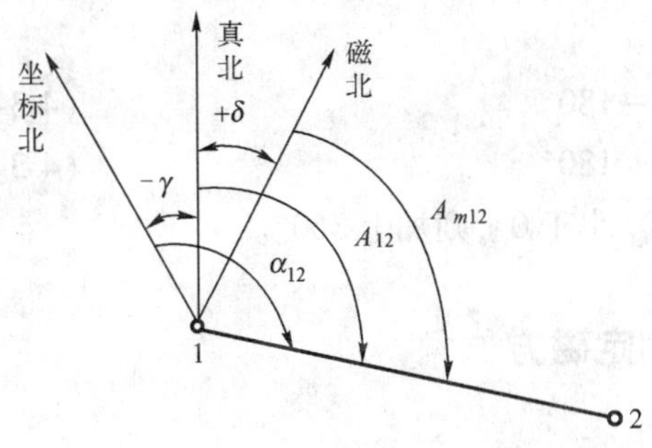

图4-3-1 三种方位角之间的关系

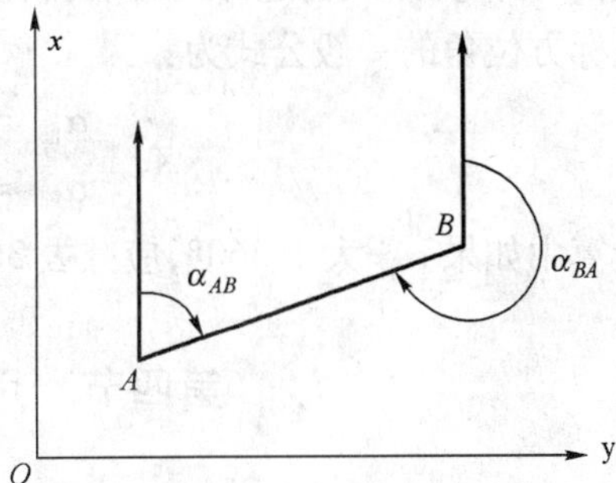

图4-3-2 正、反坐标方位角

即：

$$\alpha_{正} = \alpha_{反} \pm 180°$$

式中，当$\alpha_{反} > 180°$时，取“−”号；反之，取“+”号。

3. 象限角

由坐标纵轴的北端或南端起，沿顺时针或逆时针方向量至该直线的锐角，称为该直线的象限角，用R表示，其角值范围为0°~90°。

如图4-3-3所示，直线O_1、O_2、O_3、O_4的象限角分别为北东R_{O_1}、南东R_{O_2}、南西R_{O_3}和北西R_{O4}。

方位角与象限角的换算关系如下：

在第一象限，$R = \alpha$;

在第二象限，$R = 180° - \alpha$；

在第三象限，$R = \alpha - 180°$；

在第四象限，$R = 360° - \alpha$。

三、坐标方位角的推算

在实际工作中并不需要直接测定每条直线的坐标方位角，而是通过与已知坐标方位角的直线连测后，推算各直线的坐标方位角，如图 4-3-4 所示。

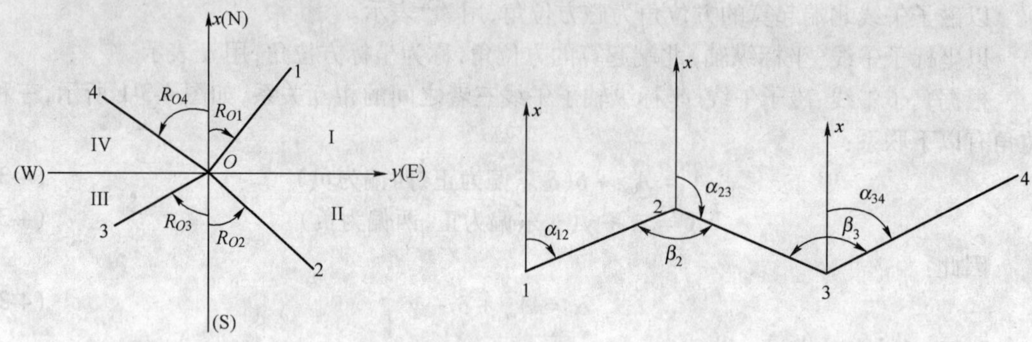

图 4-3-3　象限角　　　　图 4-3-4　坐标方位角推算

$$\alpha_{23} = \alpha_{12} - \beta_2 + 180° \tag{4-3-5}$$

$$\alpha_{34} = \alpha_{23} + \beta_3 - 180° \tag{4-3-6}$$

因 β_2 在推算路线前进方向的右侧，该转折角称为右角；β_3 在左侧，称为左角。从而归纳出推算坐标方位角的一般公式为：

$$\alpha_{前} = \alpha_{后} + \beta_{左} - 180° \tag{4-3-7}$$

$$\alpha_{前} = \alpha_{后} - \beta_{右} + 180° \tag{4-3-8}$$

计算中如果 $\alpha_{前}$ 大于 360°，应减去 360°；如果 $\alpha_{前}$ 小于 0°，则加上 360°。

第四节　用罗盘仪测定磁方位角

一、罗盘仪的结构

罗盘仪是利用磁针测量直线磁方位角的一种仪器，如图 4-4-1 所示。该仪器构造简单，使用方便，但精度不高，外界环境对仪器的影响较大，如钢铁建筑和高压电线都会影响其测量精度。

罗盘仪主要由磁针、刻度盘、望远镜和基座组成。

1. 磁针

磁针用人造磁铁制成，磁针在度盘中心的顶针尖上可自由转动。为了减轻顶针尖的磨损，不使用时，可用位于底部的固定螺旋升高杠杆，将磁针固定在玻璃盖上，如图 4-4-2 所示。

磁针两端受地球两磁极吸引力不同导致磁针倾斜，由于我国位于北半球，则磁针北端往下倾斜，为了使磁针保持水平，常在磁针南端加上几圈细铜丝。磁针在地磁影响下，将指向地磁南北极。

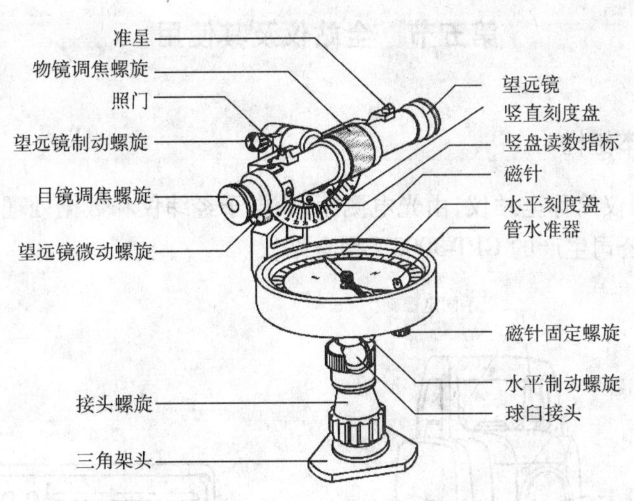

图4-4-1 罗盘仪及其各部件名称

2. 刻度盘

用钢或铝制成的圆环，制成刻度盘，并随望远镜一起转动。刻度盘上每隔10°有一注记，按逆时针方向从0°注记到360°，最小分划为1°或30′。盘内注有N（北）、E（东）、S（南）、W（西）字。刻度盘内装有一个圆水准器或者两个相互垂直的管水准器，气泡居中时，罗盘仪处于水平状态。

3. 望远镜

罗盘仪的望远镜与经纬仪的望远镜结构基本相似，也有物镜对光、目镜对光螺旋和十字丝分划板等，其望远镜的视准轴与刻度盘的0°分划线共面。

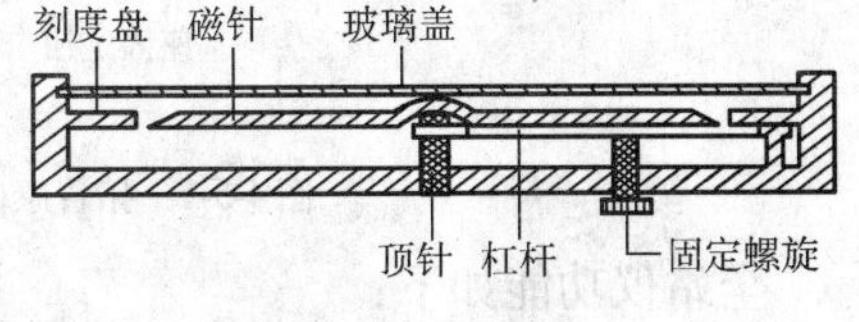

图4-4-2 罗盘结构

4. 基座

基座采用球臼结构，松开球臼接头螺旋，可摆动刻度盘，使水准气泡居中，度盘处于水平位置后，旋紧球臼接头螺旋。

二、罗盘仪测定直线磁方位角

欲测定直线 *AB* 的磁方位角，先将罗盘仪安置在直线起点 *A*，挂上垂球对中。松开球臼接头螺旋，用手转动刻度盘，使水准器气泡居中。拧紧球臼接头螺旋，使仪器处于对中和整平状态。之后松开磁针固定螺旋，让它自由转动，转动罗盘，用望远镜照准 *B* 点目标。待磁针静止后，磁针北端所指的度盘分划值，即为 *AB* 边的磁方位角角值，如图4-4-3所示。

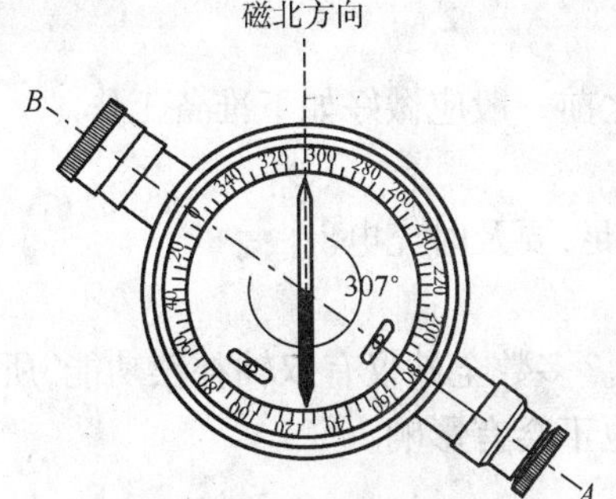

图4-4-3 罗盘仪测定磁方位角

使用罗盘仪时，要避开高压电线和避免铁质物体接近罗盘，以免影响磁针位置的正确性。测量结束后，旋紧磁针固定螺旋将磁针固定，避免磁针磨损，保护磁针灵敏性。

第五节　全站仪及其使用

一、全站仪的基本结构

全站型电子速测仪简称全站仪，由光电测距仪、电子经纬仪和数据处理系统组合而成。图4-5-1 为日本拓普康公司生产的 GPT-3000N 型全站仪。

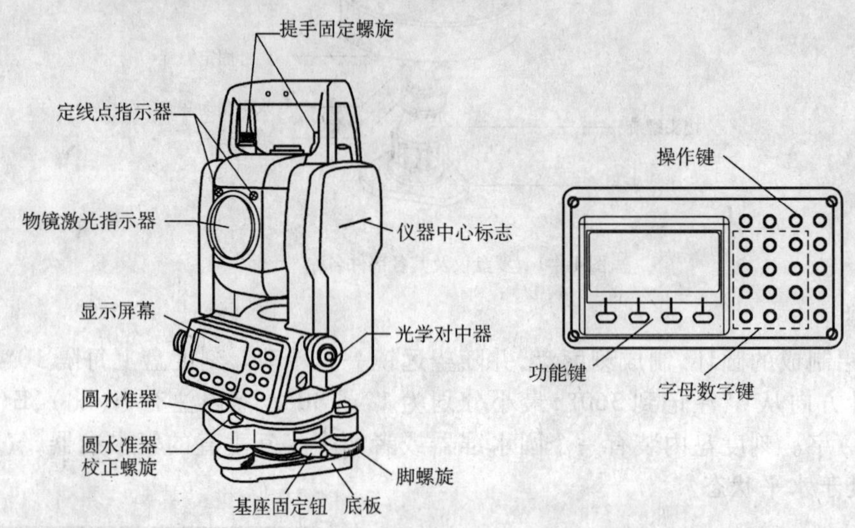

图 4-5-1　拓普康(TOPCON)GPT-3000N 全站仪及部件名称

全站仪功能如下：

(1)测角部分相当于电子经纬仪，可以测定水平角、竖直角和进行角度设置。

(2)测距部分相当于光电测距仪，测定测站点与目标点的斜距，并通过数据处理解算平距和高差。

(3)数据处理系统可以接收指令，分配各种观测作业，进行数据运算，并提供数据存储功能。

(4)输入、输出设备包括键盘、显示屏和数据线接口，使全站仪和微机等设备交互通信数据，形成内外一体的测绘系统。

二、使用全站仪前的准备工作

全站仪的种类很多，其具体操作方法基本相同，在测量之前一般应做好如下准备工作。

1. 安装电池

在测量前首先检查内部电池充电情况，如果电池电量不足，要及时充电。

2. 安置仪器

仪器的安置包括将全站仪连接到三脚架上、对中和整平。多数全站仪有双轴补偿功能，所以全站仪整平后，在观测过程中即使气泡稍有偏离，对观测也不会有影响。

3. 开机

按[POWER]或[ON]键，开机后仪器进行自检，自检结束后进入测量状态。有的全站仪自检结束后需要设置水平度盘与竖直度盘指标，设置水平度盘指标的方法是旋转照准部一周，听见鸣响即设置完成；设置竖直度盘指标的方法是纵转望远镜一周，听见鸣响设置完成。设置完成后显示窗内显示水平度盘与竖直度盘的读数。

4. 设置仪器参数

根据测量的具体要求，测前应通过仪器的键盘操作进行选择和设置参数。主要包括：观测条件参数设置、距离测量模式选择、通信条件参数的设置和计量单位的设置。

三、全站仪的主要测量功能

全站仪具有角度测量、距离测量、坐标测量、放样测量、对边测量、交会测量、面积测量、悬高测量等十多项测量功能，本节介绍其主要测量功能。

1. 角度测量

全站仪测角系统利用光电扫描度盘，自动显示读数。角度观测基本操作过程如下。

(1)选择水平角显示方式

按角度测量键，使全站仪处于角度测量模式。一般全站仪具有左角（逆时针角）和右角（顺时针角）两种模式可以选择，一般测量时选择右角观测模式。

(2)起始方向水平度盘读数设置

测定两条直线间的水平夹角，选择其中一个方向为起始方向。照准起始方向，设置当前的水平度盘读数为0°00′00″，即水平方向置零。也可将起始方向水平度盘读数设置成已知角度，完成水平方向定向。

(3)角度测量

设置完成后，顺时针转动照准部，瞄准待测方向，此时显示的水平度盘读数为两方向之间的水平夹角。

竖直角观测只需照准目标点，屏幕显示第一行“V”即为竖直读盘读数。竖直角观测值显示方式可以在竖直角与天顶距之间切换。

2. 距离测量

全站仪进行距离测量时，除进行观测条件参数设置外，还应设置棱镜常数，检测测距信号强度。基本操作过程如下：

(1)设置棱镜常数。

(2)设置气象改正。测距红外光在大气中的传播速度会随大气折射率的不同而变化，而大气折射率与大气的温度和气压有着密切的关系。温度15℃和大气压强为760mmHg是仪器设置的一个标准状态，此时大气改正值为0。测量过程中，可以输入温度和气压值，全站仪自动计算大气改正值（也可以直接输入大气改正值），并对测距结果进行改正。

(3)测距模式的选择。全站仪测距模式有精测模式、跟踪模式、粗测（速测）模式三种。精测模式是常用的测距模式，最小显示单位为1mm；跟踪模式用于移动目标或放样时连续测距，最小显示单位一般为1cm；粗测模式最小显示单位为1cm或1mm。在距离测量时，可以根据需要选择不同的测距模式。

(4)距离测量。照准目标棱镜中心，按测距键，距离测量开始，测距完成后显示斜距、平距、高差。

3. 坐标测量

全站仪可以直接测算点的三维坐标，如图4-5-2所示，O为测站点，A为后视点，1为待定点。

已知 A 的坐标为(N_A, E_A, Z_A)，O 的坐标为(N_O, E_O, Z_O)，求待测点 1 的坐标(N_1, E_1, Z_1)。

根据坐标反算其坐标方位角 $\alpha_{OA} = \arctan\dfrac{E_A - E_O}{N_A - N_O}$，为后视 OA 边坐标方位角。由此可得待测点 1 的坐标(N_1, E_1, Z_1)为：

$$N_1 = N_O + s \cdot \sin z \cdot \cos\alpha \tag{4-5-1}$$

$$E_1 = E_O + s \cdot \sin z \cdot \sin\alpha \tag{4-5-2}$$

$$Z_1 = Z_O + s \cdot \cos z + i - v \tag{4-5-3}$$

式中：N_1、E_1、Z_1——待测点坐标；

N_O、E_O、Z_O——测站点坐标；

s——测站点至待测点的斜距；

z——天顶距；

α——测站点至待测点方向的坐标方位角；

i——仪器高；

v——棱镜高。

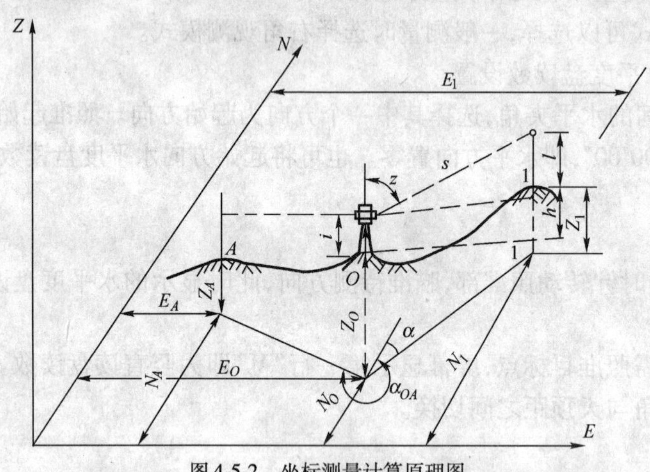

图 4-5-2　坐标测量计算原理图

其计算通过全站仪数据处理系统自动完成。需说明的是，全站仪上常用(N, E, Z)表示点的三维坐标，其中 N 对应 X，E 对应 Y，Z 对应 H。坐标测量基本操作过程如下：

(1)设置棱镜常数、大气改正或气温、气压值。

(2)设定测站点数据。测量前需将测站点坐标、仪器高通过键盘进行输入。仪器高是指仪器的横轴中心至测站点的垂直高度，可以用钢卷尺量出。

(3)设定后视点定向元素。照准后视点，输入后视点的坐标或后视边坐标方位角。当输入后视点的坐标时，全站仪自动计算后视方向坐标方位角，水平度盘读数显示该坐标方位角值。

(4)输入棱镜高。棱镜高是指棱镜中心至地面点的垂直高度。

(5)待测点坐标测量。精确照准前视目标棱镜中心，按坐标测量键，全站仪开始测量，屏幕上显示待测点的三维坐标。

4. 全站仪放样

全站仪可以进行角度、距离、坐标放样。其坐标放样的操作步骤为：

(1)输入测站点、后视点和放样点的坐标，仪器将自动计算放样的角度和距离，转动照准部使 dHA 变为0°00′00″,固定照准部,此时仪器视线方向即角度放样的方向。

dHA 表示水平角差值:

$$水平角差值 = 水平角实测值 - 水平角放样值$$

(2)选取距离放样测量模式,根据仪器显示的距离差值 dHD,引导棱镜在仪器视线方向前后移动,直到 dHD 显示值为零,此时棱镜所在的位置就是放样点的点位。

dHD 表示平距差值:

$$平距差值 = 平距实测值 - 平距放样值$$

四、仪器使用的注意事项与保养

全站仪是一种结构复杂、制造精密的仪器,在使用过程中应当遵循其操作规程,正确熟练地使用。

1. 使用注意事项

(1)新购置的仪器,首次使用应对照仪器认真阅读仪器使用说明书,掌握仪器的基本操作、文件管理、数据通信等内容。

(2)阳光下或降雨中作业应当给仪器打伞遮阳、遮雨。

(3)仪器应保持干燥,遇雨后及时将仪器擦干,完全晾干后才能装箱。

(4)全站仪望远镜不可直接照准太阳,以免损坏发光二极管。

(5)全站仪在迁站时,应握住提手取下仪器,放在仪器箱中。

(6)运输过程中避免剧烈振动。

(7)在电源打开期间不可将电池取出,否则会导致存储数据丢失。

2. 仪器的保养

(1)仪器注意保持清洁,镜头不可用手去触摸,应用镜头纸清理。

(2)电池充电应按说明书的要求进行。

(3)定期对仪器的性能进行检查。

(4)仪器出现故障应与厂家联系修理。

思考题及习题

一、思考题

1. 在距离丈量时如何进行直线定线?

2. 距离丈量有哪些主要误差?为了保证距离丈量的精度,应注意哪些问题?

3. 光电测距仪为什么采用精尺和粗尺两把光尺?

4. 用相位式测距仪测距时,为什么测出调制光的相位移就可以解算出所测距离?

5. 测量中作为直线定向依据的基本方向线有哪些?真方位角、磁方位角、坐标方位角三者之间的关系是什么?

6. 叙述罗盘仪测定磁方位角的主要操作步骤。

7. 试述全站仪坐标放样的操作过程。

二、习题

1. 用钢尺丈量 A、B 两点之间的距离,往测为172.22m,返测为172.25m,计算直线 AB 丈量结果的相对误差。

2. 如题图 4-1 所示，已知 $\alpha_{12}=49°20'00''$，$\beta_2=125°25'00''$，$\beta_3=126°15'00''$，求其余各边坐标方位角。

3. 如题图 4-2 所示，已知：$\alpha_{12}=253°43'00''$，$\beta_1=115°55'00''$，$\beta_2=91°28'00''$，$\beta_3=112°34'00''$，$\beta_4=95°45'00''$，$\beta_5=124°18'00''$，求其他各边的坐标方位角。

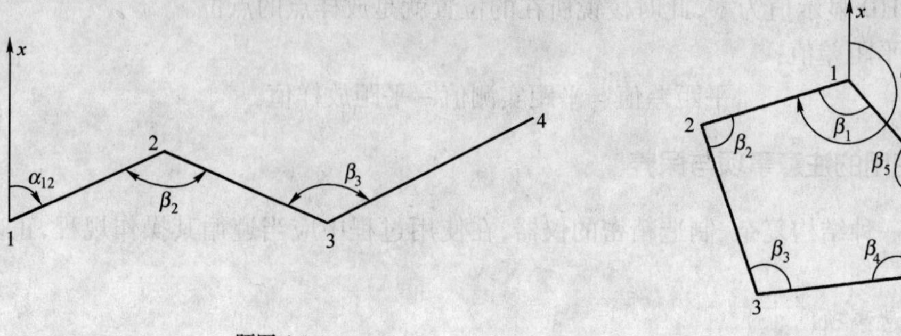

题图 4-1　　　　题图 4-2

第五章 测量误差及其基础知识

学习目的与要求

1. 学会描述测量误差的基本类型及特点；

2. 掌握算术平均值的计算；

3. 掌握评定观测值精度的标准；

4. 学会计算观测值函数中误差。

第一节 测量误差概述

一、测量误差及产生的原因

在测量工作中，尽管选用了精密仪器、严格按操作规程观测，但是由于仪器构造不可能十分完善，观测者感官鉴别力的局限，以及观测时外界条件的影响等多方面的原因，在对同一量的各观测值之间，或在各观测值与其理论值之间存在差异。例如，对某一三角形的内角进行观测，其和不等于180°；又如所测闭合水准路线的高差闭合差不等于零等；这种误差实质上表现为观测值与其观测量的真值之间存在差值，这种差值称为测量误差。研究观测误差的来源及其规律，可采取各种措施来减小误差。

测量误差的产生来源于多方面，概括起来有以下3个方面。

1. 仪器设备

测量工作是利用测量仪器进行的，而每一种测量仪器都具有一定的精确度，因此，会使测量结果受到一定的影响。例如，钢尺的实际长度和名义长度总存在差异，由此所测的长度总存在尺长误差；再如水准仪的视准轴不平行于水准管轴，也会使观测的高差产生 i 角误差。

2. 观测者

由于观测者的感觉器官的鉴别能力存在一定的局限性，所以，对于仪器的对中、整平、瞄准、读数等操作都会产生误差。例如，在厘米分划的水准尺上，由观测者估读毫米数，则1mm以下的估读误差是完全有可能产生的；另外，观测者技术熟练程度、工作态度也会给观测成果带来不同程度的影响。

3. 外界条件

观测者所处的外界条件如温度、湿度、风力、大气折光、气压等客观情况时刻在变化，也会使测量结果产生误差。例如，温度变化使钢尺产生伸缩；大气折光是望远镜的瞄准产生偏差；阳光暴晒使水准气泡偏移等都直接影响观测成果的精度。

人、仪器和外界条件是测量工作进行的必要条件，因此，测量成果中的误差是不可避免的。

上述3方面，通常称为观测条件，在观测条件相同时进行观测称为等精度观测；否则，称为非等精度观测。当采用非等精度观测时，由于精度计算及平差较烦琐，在工程测量中大多采用等精度观测。

二、测量误差的分类

测量工作中产生的各种误差，除分析产生的原因，采取必要的措施消除或减弱对测量成果的影响外，还要对误差进行分类，以便根据其特性予以消除或减弱。观测误差按照对观测成果影响性质的不同，可分为系统误差和偶然误差两大类。

1. 系统误差

在相同的观测条件下，对观测量进行一系列的观测，若误差的大小及符号相同，或按一定的规律变化，那么这类误差称为系统误差。例如用一把名义为30m长、而实际长度为30.007m的钢尺丈量距离，每量一尺段就要多量0.7cm，该0.7cm误差数值和符号上都是固定的，且随着尺段数的增加呈积累性。系统误差对测量成果影响较大，且具有积累性，应尽可能消除或限制到最小程度，其常用的处理方法有：

(1)校验仪器，把系统误差降低到最小程度，如降低指标差等；

(2)加改正数，在观测结果中加入系统误差改正数，如尺长改正等；

(3)采用适当的观测方法，使系统误差相互抵消或减弱，如测水平角时采用盘左、盘右观测消除视准误差，测竖直角时采用盘左、盘右观测消除指标差，采用前后视距相等来消除由于水准仪的视准轴不平行于水准轴带来的 i 角误差。

2. 偶然误差

在相同的观测条件下，对观测量进行一系列的观测，若误差的大小及符号都表现出偶然性，该误差的大小和符号没有规律，这类误差称为偶然误差。偶然误差是由人力所不能控制的因素(例如人眼的分辨能力、气象因素等)共同引起的测量误差，偶然误差是不可避免的。从表面看没有任何规律性，但从对某量进行 N 次观测的测量误差来看，具有一定的统计规律。

测量误差理论主要是对具有偶然误差特性的观测量的误差进行精度评定，因而偶然误差是误差理论的主要研究对象。就单个偶然误差而言，其大小和符号都没有规律性，但就其总体而言却呈现出一定的统计规律，并且是服从正态分布的随机变量。即在相同观测条件下，大量偶然误差分布表现出一定的统计规律性。

在相同的观测条件下，对一个三角形进行217次观测，由于观测值带有偶然误差，故三角形内角观测值之和不等于真值180°。设三角形内角和的真值 X 为180°，三角形内角观测值之和为 l_i，则三角形内角和的真误差 Δ_i 由下式算出：

$$\Delta_i = X - l_i \quad (i = 1,2\cdots n) \tag{5-1-1}$$

若取误差区间间隔 $d\Delta = 3''$，将上述217个真误差按其正负号与数值大小排列，依据统计误差出现在各个区间的个数 k，计算其相对个数 k/n(此处 $n = 217$)，k/n 称为误差出现的频率。其偶然误差的统计列于表5-1-1。

偶然误差的统计表 表 5-1-1

误差区间 dΔ(″)	负误差			正误差			备注
	个数	频率 k/n	$(k/n)/\mathrm{d}\Delta$	个数	频率 k/n	$(k/n)/\mathrm{d}\Delta$	
0 ~ 3	30	0.138	0.046	29	0.134	0.045	等于区间左端值的误差列于该区间内
3 ~ 6	21	0.097	0.032	20	0.092	0.031	
6 ~ 9	15	0.069	0.023	18	0.083	0.028	
9 ~ 12	14	0.065	0.022	16	0.074	0.025	
12 ~ 15	12	0.055	0.018	10	0.046	0.015	
15 ~ 18	8	0.039	0.012	8	0.037	0.012	
18 ~ 21	5	0.023	0.008	6	0.028	0.009	
21 ~ 24	2	0.009	0.003	2	0.009	0.003	
24 ~ 27	1	0.005	0.002	0	0.000	0.000	

从表 5-1-1 可以看出，误差分布状况具有以下性质：

(1)在一定的观测条件下，偶然误差的绝对值不会超过一定极限值；

(2)绝对值较小的误差出现频率大，绝对值较大的误差出现频率小；

(3)绝对值相等的正、负误差出现的频率大致相等；

(4)当观测次数无限增大时，偶然误差的算术平均值趋近于零，即偶然误差具有抵偿性，用公式表示：

$$\lim_{n\to\infty}\frac{\Delta_1+\Delta_2+\cdots+\Delta_n}{n}=\lim_{n\to\infty}\frac{[\Delta]}{n}=0 \tag{5-1-2}$$

式中：[ ]——表示取括号中数值的代数和。

误差的分布情况，除了采用表 5-1-1 的形式表达外，还可用图形来表达。以横坐标表示误差的正负和大小，以纵坐标表示各区间内误差出现的频率 k/n 除以区间的间隔值 dΔ，即 $\frac{k}{n\mathrm{d}\Delta}$。根据表 5-1-1 的数据绘制出图 5-1-1。每一个误差区间上的长方条面积就代表误差出现在该区间内的频率，这种图称为频率直方图，它形象地表示了误差分布情况。

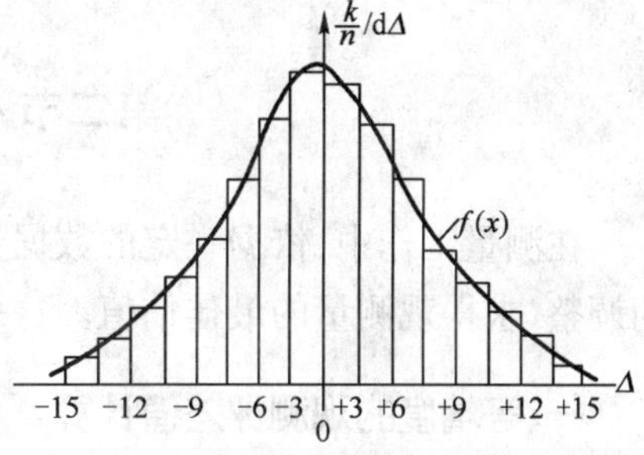

图 5-1-1 频率直方图

在相同的观测条件下，随着观测个数的无限增多 $n\to\infty$，同时又无限缩小误差的区间值 dΔ，误差出现在各区间的频率也就趋于一个确定的数值，这就是误差出现在各区间的频率。也就是说在一定的观测条件下，对应着一种确定的误差分布，若 $n\to\infty$，$\mathrm{d}\Delta\to 0$，图 5-1-1 中各长方条顶边的折线将逐渐变成图 5-1-1 所示的一条光滑曲线，该曲线在概率论中称为正态分布曲线，又称为误差分布曲线，它完整地表示了偶然误差出现的概率。

由此可见，偶然误差的频率分布随着 n 的逐渐增大，都是以正态分布为其极限的。正态分布曲线的数学方程式为：

$$f(\Delta)=\frac{1}{\sqrt{2\pi}\sigma}e^{-\frac{\Delta^2}{2\sigma^2}} \tag{5-1-3}$$

式中：$\pi=3.1416$；

$e=2.7183$；

σ——标准差。

$$\sigma^2 = \lim_{n\to\infty}\frac{\Delta_1^2 + \Delta_2^2 + \cdots + \Delta_n^2}{n} = \lim_{n\to\infty}\frac{[\Delta\Delta]}{n}$$

$$\sigma = \pm \lim_{n\to\infty}\sqrt{\frac{[\Delta\Delta]}{n}} \tag{5-1-4}$$

标准差的大小决定于在一定条件下偶然误差出现的绝对值的大小，当出现有较大绝对值的偶然误差时，在标准差 σ 中会得到明显的反映。

除上述两类误差外，还可能发生错误，也称粗差，如计错、读错等。这主要由于观测者本身疏忽造成。粗差不属于误差范畴，但它会影响测量成果的可靠性，测量时必须遵守测量规范，要认真操作，随时检查，并进行结果校核，杜绝错误发生。

三、误差处理原则

为了防止错误的发生和提高观测成果的精度，在测量工作中，一般需要进行多于必要观测的观测次数，称为"多余观测"。例如：一段距离用往、返丈量，如将往测作为必要观测，则反测就属于多余观测；又如，有三个地面点构成一个平面三角形，在三个点上进行水平角观测，其中两个角度属于必要观测，则第三个角度的观测就属于多余观测。有了多余观测，就可以发现观测值中的错误，以便将其剔除或重测。由于观测值中的偶然误差是不可避免的，有了多余观测，观测值之间必然产生差值。因此，根据差值的大小，可以评定测量的精度，差值如果达到一定的程度，就认为观测值中有的观测量的误差超限，应予重测（返工）；差值如果不超限，则按偶然误差的规律加以处理（进行闭合差的调整），以求得最可靠的数值。

至于观测值中的系统误差，应该尽可能按其产生的原因和规律加以改正、抵消或削弱。

第二节　算术平均值及其改正值

在测量工作中，依据一定的数据处理准则，采用适当的计算方法对观测值加以必要而合理的调整，求得观测量的最佳估值。这一数据处理过程称为"测量评差"，平差结果即为评差值。

一、等精度的观测评差值计算

在等精度的观测条件下，对某未知量进行 n 次观测，其观测值分别为 l_1、l_2、…、l_n，将这些观测值取算术平均值 x，作为该量的平差值，又称为"最或是值"，即：

$$x = \frac{l_1 + l_2 + \cdots + l_n}{n} = \frac{[l]}{n} \tag{5-2-1}$$

下面以偶然误差的特性来探讨算术平均值 x 作为某量的最或是值的合理性和可靠性。设某一量的真值为 X，其观测值为 l_1、l_2、…、l_n，则相应的真误差为 Δ_1、Δ_2、…、Δ_n，则：

$$\begin{aligned}\Delta_1 &= X - l_1\\ \Delta_2 &= X - l_2\\ &\vdots\\ \Delta_n &= X - l_n\end{aligned}$$

将上列等式相加，并除以 n 得：

$$\frac{[\Delta]}{n} = X - \frac{[l]}{n} = X - x \text{ 或 } X = x + \frac{[\Delta]}{n} \tag{5-2-2}$$

根据偶然误差的第四个特性，当观测次数 $n \to \infty$ 时，$\frac{[\Delta]}{n}$ 就会趋近于零，即：

$$\lim_{n \to \infty} \frac{[\Delta]}{n} = 0$$

也就是说，当观测次数无限增大时，观测值的算术平均值 x 趋近于该量的真值 X。但在实际工作中，不可能对某一量进行无限次的观测，因此，就把有限个观测值的算术平均值 作为该量的评差值(最或是真值)。

二、观测值的改正值

算术平均值与观测值之差称为观测值的改正值(用 v 表示)。

$$\left.\begin{aligned} v_1 &= x - l_1 \\ v_2 &= x - l_2 \\ &\vdots \\ v_n &= x - l_n \end{aligned}\right\} \tag{5-2-3}$$

将上列等式相加得：

$$[v] = nx - [l]$$

将 $x = \frac{[l]}{n}$ 代入上式得：

$$[v] = n\frac{[l]}{n} - [l] = 0 \tag{5-2-4}$$

一组等精度观测值的改正值之和恒等于零。这一结论可以作为计算工作的校核。

第三节　评定观测值精度的标准

在等精度的观测条件下，若偶然误差较集中于零附近，我们可以讲其误差分布的离散度小，表明该组观测质量较好，也就是观测精度高；反之，我们称其误差分布离散度大，表明该组观测质量较差，也就是观测精度低。所谓精度，就是指误差分布的密集或离散的程度。精度的衡量可以用上述列表或作图的方法，但都比较麻烦。人们需要对精度有一个数字概念，这种数字能够反映其离散度的大小，因此称为衡量精度的指标。衡量精度的指标有多种，其中常用的有以下几种。

一、中误差

在一定观测条件下观测结果的精度，取标准差 σ 是比较合适的。但是，在实际测量工作中，不可能对某一量作无穷多次观测，因此，定义按有限次数观测值的偶然误差(真误差)求得标准差的估值为中误差 m，即：

$$m = \pm\sqrt{\frac{\Delta_1^2 + \Delta_2^2 + \cdots + \Delta_n^2}{n}} = \pm\sqrt{\frac{[\Delta\Delta]}{n}} \tag{5-3-1}$$

例如对 10 个三角形的内角进行了 2 组观测，根据 2 组观测值中的偶然误差(三角形的角度闭合差)，求得中误差，如表 5-3-1 所示。

按观测值的真误差计算中误差　　表 5-3-1

次序	第一组观测			第二组观测		
	观测值 l (° ′ ″)	真误差 Δ(″)	Δ^2	观测值 l (° ′ ″)	真误差 Δ(″)	Δ^2
1	180 00 00	0	0	180 00 00	0	0
2	180 00 02	-2	4	179 59 59	+1	1
3	179 59 58	+2	4	180 00 07	-7	49
4	179 59 56	+4	16	180 00 02	-2	4
5	180 00 01	-1	1	180 00 01	-1	1
6	180 00 00	0	0	179 59 59	+1	1
7	180 00 04	-4	16	179 59 52	+8	64
8	179 59 57	+3	9	180 00 00	0	0
9	179 59 58	+2	4	179 59 57	+3	9
10	180 00 03	-3	9	180 00 01	-1	1
Σ		+1	63		+2	130
观测值中误差	$m_1 = \pm\sqrt{\frac{[\Delta\Delta]}{n}} = 2.5''$			$m_2 = \pm\sqrt{\frac{[\Delta\Delta]}{n}} = 3.6''$		

由此可见，第二组观测值的中误差 m_2 大于第一组观测值的中误差 m_1，因此，第二组观测值相对来说精度较低。

一组等精度观测值在真值已知的情况下，可以按式(5-3-1)计算观测值的中误差。应用此式还需要具有观测对象的真值 X。而在实际工作中，观测值的真值 X 往往是不知道的，真误差 Δ_i 也就无法求得，此时，就不可能用式(5-3-1)求中误差。从上节知道，在同样的观测条件下，对某一量进行 n 次观测，可以求其最或是值——算术平均值 x 及各个观测值的改正值 v_i；并且也知道，x 在观测次数无限增多时将趋近于真值 X。在观测次数有限时，以算术平均值 x 代替真值 X，以改正值 v_i 代替真误差 Δ_i。由此得到按观测值的改正值计算观测值的中误差的实用公式：

$$m = \pm\sqrt{\frac{[vv]}{n-1}} \tag{5-3-2}$$

上式可根据偶然误差的特性来证明。

由式(5-1-1)和式(5-2-3)可写出：

$$\begin{aligned} \Delta_1 &= X - l_1 & \quad v_1 &= x - l_1 \\ \Delta_2 &= X - l_2 & \quad v_2 &= x - l_2 \\ &\vdots & &\vdots \\ \Delta_n &= X - l_n & \quad v_n &= x - l_n \end{aligned}$$

将上两组左右两式分别相减得：

$$\left.\begin{aligned}\Delta_1 &= v_1 + (X - x)\\ \Delta_2 &= v_2 + (X - x)\\ &\vdots\\ \Delta n &= v_n + (X - x)\end{aligned}\right\} \tag{5-3-3}$$

上列各式取其总和,并顾及[v] =0,得到:

$$[\Delta] = nX - nx$$

$$X - x = \frac{[\Delta]}{n} \tag{5-3-4}$$

为了求得[ΔΔ]与[vv]的关系,将式(5-3-3)等号两端平方,取其总和,并顾及 [v]=0,得到:

$$[\Delta\Delta] = [vv] + n(X - x)^2 \tag{5-3-5}$$

上式中:

$$(X - x)^2 = \frac{[\Delta]^2}{n^2} = \frac{\Delta_1 + \Delta_2 + \cdots + \Delta_n}{n^2} + \frac{2(\Delta_1\Delta_2 + \Delta_1\Delta_3 + \cdots + \Delta_{n-1}\Delta_n)}{n^2}$$

上式中右端第二项中 $\Delta_i\Delta_j(i \neq j)$ 为任意两个偶然误差的乘积,它仍然具有偶然误差的特性。根据偶然误差的第四个特性,有:

$$\lim_{n\to\infty} \frac{\Delta_1\Delta_2 + \Delta_1\Delta_3 + \cdots\Delta_{n-1}\Delta_n}{n} = 0$$

当 n 为有限值时,上式分子的值远比[ΔΔ]小,可以忽略不计,因此:

$$(X - x)^2 = \frac{[\Delta\Delta]}{n^2} \tag{5-3-6}$$

将上式代入式(5-3-5)得到:

$$[\Delta\Delta] = [vv] + \frac{[\Delta\Delta]}{n}$$

即:

$$\frac{[\Delta\Delta]}{n} = \frac{[vv]}{n-1} \tag{5-3-7}$$

例如,对于某一水平角,在等精度的观测条件下进行 5 次观测,求其算术平均值及观测值的中误差,如表 5-3-2。

按观测值的改正值计算中误差 表 5-3-2

次数	观测值 l (° ′ ″)	改正值 v(″)	vv	计算算术平均值
1	35 42 49	−4	16	$x = \frac{[l]}{n} = 35°42'45''$ 观测值中误差: $m = \pm\sqrt{\frac{[vv]}{n-1}} = \pm\sqrt{\frac{60}{4}} = \pm 3.87''$
2	35 42 40	+5	25	
3	35 42 42	+3	9	
4	35 42 46	−1	1	
5	35 42 48	−3	9	
Σ		0	60	

二、容许误差

由偶然误差的第一特性得到，在等精度的观测条件下，偶然误差的绝对值不会超过一定的限值。根据误差理论和实践证明：在大量同精度观测的一组误差中，误差落在$(-m, +m)$、$(-2m, +2m)$、$(-3m, +3m)$的概率分别为：

$$P(|\Delta| < m) \approx 68.3\%$$

$$P(|\Delta| < 2m) \approx 95.4\%$$

$$P(|\Delta| < 3m) \approx 99.7\%$$

可见绝对值大于3倍中误差的偶然误差出现的概率仅有0.3%，绝对值大于2倍中误差的偶然误差出现的概率约占5%，因此通常以2倍中误差作为偶然误差的极限值，并称为极限误差或容许误差。

$$\Delta_{容} = 2m$$

在测量工作中，如某观测量的误差超过了容许误差，就可以认为它是错误的，其观测值应舍去重测。

三、相对误差

衡量测量成果的精度高低，有时单靠中误差还不能完全表达测量结果的质量。例如，用钢尺丈量100m和200m的两段距离，中误差均为±2cm。虽然它们的中误差相同，但不能认为两者的精度一样；因为量距误差与丈量的长度有关，因此，当观测量的精度与观测量本身大小相关时，我们应用精度指标——相对误差来衡量。

相对误差是用误差的绝对值与观测值之比来衡量精度高低的，相对误差是一个无名数。在测量中一般将分子化为1，即用$1/N$来表示。相对误差的分母N越大，精度越高。上述两段距离，其相对中误差分别为：

$$K_1 = 0.02/100 = 1/5\,000$$

$$K_2 = 0.02/200 = 1/10\,000$$

思考题及习题

1. 什么叫观测误差？产生观测误差的原因有哪些？
2. 怎样区分测量工作中的误差和错误？
3. 偶然误差与系统误差有什么不同？偶然误差有哪些特性？
4. 为什么说观测值的算术平均值为该量的评差值(最或是真值)？
5. 说明在什么情况下采用中误差衡量测量的精度？在什么情况下则用相对误差？

第六章　小地区控制测量

学习目的与要求

1. 了解控制测量的意义和控制测量的分类；
2. 了解导线布设的形式、等级和种类；
3. 掌握导线测量、交会定点的外业工作和内业计算；
4. 掌握四等水准测量(双面尺法)的外业工作和内业计算；
5. 了解三角高程测量原理及内业计算。

第一节　控制测量概述

在测量工作中,为了限制误差的传播范围,满足测量的精度要求,必须遵循“从整体到局部,由高级到低级,先控制后碎部”的原则,先在测区内选定一些对整体具有控制作用的点(称为控制点),并依此建立控制网。用较精密的仪器和方法测定控制点的平面位置和高程,然后根据控制网进行碎部测设。

控制网分为平面控制网和高程控制网两种。测定控制点平面位置(x,y)的工作,称为平面控制测量,其测量方法主要采用导线测量、三角测量及 GPS 测量;测定控制点高程(H)的工作,称为高程控制测量,测量方法主要采用水准测量和三角高程测量。

控制网按地域大小又分为国家控制网、城市控制网、小地区控制网。

一、国家控制网

在全国范围内统一建立的控制网,称为国家控制网。它是全国各种比例尺测图等测绘工作的基本控制,并为确定地球的形状和大小、军事科学及地震预报等提供研究资料。

以前的国家平面控制网分为一、二、三、四等,主要通过精密三角测量的方法,按先高级、后低级,逐级加密的原则建立。如图 6-1-1a)所示,一等三角锁是国家平面控制网的骨干;二等三角锁布设于一等三角锁环内,是国家平面控制网的全面基础;三等三角锁为二等三角锁的进一步加密。

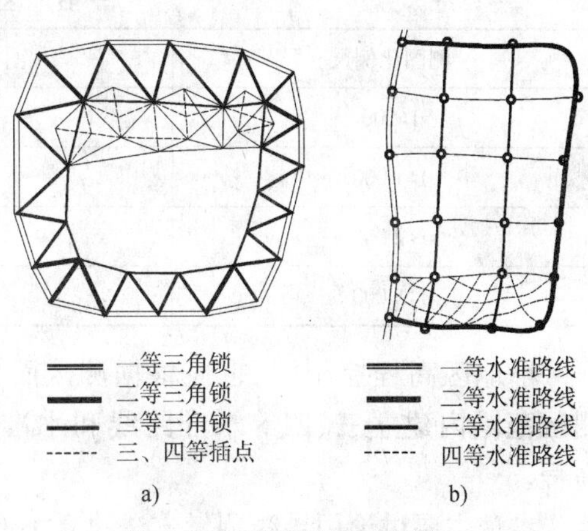

图 6-1-1　国家控制网示意图
a)国家平面控制网;b)国家高程控制网

图 6-1-1b)是国家高程控制网布设示意图。一等水准网是国家高程控制网的骨干;二等水准网布设于一等水准环内,是国家高程控制网的全面基础;三、四等水准网为国家高程控制网的进一步加密。建立国家高程控制网,采用的

是精密水准测量方法。

近些年来，随着科学技术的不断发展，GPS 全球定位系统在工程测量中已经得到了广泛的应用。我国现已完成了“2000 国家 GPS 控制网”。该控制网是在原有的国家测绘局布设的高精度 GPS A、B 级网，总参测绘局布设的 GPS 一、二级网，中国地震局、总参测绘局、中国科学院、国家测绘局共建的中国地壳运动观测网这三大 GPS 观测网的基础上布设而成。该控制网整合了上述三个大型的、有重要影响力的 GPS 观测网的成果，共 2 609 个点。通过联合处理将其归于一个坐标参考框架，形成了紧密的联系体系，可满足现代测量技术对地心坐标的需求，同时为建立我国新一代的地心坐标系统打下了坚实的基础。

二、城市控制网

城市平面控制网为城市及各种工程建设需要的平面控制网。城市平面控制网应在国家控制点的基础上，根据测区的大小、城市规划和施工测量的要求，布设成不同的等级以供测绘大比例尺地形图及施工测量使用。

城市平面控制网分为二、三、四等和一、二级小三角网，或一、二、三级导线网。最后再布设为测绘大比例尺图所用的图根小三角和图根导线。

城市高程控制网分为二、三、四等，在四等以下再布设为测绘大比例尺图用的图根水准点。

三、小地区控制网

在小于 $15km^2$ 范围内建立的控制网，称为小地区控制网。建立小地区控制网时，应尽量与国家(或城市)已建立的高级控制网连测，将高级控制点的坐标和高程作为小地区控制网的起算和校核数据。如果周围没有国家(或城市)控制点，或附近有这种高级控制点而不便连测时，也可建立独立控制网。此时控制网的起点坐标可自行假定，作定向用的坐标方位角也可用测区中央的磁方位角代替。

小地区平面控制网，应根据测区面积的大小和精度要求分级建立。在全测区范围内建立的精度最高的控制网，称为首级控制网；直接为测图而建立的控制网，称为图根控制网。图根点的密度应根据测图比例尺和地形条件而定，可参考表 6-1-1。

一般地区解析图根点个数　　表 6-1-1

测图比例尺	图幅尺寸(cm)	解析控制点(个数)
1∶500	50×50	8
1∶1 000	50×50	12
1∶2 000	50×50	15
1∶5 000	40×40	30

小地区高程控制网，也应根据测区面积大小和工程要求采用分级的方法建立。在全测区范围内建立三、四等水准路线和水准网，再以三、四等水准点为基础，测定图根点的高程。

本章主要讨论用导线测量方法建立小地区平面控制网和利用三、四等水准测量方法建立小地区高程控制网的有关问题。

第二节 平面控制网的定向、定位与坐标正反算

在新布设的平面控制网中，至少需要已知一条边的坐标方位角才可以确定控制网的方向，简称定向。同样至少需要已知一个点的平面坐标，才可以确定控制网的位置，简称定位。

一、平面控制网的定向和定位

如图6-2-1所示的控制网中，如已知网中 B 点的坐标(x_B, y_B)和 AB 的坐标方位角 α_{AB}，就可以确定控制网的方向和位置，再根据观测的其他边的角度和边长，就可以推算出网中各边的坐标方位角和水平距离，进而求出其他未知点的坐标。

如果在这个控制网中，AB 的坐标方位角 α_{AB} 未知，但是已知 A 点的坐标(x_A, y_A)和 B 点的坐标(x_B, y_B)，我们可以通过坐标反算获得 AB 的坐标方位角 α_{AB}，同样可以确定控制网的方向和位置。

所以一个点的坐标和该点所在边的坐标方位角称为平面控制网的必要起算数据。控制网的起算数据可以通过与已有国家控制网或城市控制网连测得到。

二、坐标的正、反算

1. 坐标的正算

根据已知点坐标、两点间的水平距离 D 和坐标方位角 α，通过计算两点间的坐标增量 Δx、Δy，从而求得未知点坐标的计算称为坐标正算。

如图6-2-2中，若已知1点坐标(x_1, y_1)，边长 D_{12} 和坐标方位角 α_{12}，则2点坐标：

$$\begin{cases} x_2 = x_1 + \Delta x_{12} \\ y_2 = y_1 + \Delta y_{12} \end{cases} \tag{6-2-1}$$

其中：

$$\begin{cases} \Delta x_{12} = D \cdot \cos\alpha_{12} \\ \Delta y_{12} = D \cdot \sin\alpha_{12} \end{cases} \tag{6-2-2}$$

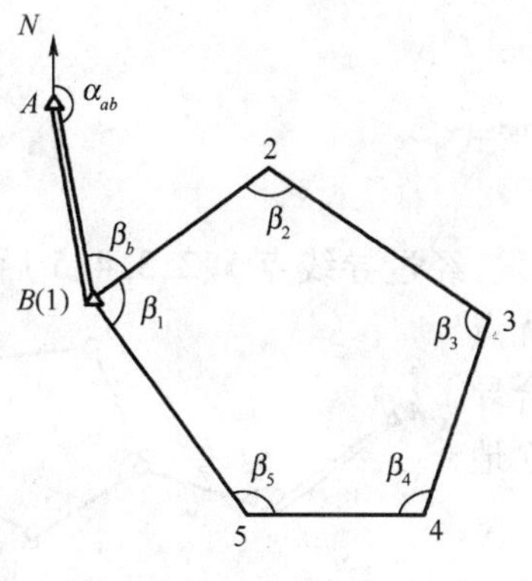

图6-2-1 平面控制网的定向与定位

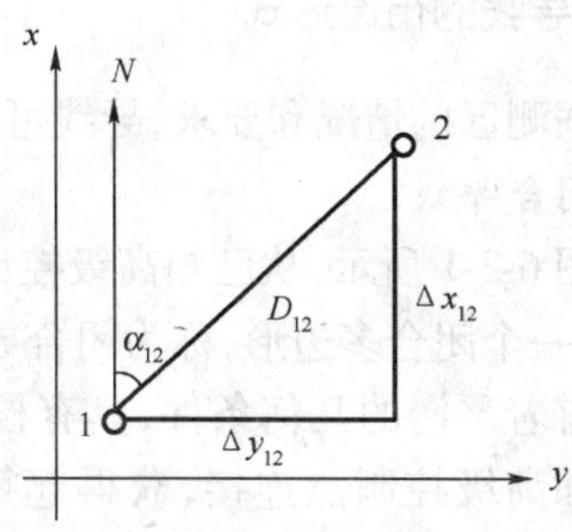

图6-2-2 坐标正、反算

坐标方位角和坐标增量都带有方向性，注意下标的书写。当坐标方位角位于第一象限时，坐标增量均为正数；当坐标方位角位于第二象限时，Δx 为负数，Δy 为正数；当坐标方位角位于第三象限时，坐标增量均为负数；当坐标方位角位于第四象限时，Δx 为正数，Δy 为负数。

2. 坐标反算

已知两点的直角坐标(或坐标增量 Δx、Δy),反算两点间的水平距离 D 和坐标方位角 α 的计算称为坐标反算。

如图 6-2-2 中,若已知两点坐标(x_1,y_1)、(x_2,y_2),则边长 D_{12}和坐标方位角 α_{12}为:

$$D_{12}=\sqrt{(x_2-x_1)^2+(y_2-y_1)^2} \tag{6-2-3}$$

$$\tan\alpha_{12}=\frac{y_2-y_1}{x_2-x_1} \tag{6-2-4}$$

由于坐标方位角可在四个象限之内,而式(6-2-4)的反正切计算后所得角度的值域只在一、四象限,所以计算时应根据 Δx、Δy 的正负号来换算成相应的坐标方位角。

(1)当 $\Delta x>0$ 且 $\Delta y\geqslant0$ 时:

$$\alpha_{12}=\arctan\frac{\Delta y_{12}}{\Delta x_{12}}$$

(2)$\Delta x<0$ 时:

$$\alpha_{12}=180°+\arctan\frac{\Delta y_{12}}{\Delta x_{12}}$$

(3)$\Delta x>0$ 且 $\Delta y<0$ 时:

$$\alpha_{12}=360°+\arctan\frac{\Delta y_{12}}{\Delta x_{12}}$$

第三节 导线测量

将测区内相邻控制点连成直线而构成的折线图形,称为导线;构成导线的控制点称为导线点。导线测量就是依次测定各导线边的长度和各转折角值;再根据起算数据,推算各边的坐标方位角,从而求出各导线点的坐标。

导线测量是建立小地区平面控制网的主要方法,特别适用于地物分布比较复杂的城市建筑区、通视较困难的隐蔽地区、带状地区以及地下工程等控制点的测量。

一、导线的布设形式

根据测区的情况和要求,导线可以布设成以下 3 种形式。

1. 闭合导线

如图 6-3-1 所示,从已知高级控制点和已知方向出发,经过导线点 1、2、3、4、5 后,回到 1 点,组成一个闭合多边形,称为闭合导线。闭合导线的优点是图形有着严密的几何条件,具有校核成果作用。闭合导线可以和高级控制点连接,获得起算数据,也可以独立地布设。

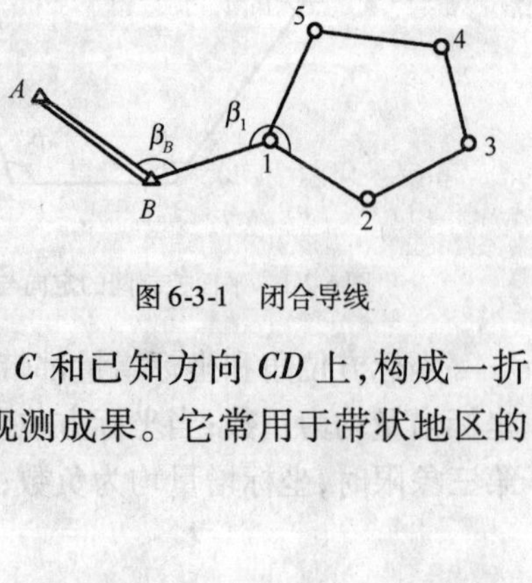

图 6-3-1　闭合导线

2. 附和导线

如图 6-3-2 所示,从已知高级控制点 B 和已知方向 AB 出发,经过导线点 1、2、3,最后附合到另一个高级控制点 C 和已知方向 CD 上,构成一折线的导线,称为附合导线。附合导线的优点也是可以检核观测成果。它常用于带状地区的控制。

3. 支导线

如图 6-3-3 所示,从已知高级控制点 B 和已知方向 AB 出发,即不闭合原已知点,也不附合另一已知点的导线,称为支导线。由于支导线没有检核,因此,支导线的点数不宜超过 2 个。

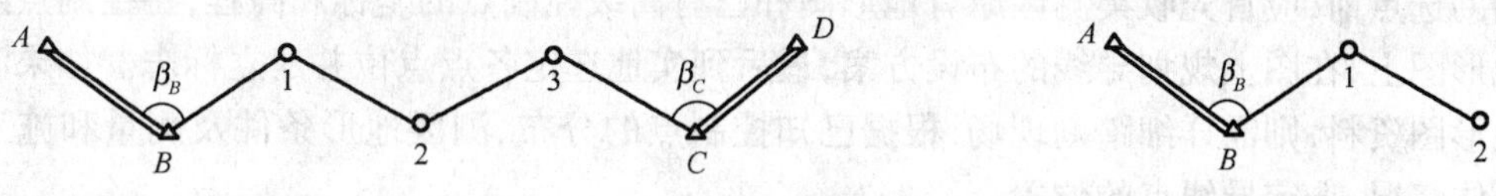

图 6-3-2　附和导线

图 6-3-3　支导线

用导线测量方法建立小地区平面控制网,通常分为一级导线、二级导线、三级导线和图根导线四个等级。它们可作为国家四等控制点或国家 E 级 GPS 点的加密,也可作为独立地区的首级控制。

导线测量按测边的方法不同又分为:钢尺量距导线(经纬仪导线)、视距导线和光电测距导线等。本节主要论述钢尺量距导线和光电测距导线。各级导线的主要技术要求如表 6-3-1、表 6-3-2所示。

钢尺量距导线主要技术要求　　表 6-3-1

等级	测图比例尺	附和导线长度(m)	平均边长(m)	往返丈量较差相对误差	测角中误差(″)	导线全长相对闭合差	测回数		方位角闭合差(″)
							DJ_2	DJ_6	
一级		2 500	250	≤1/20 000	≤ ±5	≤1/10 000	2	4	$\leqslant \pm 10\sqrt{n}$
二级		1 800	180	≤1/15 000	≤ ±8	≤1/7 000	1	3	$\leqslant \pm 16\sqrt{n}$
三级		1 200	120	≤1/10 000	≤ ±12	≤1/5 000	1	2	$\leqslant \pm 24\sqrt{n}$
图根	1:500	500	75			≤1/2 000		1	$\leqslant \pm 60\sqrt{n}$
	1:1 000	1 000	120						
	1:2 000	2 000	200						

光电测距导线主要技术要求　　表 6-3-2

等级	测图比例尺	附和导线长度(m)	平均边长(m)	测距中误差(mm)	测角中误差(″)	导线全长相对闭合差	测回数		方位角闭合差(″)
							DJ_2	DJ_6	
一级		3 600	300	≤ ±15	≤ ±5	≤1/14 000	2	4	$\leqslant \pm 10\sqrt{n}$
二级		2 400	200	≤ ±15	≤ ±8	≤1/10 000	1	3	$\leqslant \pm 16\sqrt{n}$
三级		1 500	120	≤ ±15	≤ ±12	≤1/6 000	1	2	$\leqslant \pm 24\sqrt{n}$
图根	1:500	900	80			≤1/4 000		1	$\leqslant \pm 40\sqrt{n}$
	1:1 000	1 800	150						
	1:2 000	3 000	250						

注:n 为测站数。

二、导线测量的外业

导线测量的外业工作包括:踏勘选点及建立标志、量边、测角和连测。

1. 踏勘选点、建立标志

踏勘选点前,应首先收集测区原有地形图和已有高级控制点的坐标和高程,将控制点绘在原有地形图上,在图上规划导线的布设方案,最后到实地选定各点点位并建立标志。如果测区没有地形图资料,则需详细踏勘现场,根据已知控制点的分布、测区地形条件及测量和施工需要等具体情况,选定导线点的位置。

导线的选点原则是:既要便于导线本身的测量,又要便于测图和施工,并保证满足各项技术要求。为此选点时应注意下列几点。

(1)相邻导线点间通视良好,以便于测角和测距。如果采用钢尺量距,则沿线地势应平坦,没有影响丈量的障碍物。

(2)点位应选在土质坚实处,以便于保存标志和安置仪器。

(3)视线开阔,便于施测碎部或放样。

(4)导线边长应按表 6-3-1 和表 6-3-2 的规定,最长不超过平均边长的 2 倍。相邻边长尽量不使长短相差悬殊,一般相邻边长之比不宜超过 1:3。

(5)导线点应有足够的密度,分布要均匀,以便控制整个测区。

导线点位置选定后,应在点位上埋设标志。对于一般的图根点,可在点位上打一木桩,桩的周围浇上混凝土,桩顶钉一小钉或桩顶刻“ + ”字,作为临时性标志,如图 6-3-4a)所示。若导线点需要长期保存,则要埋设混凝土桩或石桩,桩顶刻“ + ”字或嵌入有“ + ”字的钢筋,作为永久性标志,如图 6-3-4b)所示。

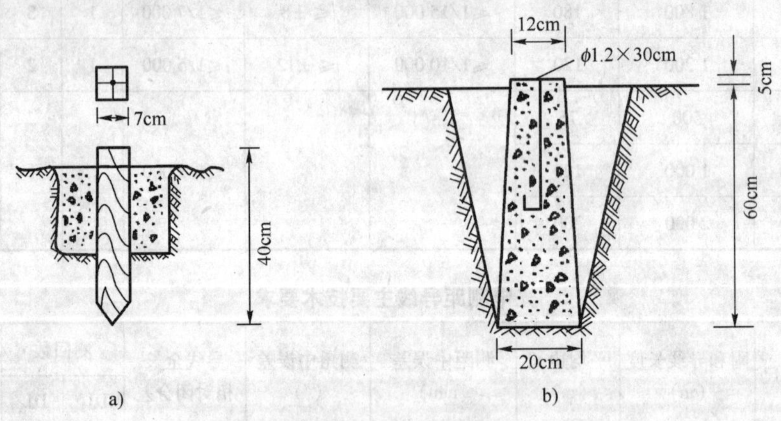

图 6-3-4　导线点的埋设

a)临时导线点的埋设;b)永久导线点的埋设

导线点设立之后,应统一编号。为了便于寻找,应量出导线点与附近明显地物间的距离,绘出导线点点位略图,注明尺寸。

2. 边长测量

导线边长可用光电测距仪测定,由于测的是倾斜距离,因此还应观测竖直角,供倾斜改正用(但若用全站仪测距,可直接测出水平距离,不需再进行倾斜改正)。测距中误差应满足表 6-3-2 的要求。

导线边长也可用检定过的钢尺丈量。用钢尺量距时，应往返丈量或同一方向丈量两次，相对误差应满足表6-3-1的要求。满足要求后取其平均值作为丈量结果。

3. 水平角测量

导线的转折角分为左角和右角，在前进方向左侧的角称为左角，右侧的角称为右角。附合导线统一观测同一侧的转折角(左角或右角)。闭合导线一般是观测多边形的内角，当导线点按逆时针方向编号时，闭合导线的内角即为左角；顺时针方向编号时，则为右角。

导线等级不同，测角技术要求也不同，参照表6-3-1和表6-3-2。图根导线一般用DJ_6级光学经纬仪测一个测回，当盘左、盘右两个半侧回角值的较差不超过40″时，取其平均值作为观测值。

4. 连测

导线与高级控制点进行连接，以取得坐标和方位角的起算数据，称为连接测量。

如图6-3-1中，A、B为已知点，1~5为新布设的导线点，则连接测量为观测连接角β_B和β_1以及连接边D_{B1}，作为传递坐标方位角和坐标之用。

当测区附近无高级控制点时，可用罗盘仪测定导线起始边的磁方位角，并假定起始点坐标作为起算数据。

三、导线测量的内业

导线测量内业计算的目的是计算各导线点的平面坐标。在计算之前，应全面检查外业观测记录成果，符合要求后，在导线略图上注明已知数据及实测的边长、转折角、连接角等观测数据，然后进行导线坐标计算。

导线的内业计算应在规定的表格中进行，计算时，图根导线的角度值及方位角值通常取至秒；边长及坐标值通常取至毫米。

导线坐标计算的一般步骤为：

(1)将已知数据及观测边长、角度填入导线坐标计算表。

(2)角度闭合差的计算与调整。

(3)导线边方位角的推算。

(4)坐标增量的计算。

(5)坐标增量闭合差的计算与调整。

(6)导线点坐标计算。

下面我们分别就闭合导线和附和导线的坐标计算为例，说明导线内业计算步骤。

1. 闭合导线坐标计算

(1)将已知数据及观测边长、角度填入导线坐标计算表

闭合导线坐标计算是按一定的次序在表6-3-3中进行，也可用计算程序在计算机上计算。计算前应将角度、起始边方位角、边长和起算点坐标分别填入表中2、5、6、11、12栏，还应绘制导线略图。

(2)角度闭合差的计算与调整

闭合导线组成一个闭合多边形并观测多边形的各个内角，应满足内角和理论值，即：

$$\sum\beta_{理}=(n-2)\cdot 180° \tag{6-3-1}$$

闭合导线计算表 表 6-3-3

点号	观测角（右角）	改正数	改正后的角值	坐标方位角	边长（m）	坐标增量计算值（m）		改正后的坐标增量（m）		坐标（m）		备 注
						Δx	Δy	Δx	Δy	x	y	
1	2	3	4	5	6	7	8	9	10	11	12	13
1										500.00	500.00	
				40°48′00″	78.16	+0.02 +59.17	−0.01 +51.07	+59.19	+51.06			
2	89°33′48″	+18″	89°34′06″							559.19	551.06	
				131°13′54″	129.34	+0.03 −85.25	−0.02 +97.27	−85.22	+97.25			
3	73°00′12″	+12″	73°00′24″							473.97	648.31	
				238°13′30″	80.18	+0.02 −42.22	−0.02 −68.16	−42.20	−68.18			
4	107°48′30″	+12″	107°48′42″							431.77	580.13	
				310°24′48″	105.22	+0.02 +68.21	−0.02 −80.11	+68.23	−80.13			
1	89°36′30″	+18″	89°36′48″							500.00	500.00	
				40°48′00″								
2												
Σ	359°59′00″		360°00′00″		392.90	−0.09	+0.07	0	0			
辅助计算	$\sum\beta_{测} = 359°59'00''$ $f_\beta = -60''$ $f_{\beta容} = \pm 60\sqrt{n} = \pm 120'' > f_\beta$				$\sum D = 392.9$ $f_x = -0.09$ $f_D = 0.11$		$f_y = +0.07$ $K = 0.11/392.9 = 1/3\,500 < 1/2\,000$					

由于角度观测值中不可避免地存在误差，使得实测内角和$\sum\beta_{测}$往往与理论值$\sum\beta_{理}$不等，其差值称为角度闭合差，用f_β表示，即：

$$f_\beta = \sum\beta_{测} - \sum\beta_{理} = \sum\beta_{测} - (n-2)\cdot 180° \tag{6-3-2}$$

各级导线角度闭合差的容许值$f_{\beta容}$如表6-3-1和表6-3-2所示。如光电测距图根导线的$f_{\beta容} = \pm 40\sqrt{n}$。

如果f_β不超过$f_{\beta容}$，则可进行角度闭合差的调整；反之，应分析情况后进行重测。

调整的原则是：将闭合差按相反符号平均分配到各观测角，若有余数时，应遵循短边相邻角多分的原则，然后求出改正后的角值。求出改正角值后，再计算改正角的总和，其值应与理论值相等，作为计算检核。

各角改正数V_β可用下式计算：

$$V_\beta = -\frac{f_\beta}{n} \tag{6-3-3}$$

如表6-3-3，分配的改正数写在3栏，改正后的角值填入4栏。

(3)推算各导线边的坐标方位角

根据起始的坐标方位角和改正后的转折角，可按第四章介绍的坐标方位角的推算公式依次推算各边的坐标方位角，填入表中5栏。

方位角推算时应注意左、右角的推算采用不同的公式，推算出的方位角如大于360°，则要减去360°；如出现负值，则应加上360°。各边的方位角推算完后，必须推算到起始边的坐标方位角，看是否与已知值相等，以此作为计算校核。

(4)计算各边的坐标增量

根据各边的坐标方位角α和边长D，按式(6-2-2)计算各边的坐标增量，将计算结果填入表中7、8栏。

(5)坐标增量闭合差的计算与调整

闭合导线的纵、横坐标增量的理论值应为零，即：

$$\begin{cases}\sum\Delta x_{理} = 0 \\ \sum\Delta y_{理} = 0\end{cases} \tag{6-3-4}$$

但由于观测中不可避免的测量误差存在，使得实测的坐标增量$\sum\Delta x$测与$\sum\Delta y$测一般都不为零，而产生纵、横坐标增量闭合差f_x和f_y。

$$\begin{cases}f_x = \sum\Delta x_{测} \\ f_y = \sum\Delta y_{测}\end{cases} \tag{6-3-5}$$

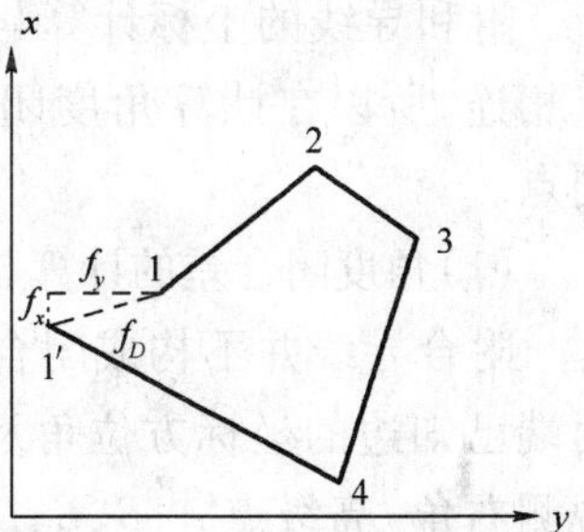

图6-3-5 导线全长闭合差

如图6-3-5所示，由于f_x和f_y的存在，使得导线不能闭合，即1、1′不能重合。其长度1—1′即为导线全长闭合差f_D。

$$f_D = \sqrt{f_x^2 + f_y^2} \tag{6-3-6}$$

在导线测量中，我们通常用导线全长相对闭合差K来衡量导线测量的精度，其计算公式为：

$$K = \frac{f_D}{\sum D} = \frac{1}{\frac{\sum D}{f_D}} \tag{6-3-7}$$

导线全长相对闭合差 K 必须要满足表6-3-1 和表6-3-2 的要求。若 $K > K_{容}$，则说明测量成果的精度不合格，应对内、外业成果进行仔细检查，如均不能发现错误，则应到实地现场重测可疑成果或全部重测。如果 $K < K_{容}$，则说明精度合格，可对 f_x 和 f_y 进行调整。

调整的原则是将其反号按边长成正比例地分配到各边的纵、横坐标增量中，然后计算改正后的坐标增量。坐标增量改正数 $V_{\Delta xi}$ 和 $V_{\Delta yi}$ 可按下列公式计算：

$$\begin{cases} V_{\Delta xi} = -\dfrac{f_x}{\sum D}D_i \\ \\ V_{\Delta yi} = -\dfrac{f_y}{\sum D}D_i \end{cases} \tag{6-3-8}$$

改正数应按增量取位的要求凑整至 cm 或 mm，并且改正数的总和必须等于坐标增量闭合差的反号，即：

$$\begin{aligned} \sum V_{\Delta x} &= -f_x \\ \sum V_{\Delta y} &= -f_y \end{aligned} \tag{6-3-9}$$

改正数写在7、8 栏的上方；改正后的坐标增量写在9、10 栏。

(6)坐标计算

根据改正后的坐标增量，按式(6-2-1)依次计算各点的坐标，填入表中11、12 栏。为了检查坐标计算中的差错，最后一定要推算到起算点的坐标，看是否和已知值相等，以此作为计算校核。

2. 附和导线坐标计算

附和导线的坐标计算与闭合导线的坐标计算基本相同，但由于附和导线两端与已知点相连，所以在计算角度闭合差和坐标增量闭合差上有所不同。我们下面着重介绍不同点。

(1)角度闭合差的计算与调整

附合导线并不构成闭合多边形，但也存在有角度闭合差。其角度闭合差是根据导线两端已知边的坐标方位角及导线转折角来计算的。图 6-3-6a)为观测左角，图 6-3-6b)为观测右角，高级点 A、B、C、D 的坐标已知，按坐标反算公式可计算得起始边与终止边的坐标方位角 α_{AB} 和 α_{CD}。理论上由起始边方位角 α_{AB} 经各转折角推算的终边方位角 α'_{CD} 应与已知值 α_{CD} 相等，但由于测角有误差，推算的 α'_{CD} 和 α_{CD} 不相等，其差值即为附和导线角度闭合差 f_β，即：

$$f_\beta = \alpha'_{CD} - \alpha_{CD} \tag{6-3-10}$$

按第四章方位角推算公式推算终边的坐标方位角。

$$\alpha'_{12} = \alpha_{AB} + \beta_1 - 180°$$

$$\alpha'_{23} = \alpha'_{12} + \beta_2 - 180°$$

当β为左角时：

$$\alpha'_{CD} = \alpha'_{(n-1)n} + \beta_n - 180°$$

$$\alpha'_{CD} = \alpha_{AB} + \sum\beta_{左} - n \cdot 180°$$

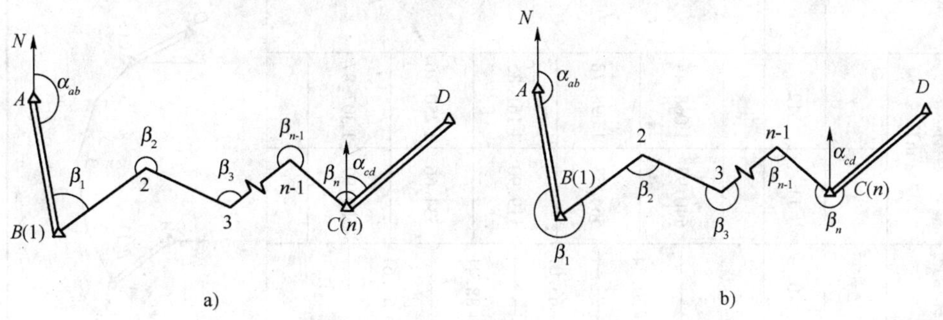

图 6-3-6　附和导线角度闭合差的计算

a)观测角为左角；b)观测角为右角

同理可得 β 为右角时：

$$\alpha'_{CD} = \alpha_{AB} + n \cdot 180° - \sum\beta_{右}$$

代入式(6-3-10)后，角度闭合差的公式为：

$$f_\beta = (\alpha_{始} - \alpha_{终}) + \sum\beta_{左} - n \cdot 180°$$

$$f_\beta = (\alpha_{始} - \alpha_{终}) + n \cdot 180° - \sum\beta_{右} \qquad (6\text{-}3\text{-}11)$$

同样，计算的角度闭合差要满足表 6-3-1 和表 6-3-2 的要求。

注意：在调整角度闭合差时，若观测角为左角，则应以与闭合差相反的符号分配角度闭合差；若观测角为右角，则应以与闭合差相同的符号分配角度闭合差。

(2)坐标增量闭合差的计算与调整

附和导线的纵、横坐标增量的总和，在理论上应等于终点与起点的坐标差值，即：

$$\begin{cases} \sum\Delta x_{理} = x_{终} - x_{始} \\ \sum\Delta y_{理} = y_{终} - y_{始} \end{cases} \qquad (6\text{-}3\text{-}12)$$

由于测量中误差的存在，因此根据测量数据算出来的坐标增量总和$\sum\Delta x_{测}$与$\sum\Delta y_{测}$一般与理论值不相等，其差值即为坐标增量闭合差，即：

$$\begin{cases} f_x = \sum\Delta x_{测} - (x_{终} - x_{始}) \\ f_y = \sum\Delta y_{测} - (y_{终} - y_{始}) \end{cases} \qquad (6\text{-}3\text{-}13)$$

附和导线的坐标方位角推算、坐标增量的计算、导线全长相对闭合差的计算、坐标增量闭合差的调整、坐标计算都与闭合导线一致，在此不多述。

附和导线的实例计算见表 6-3-4。

附和导线计算表

表 6-3-4

点号	观测角（右角）	改正数	改正后的角值	坐标方位角	边长（m）	坐标增量计算值（m）		改正后的坐标增量（m）		坐标（m）		辅助计算
						Δx	Δy	Δx	Δy	x	y	
1	2	3	4	5	6	7	8	9	10	11	12	13
A												
				224°03′12″								
B(1)	245°43′00″	+6″	245°43′06″							640.93	1 068.44	$\sum\beta_{右}=7\,099°53'30''$
				158°20′06″	82.14	−0.01 −76.34	+0.02 +30.32	−76.35	+30.34			$f_\beta=-30''$
2	213°00′30″	+6″	213°00′36″							564.58	1 098.78	$f_{\beta容}=\pm40\sqrt{n}=\pm89''>f_\beta$
				125°19′30″	77.28	0 −44.68	+0.02 +63.05	−44.68	+63.07			$\sum D=328.89$ $\sum\Delta x=-50.94$
3	224°48′30″	+6″	224°48′36″							519.90	1 161.85	$\sum\Delta y=239.35$
				88°30′54″	89.62	−0.01 +14.77	+0.02 +88.39	+14.76	+88.41			$f_x=+0.02$
4	214°21′30″	+6″	214°21′36″							534.66	1 250.26	$f_y=-0.08$ $f_D=0.08$
				46°09′18″	79.85	0 +55.31	+0.02 +57.59	+55.31	+57.61			$K=0.08/328.89$
C(5)	202°00′00″	+6″	202°00′06″							589.97	1 307.87	$=1/4\,100<1/2\,000$
				24°09′12″								
D												

备注：

点号	x	y
A	842.71	1 263.66
B	640.93	1 068.44
C	589.97	1 307.87
D	793.52	1 399.15

$\tan\alpha_{AB}=-195.22/-201.78=0.967\,5$

$\tan\alpha_{CD}=91.28/203.55=0.448\,4$

$\alpha_{AB}=224°03'12''$

$\alpha_{CD}=24°09'12''$

第四节　交会定点

当测区内已有的控制点密度不能满足要求，但需加密的控制点数量不多时，可采用交会法来加密控制点，称为交会定点。交会定点主要有前方交会法、侧方交会法、后方交会法和边长交会法4种。侧方交会的计算方法与前方交会基本相同，因此我们这节主要介绍前方交会、后方交会和边长交会。

一、前方交会

如图6-4-1a)所示，在已知点A、B分别对P点观测了水平角α和β，求P点坐标，称为前方交会。

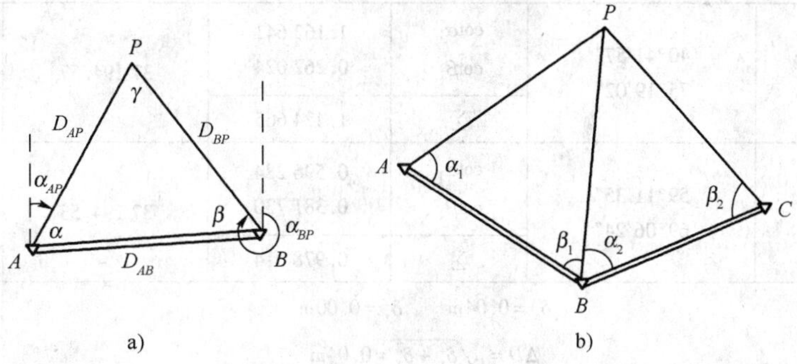

图6-4-1　前方交会法

P点精度除了与α、β角观测精度有关外，还与α、β角的大小有关。角度接近90°精度最高，在不利条件下α角也不应小于30°或大于120°。

下面我们以一个三角形为例推导前方交会定点的计算公式。

由图6-4-1a)知：

$$x_p = x_A + D_{AP}\cos\alpha_{AP}$$

$$\alpha_{AP} = \alpha_{AB} - \alpha$$

$$D_{AP} = \frac{D_{AB}\sin\beta}{\sin(\alpha+\beta)}$$

所以：

$$x_p = \frac{x_A\cot\beta + x_B\cot\alpha + (y_B - y_A)}{\cot\alpha + \cot\beta}$$

同理可证得y_p。

因此，前方交会法计算未知点P坐标的公式为：

$$x_P = \frac{x_A\cot\beta + x_B\cot\alpha + (y_B - y_A)}{\cot\alpha + \cot\beta}$$

$$y_P = \frac{y_A\cot\beta + y_B\cot\alpha - (x_B - x_A)}{\cot\alpha + \cot\beta} \tag{6-4-1}$$

为了校核P点的精度，前方交会通常是在三个已知点上进行观测，如图6-4-1b)，测定α_1、β_1和α_2、β_2，然后由这两个交会三角形各自按式(6-4-1)计算P点坐标。因为测角误差的存在，求得的两组P点坐标不完全相同，其点位的较差为：

$$\Delta D = \sqrt{\delta_x^2 + \delta_y^2} \tag{6-4-2}$$

式中：δ_x、δ_y——两组 x_P、y_P 坐标值之差。

当 $\Delta D \leqslant 2 \times 0.1M$mm 时（$M$ 为测图比例尺），可取两组坐标的平均值作为最后结果。计算实例见表 6-4-1。

前方交会计算 表 6-4-1

野外图	$x_A = 37\,477.54$　$y_A = 16\,307.24$ $x_B = 37\,327.20$　$y_B = 16\,078.90$ $x_C = 37\,163.69$　$y_C = 1\,604.65$					
三角形	观测角		余切		x_p	y_p
P A B	α_1 β_1	40°41′57″ 75°19′02″	$\cot\alpha_1$ $\cot\beta_1$	1.162 641 0.262 024	37 194.57	16 226.42
			$\sum$	1.424 665		
P B C	α_2 β_2	59°11′35″ 69°06′24″	$\cot\alpha_1$ $\cot\beta_1$	0.596 284 0.381 730	37 194.53	16 226.42
			$\sum$	0.978 014		
校核	$\delta_x = 0.04$m　$\delta_y = 0.00$m $\Delta D = \sqrt{\delta_x^2 + \delta_y^2} = 0.04$m $\Delta D_{容} = 2 \times 0.1M = 2 \times 0.1 \times 1\,000 = 0.2$m					$x_p = 37\,194.55$ $y_p = 16\,226.42$

二、后方交会法

如图 6-4-2 中 A、B、C 为已知点，将经纬仪安置在 P 点上，观测 P 点至 A、B、C 各方向的夹角 α、β、γ。根据已知点坐标，即可推算 P 点坐标，这种方法称为后方交会。其优点是不必在多个已知点上设站观测，野外工作量少，故当已知点不易到达时，可采用后方交会确定待定点。但后方交会计算工作量较大，计算公式很多，这里仅介绍其中的一种——仿权计算法。如图 6-4-2a)，未知点 P 的坐标按下式计算：

$$\begin{cases} x_P = \dfrac{P_A x_A + P_B x_B + P_C x_C}{P_A + P_B + P_C} \\ y_P = \dfrac{P_A y_A + P_B y_B + P_C y_C}{P_A + P_B + P_C} \end{cases} \tag{6-4-3}$$

式中：

$$\begin{cases} P_A = \dfrac{1}{\cot\angle A - \cot\alpha} \\ P_B = \dfrac{1}{\cot\angle B - \cot\beta} \\ P_C = \dfrac{1}{\cot\angle C - \cot\gamma} \end{cases} \tag{6-4-4}$$

公式中∠A、∠B、∠C 为它们构成的三角形的内角。未知点 P 上的三个角 α、β、γ 必须分别与已知点 A、B、C 按照图 6-4-2a) 所示的关系相对应，可采用方向观测法进行测量，总和应等于 360°。

若 P 点选在三角形任意两条边长的延长线夹角之间，如图 6-4-2b）所示，应用式（6-4-2）时，α、β、γ 必须以负值代入公式计算。

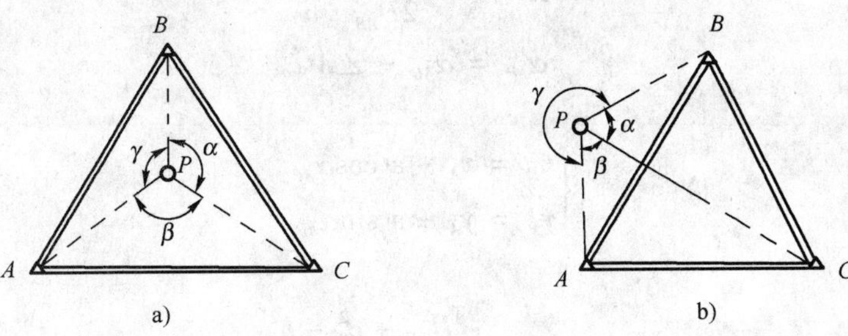

图 6-4-2　后方交会法

注意：在选择 P 点时，应特别注意 P 点不能位于或接近三个已知点的外接圆上，否则，P 点坐标为不定解或计算精度低。

计算实例见表 6-4-2。

后方交会法计算　　　　表 6-4-2

X_A	1432.566	Y_A	4488.226	α	79°25′24″
X_B	1946.723	Y_B	4463.519	β	216°32′04″
X_C	1923.556	Y_C	3925.008	γ	63°42′32″
X_A-X_B	-514.157	Y_A-Y_B	24.707	α_{BA}	177°14′55.8″
X_B-X_C	23.167	Y_B-Y_C	538.511	β_{CB}	87°32′11.9″
X_A-X_C	-490.990	Y_A-Y_C	563.218	γ_{CA}	131°04′50″
∠A	46°10′5.8″	P_A	1.29315		
∠B	90°17′16.1″	P_B	-0.747128	X_P	1644.555
∠C	43°32′38.1″	P_C	1.79171	Y_P	4064.458
∑	180°00′00″		2.33773		

三、边长交会法

如图 6-4-3 所示，A、B、C 为已知控制点，P 为待定点，若测量了边长 a、b、c，根据已知点的坐标及边长，通过计算即可求出 P 点坐标，这种方法称为边长交会法。随着测距仪的普及应用，边长交会法目前成为常用的一种交会方法。

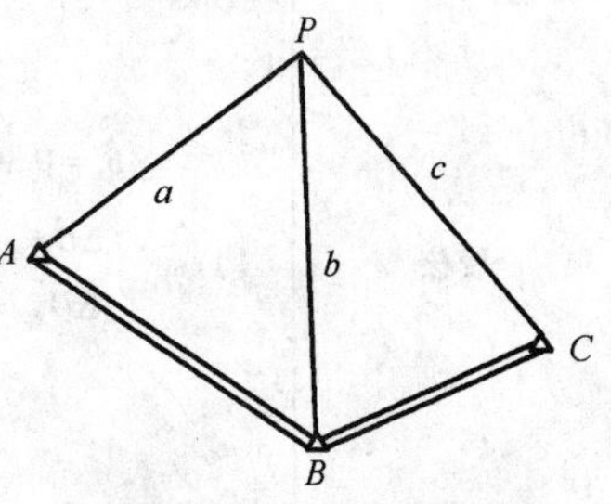

图 6-4-3　边长交会法

如图 6-4-3 所示，在三角形 ABP 和三角形 BCP 中：

因为：

$$\cos\angle A = \frac{D_{AB}^2 + a^2 - b^2}{2D_{AB} \cdot a}$$

$$\alpha_{AP} = \alpha_{AB} - \angle A$$

所以：

$$\begin{cases} x_P = x_A + a\cos\alpha_{AP} \\ y_P = y_A + a\sin\alpha_{AP} \end{cases} \tag{6-4-5}$$

同理：

$$\cos\angle C = \frac{D_{BC}^2 + c^2 - b^2}{2D_{BC} \cdot c}$$

$$\alpha_{CP} = \alpha_{CB} + \angle C$$

所以：

$$\begin{cases} x_P = x_C + c\cos\alpha_{CP} \\ y_P = y_C + c\sin\alpha_{CP} \end{cases} \tag{6-4-6}$$

根据式(6-4-4)和式(6-4-5)计算的两组坐标，如果点位较差在限差之内(同前方交会的限差)，则取平均值作为最后结果。

一般来说，由于测距仪或全站仪的精度高，只要观测和计算中没有错误，计算结果肯定满足精度要求。计算实例见表6-4-3。

测边交会计算 表6-4-3

x_A x_B x_C	64 374.87 65 144.96 64 512.97	y_A y_B y_C	66 564.14 66 083.07 65 541.71	a b c	565.658 487.299 551.926
$x_B - x_A$ $x_B - x_C$	770.09 631.99	$y_B - y_A$ $y_B - y_C$	−481.07 541.36	S_1 S_2	908.002 832.155
α_{AB}	328°00′26″	α_{CB}	40°35′00″		
$\angle A$	28°00′09″	$\angle C$	34°12′37″		
α_{AP}	300°00′17″	α_{CP}	74°47′37″		
x_P	64 657.74	x_P	64 657.74	中数 x_P	64 657.74
y_P	66 074.29	y_P	66 074.31	中数 y_P	66 074.30
校核	$\delta_x = 0.00\text{m}$　$\delta_y = 0.02\text{m}$ $\Delta D = \sqrt{\delta_x^2 + \delta_y^2} = 0.02\text{m}$ $\Delta D_{容} = 2 \times 0.1M$ $= 2 \times 0.1 \times 1\,000 = 0.2\text{m}$		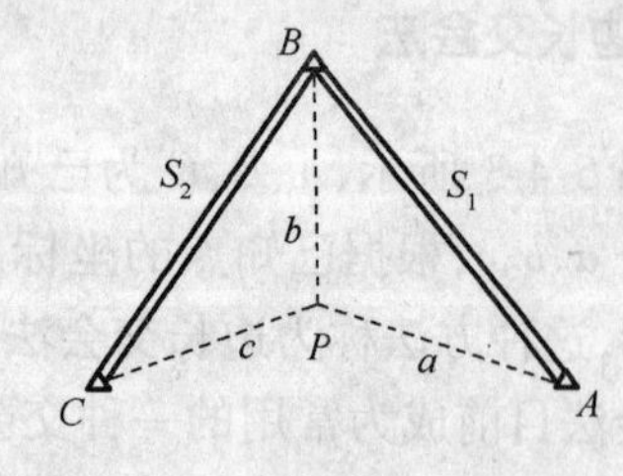		

第五节　三、四等水准测量

三、四等水准测量，除用于国家高程控制网的加密外，还常用作小地区的首级高程控制，以及工程建设地区内工程测量和变形观测的基本控制。三、四等水准网应从附近的国家高一级水准点引测高程。

工程建设地区的三、四等水准点的间距可根据实际需要决定，一般为 1 ~ 2km，应埋设普通水准标石或临时水准点标志，亦可利用埋石的平面控制点作为水准点。在厂区内则注意不要选在地下管线上方，距离厂房或高大建筑物不小于 25m，距振动影响区 5m 以外，距回填土边不少于 5m。

三、四等水准测量常用的观测方法是双面尺法。当采用双面尺法时，必须使用双面水准尺。双面水准尺尺长为 3m，两根尺为一对。尺的双面均有刻划，一面为黑白相间，称为黑面尺（也称基本分划面）；另一面为红白相间，称为红面尺（也称辅助分划面）。两面的刻划均为 1cm，在分米处注有数字。两根尺的黑面尺尺底均从零开始，而红面尺尺底，一根从 4.687m 开始，另一根从 4.787m 开始。在视线高度不变的情况下，同一根水准尺的红面和黑面读数之差应等于常数 4.687m或 4.787m，这个常数称为尺常数，用 K 来表示，以此可以检核读数是否正确。

一、三、四等水准测量的技术要求

三、四等水准路线的布设，在加密国家控制点时，多布设为附和水准路线；在独立测区作为首级高程控制时，应布设成闭合水准路线。三、四等水准测量的主要技术要求见表 6-5-1 和表 6-5-2。

表 6-5-1

等级	水准仪型号	视线长度（m）	前后视距差（m）	前后视距累计差（m）	视线离地面最低高度（m）	基本分划、辅助分划（黑红面）读数差（mm）	基本分划、辅助分划（黑红面）所测高差之差（mm）
三	DS_1	100	3	6	0.3	1.0	1.5
	DS_3	75				2.0	3.0
四	DS_3	100	5	10	0.2	3.0	5.0
五	DS_3	100	大致相等	—	—	—	—
图根	DS_{10}	≤100	—	—	—	—	—

注：1. 当成像显著清晰、稳定时，视线长度可以按表中规定放长 20%。

2. 当进行三、四等水准测量，采用单面尺变更仪器高度时，所测两高差之差，应与黑红面所测高差之差的要求相同。

二、三、四等水准测量的方法

1. 观测程序

依据使用的水准仪型号及水准尺类型，三、四等水准测量的观测方法有所不同。以下介绍用 DS_3 型水准仪及双面水准尺（简称为双面尺法）在一个测站上的观测步骤。

（1）瞄准后视黑面尺，读取下、上丝和中丝读数记入表 6-5-3 中（1）、（2）、（3），并计算（9）。

表 6-5-2

等级	水准仪型号	水准尺	路线长度（km）	观测次数		每千米高差中误差（mm）	往返较差、附和或环线闭合差	
				与已知点连测	附和或环线		平地（mm）	山地（mm）
三	DS_1	铟瓦	≤50	往返各一次	往一次	6	$12\sqrt{L}$	$4\sqrt{n}$
	DS_3	双面			往返各一次			
四	DS_3	双面	≤16	往返各一次	往一次	10	$20\sqrt{L}$	$6\sqrt{n}$
五	DS_3	单面	—	往返各一次	往一次	15	$30\sqrt{L}$	
图根	DS_{10}	单面	≤5	往返各一次	往一次	20	$40\sqrt{L}$	$12\sqrt{n}$

注:1. 结点之间或结点与高级点之间,其路线长度不应大于表中规定的 0.7 倍。
2. L 为往返测段、附和或环线的水准路线长度,km;n 为测站数。

(2)瞄准前视黑面尺,读取下、上丝和中丝读数记入表 6-5-3 中(4)、(5)、(6),并依次计算(10)、(11)、(12)。

(3)瞄准前视红面尺,读取中丝读数,记入表中(7),并计算(13)。

(4)瞄准后视红面尺,读取中丝读数,记入表中(8),并依次计算(14)、(15)(16)、(17)和(18)。

一个测站上的这种观测顺序简称为"后—前—前—后"(或称黑、黑、红、红)。四等水准测量也可采用"后—后—前—前"(黑、红、黑、红)的顺序。

注意:一个测站全部记录、计算与校核完成并合格后方可搬站;否则,必须重测。

2. 测站的计算与校核

(1)视距计算

后视距离:(9) = 100[(1) - (2)]。

前视距离:(10) = 100[(4) - (5)]。

前后视距差:(11) = (9) - (10),此值应符合表 6-5-1 的要求。

前后视距累计差:(12) = 本站(11) + 前站(12),此值应符合表 6-5-1 的要求。

(2)水准尺读数校核

前视黑、红读数差:(13) = $K_{前}$ + (6) - (7)。

后视黑、红读数差:(14) = $K_{后}$ + (3) - (8)。

K 为水准尺常数,如 $K_{105} = 4.787$,$K_{106} = 4.687$,即水准尺红面的起点读数。

理论上(13)(14)应等于零,不符值应满足表 6-5-1 的要求。

(3)高差计算

黑面高差:(15) = (3) - (6)。

红面高差:(16) = (8) - (7)。

黑、红面高差之差:(17) = (15) - (16) ±0.100,此值应符合表 6-5-1 的要求。

计算校核:(17) = (14) - (13)。

三、四等水准测量记录、计算表(双面尺法)　　表 6-5-3

测站编号	后尺 下丝 / 上丝 / 后视距 / 视距差 d	前尺 下丝 / 上丝 / 前视距 / 视距累计差	方向及尺号	标尺读数 黑面	标尺读数 红面	K+黑-红	高差中数
	(1)	(4)	后	(3)	(8)	(14)	
	(2)	(5)	前	(6)	(7)	(13)	(18)
	(9)	(10)	后—前	(15)	(16)	(17)	
	(11)	(12)					
1	1.571	0.739	后 106	1.384	6.171	0	
	1.197	0.363	前 105	0.551	5.239	-1	+0.8325
	37.4	37.6	后—前	+0.833	+0.932	+1	
	-0.2	-0.2					
2	2.121	2.196	后 105	1.934	6.621	0	
	1.747	1.821	前 106	2.008	6.796	-1	-0.0745
	37.4	37.5	后—前	-0.074	-0.175	+1	
	-0.1	-0.3					
3	1.914	2.055	后 106	1.726	6.513	0	
	1.539	1.678	前 105	1.866	6.554	-1	-0.1405
	37.5	37.7	后-前	-0.140	-0.041	+1	
	-0.2	-0.5					
4	1.965	2.141	后 105	1.832	6.519	0	
	1.700	1.874	前 106	2.007	6.793	+1	-0.1745
	26.5	26.7	后-前	-0.175	-0.274	-1	
	-0.2	-0.7					
每页校核	高差部分:32.7-31.814=0.886=2×0.443　校核合格 视距部分:Σ(9)-Σ(10)=-0.7　校核合格						

最后得到平均高差:$(18)=\frac{1}{2}[(15)+(16)\pm0.100]$。

式中 0.100 为前、后尺常数 K 值之差。当 $K_{后}=4.687$ 时,取“+”;当 $K_{后}=4.787$ 时,取“-”。

(4)每页计算校核

①高差部分

按页分别计算后视黑、红面读数总和与前视读数总和之差,它应等于黑、红面高差之和。

对于测站数为偶数：

$\sum[(3)+(8)]-\sum[(6)+(7)]=\sum[(15)+(16)]=2\sum(18)$

对于测站数为奇数：

$\sum[(3)+(8)]-\sum[(6)+(7)]=\sum[(15)+(16)]=2\sum(18)\pm0.100$

②视距部分

后视距总和与前视距总和之差应等于末站视距累计差。校核无误后，可计算水准路线的总长度 $L=\sum(9)+\sum(10)$。

3. 成果整理

在完成一测段单程测量后，必须立即计算其高差总和。完成一测段往返观测后，应立即计算高差闭合差，进行成果校核。其高差闭合差应符合表 6-5-2 的要求。然后对闭合差进行分配，最后按调整后的高差计算各水准点的高程。

第六节　三角高程测量

当地形高低起伏较大不便于水准测量时，可以用经纬仪观测竖直角进行三角高程测量的方法。由于光电测距仪和全站仪的普及，可以用光电测距三角高程测量的方法来测定两点间的高差，从而推算各点的高程。光电测距三角高程测量的精度完全可以达到四等水准测量的要求。光电测距三角高程测量的主要技术要求见表 6-6-1。

表 6-6-1

等级	仪器	测回数		指标差较差 (″)	竖直角较差 (″)	对向观测高差较差 (mm)	附和或环线闭合差 (mm)
		三丝法	中丝法				
四等	DJ_2		3	≤7	≤7	$40\sqrt{D}$	$20\sqrt{\sum D}$
五等	DJ_2	1	2	≤10	≤10	$60\sqrt{D}$	$30\sqrt{\sum D}$
图根	DJ_6		1			≤400D	$40\sqrt{\sum D}$

注：①D 为电磁波测距边长度，km，n 为边数。

②边长大于 400m 时，应考虑地球曲率和大气折光的影响。

一、三角高程测量的计算

1. 三角高程测量原理

三角高程测量是根据测站与待测点两点间的水平距离和测站向目标点所观测的竖直角，通过三角学的公式来计算两点间的高差。

如图 6-6-1 所示，已知 A 点的高程 H_A，要求测 AB 两点间高差 h，计算 B 点的高程 H_B。在 A 点上安置经纬仪或全站仪，在 B 点竖立标尺或棱镜，量取仪器高 i、标尺高（棱镜高）l，测出竖直角 α，根据 AB 两点的水平距离 D，按照下列公式可算出 B 点的高程。

AB 间的高差：

$$h=D\tan\alpha+i-l \tag{6-6-1}$$

B 点的高程为：

$$H_B=H_A+D\tan\alpha+i-l \tag{6-6-2}$$

若测得的是斜距 D'，则 B 点的高程为：

$$H_B = H_A + D'\sin\alpha + i - l \tag{6-6-3}$$

2. 地球曲率和大气折光对高差的影响

在对三角高程测量式(6-6-2)和式(6-6-3)的推导中,我们假设大地水准面是平面的,事实上大地水准面是一曲面,在前面已介绍了水准面曲率对高差测量的影响,因此由三角高程测量公式计算的高差应进行地球曲率影响的改正,称为球差改正数f_1。另外由于受大气折光的影响,观测视线并非为一直线,而是一弧线,如用直线代替弧线,将对高差产生影响,所以还必须对这种影响进行大气折光的改正,称为气差改正数f_2。球差改正和气差改正合称为球气差f。

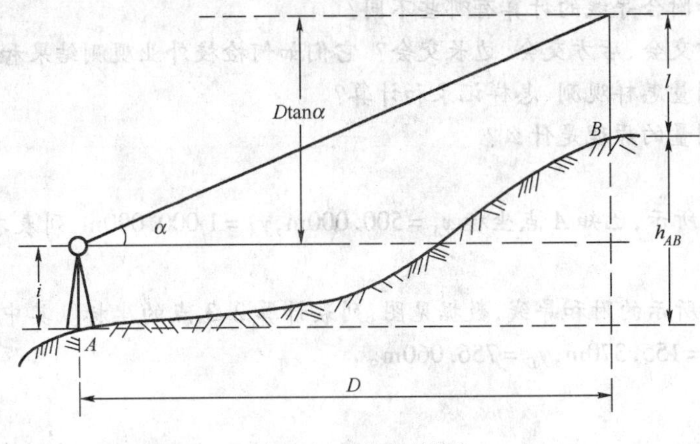

图 6-6-1　三角高程测量

球气差f的最终公式为:

$$f = 0.43\frac{D^2}{R} \tag{6-6-4}$$

式中:D——两点间水平距离;

R——地球半径。

当D大于300m时,必须考虑球气差影响,此时三角高程的高差公式为:

$$h = D\tan\alpha + i - l + f \tag{6-6-5}$$

三角高程测量一般应进行往返观测,称为双向观测或对向观测,取对向观测的平均值作为高差结果时,可以抵消球气差的影响,所以三角高程测量一般都用对向观测法。

二、三角高程测量的观测与计算

三角高程测量根据采用的仪器不同而分为光电测距三角高程测量与经纬仪三角高程测量。三角高程测量一般分为两级,即四等和五等三角高程测量,它们可作为测区的首级控制。

下面就光电测距三角高程测量的观测与计算进行步骤叙述:

(1)安置仪器与测站,量仪器高i和棱镜高度l,读数至mm。

(2)用仪器采用测回法观测竖直角1~3个测回,前后半测回之间的较差及指标差如果符合表6-6-1的要求,则取其平均值作为最后的结果。

(3)三角高程测量的往测或返测高差按式(6-6-2)或式(6-6-3)计算。由对向观测所求得往、返测高差(经球气差改正),较差如果符合表6-6-1的要求,则取其平均值作为最后的结果。

如果采用全站仪进行三角高程测量时,可先将球气差改正参数及其他参数输入仪器,然后直接测定测点高程。

思考题及习题

一、思考题

1. 控制测量分为几种？各有什么作用？

2. 导线的布设形式有几种？选择导线点应注意哪些事项？导线的外业工作包括哪些？

3. 导线与高级控制点连接有何目的？

4. 闭合导线和附合导线的计算有哪些不同？

5. 什么叫前方交会、后方交会、边长交会？它们如何检校外业观测结果和内业计算？

6. 四等水准测量怎样观测、怎样记录和计算？

7. 三角高程测量的原理是什么？

二、习题

1. 如题图 6-1 所示，已知 A 点坐标 $x_A = 500.000\text{m}$，$y_A = 1\,000.000\text{m}$，列表求出闭合导线 B、C、D 的坐标。

2. 如题图 6-2 所示的附和导线，数据见图，列表计算 2、3 点的坐标。其中 $x_B = 200.000\text{m}$，$y_B = 200.000\text{m}$，$x_C = 155.370\text{m}$，$y_C = 756.060\text{m}$。

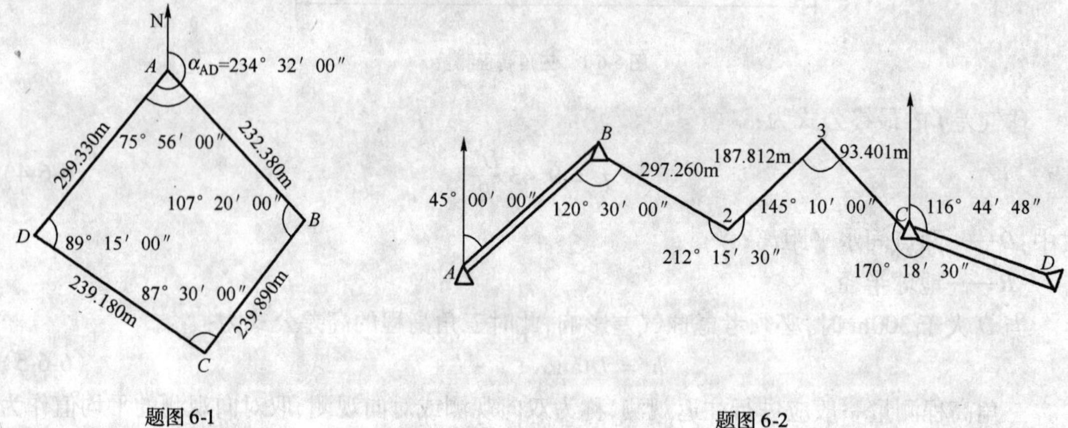

题图 6-1　　　　题图 6-2

第七章　地形图的测绘

学习目的与要求

了解地物和地貌在图上的表示方法；掌握视距测量的方法及计算；掌握经纬仪测图法测绘大比例尺地形图；了解全站仪数字化测图。

地球表面是复杂多样的，在测量中将地球表面上天然和人工形成的各种固定物，如湖泊、河流、房屋、道路、桥梁等，称为地物；将地球表面高低起伏的形态，如山地、丘陵、平原等，称为地貌。地物和地貌二者合称为地形。地形图的测绘就是将地球表面某区域内的地物和地貌按正射投影的方法和一定的比例尺，用规定的图式符号测绘到图纸上，这种表示地物和地貌平面位置和高程的图称为地形图；如果只测地物，不测地貌，即在测绘的图上只表示了地物的情况，而不表示地面的高低起伏情况，这样的图称为平面图。地形图的测绘应遵循“从整体到局部”、“先控制后碎部”的原则，先根据测图的目的及测区的具体情况，建立平面及高程控制网，然后在控制点上进行地物和地貌的碎部测量。

第一节　地形图的基本知识

一、地形图的比例尺

地形图比例尺是指图上两点间直线的长度 d 与其相对应在地面上的实际水平距离 D 之比。比例尺按表示形式分为数字比例尺和图示比例尺。

1. 比例尺的表示方法

(1)数字比例尺

数字比例尺的定义为：

$$\frac{d}{D} = \frac{1}{\frac{D}{d}} = \frac{1}{M} = 1 : M \tag{7-1-1}$$

一般将数字比例尺化为分子为1，分母为一个比较大的整数 M 表示。分母 M 数值越大，则图的比例尺就越小，图面表示的实地范围则越大，而图面表示的内容则越不详细；反之，M 越小，图的比例尺就越大，则图面表示的实地范围小但内容详细。

(2)图示比例尺

在地形图上，图示比例尺一般绘于图纸的下方，其作用是便于用分规直接在图上量取直线段的水平距离。它和图纸一起复印或蓝晒，因此用它量取图上的直线长度，可以消除图纸伸缩的影响。

2. 地形图按比例尺分类

地形图按其比例尺大小可分为大、中、小三种比例尺地形图。

(1)大比例尺地形图

通常把比例尺为1:500、1:1 000、1:2 000和1:5 000的地形图,称为大比例尺地形图。城市和工程建设一般需要大比例尺地形图,其中1:500、1:1 000和1:2 000的地形图一般用平板仪、经纬仪或全站仪等测绘;比例尺为1:5 000的地形图一般用由比例尺为1:500、1:1 000和1:2 000的地形图缩小编绘而成。大面积1:500~1:5 000的地形图也可以用航空摄影测量方法成图。

(2)中比例尺地形图

通常把比例尺为1:1万、1:2.5万和1:5万的地形图,称为中比例尺地形图。中比例尺地形图系国家的基本地图,由国家专业测绘部门负责测绘,目前均用航空摄影测量方法成图。

(3)小比例尺地形图

通常把比例尺为1:10万、1:20万、1:25万、1:50万和1:100万的地形图,称为小比例尺地形图。小比例尺地形图一般是以比其大的比例尺地形图为基础,采用编绘的方法完成。

二、比例尺精度与比例尺的选择

1. 比例尺精度

正常情况下,人的肉眼能分辨的图上最小距离是0.1mm,如果地形图的比例尺为1:M,则将图上0.1mm所表示的实地水平距离0.1M(mm)称为比例尺精度(表7-1-1)。即:

$$\text{比例尺精度} = 0.1M \qquad (7\text{-}1\text{-}2)$$

比例尺精度的概念对测图和用图都具有十分重要的意义。其一:根据测图的比例尺,确定实地量距的最小尺寸,例如,用1:1 000的比例尺测图时,其比例尺精度为0.1m,实地量距只需精确到0.1m,因为量得再细,在图上也无法表示出来。其二:根据要求,选用合适的比例尺,例如,在测图时要求在图上能反映出地面上5cm的细节,则由比例尺精度可知选用的测图比例尺不应小于$\frac{0.1\text{mm}}{50\text{mm}}=\frac{1}{500}$。

比 例 尺 精 度　　表7-1-1

测图比例尺	1:500	1:1 000	1:2 000	1:5 000	1:10 000
比例尺精度(m)	0.05	0.1	0.2	0.5	1.0

2. 地形图比例尺的选择

由比例尺精度的意义可知,比例尺越大,则地形图表示地物和地貌的情况就越详细。在城市和工程建设的规划、设计和施工中,需要用到的比例尺是不同的,具体列在表7-1-2中。

地形图比例尺选用表　　表7-1-2

比 例 尺	用　途
1:10 000	城市总体规划、厂址选择、区域布置、方案比较
1:5 000	
1:2 000	城市详细规划及工程项目初步设计
1:1 000	建筑设计、城市详细规划、工程施工设计、竣工图
1:500	

第二节　地物、地貌的表示方法

地形是地物和地貌的总称，地形图图式就是表示地物和地貌的符号和方法。一个国家的地形图图式是统一的，它属于国家标准。

地形图图式中的符号有三类：地物符号、地貌符号和注记符号。

一、地物符号

地物符号分比例符号、半比例符号和非比例符号。

1. 比例符号

可以按测图比例尺缩小，用规定符号画出的地物符号称为比例符号，如房屋、较宽的道路等。

2. 半比例符号

对于一些带状延伸地物，如小路、通信线、管道、垣栅等，其长度可按比例缩绘，而宽度无法按比例表示的符号称为半比例符号。

3. 非比例符号

有些地物，如三角点、导线点、水准点、独立树、路灯、检修井等，其轮廓较小，无法将其形状和大小按照地形图的比例尺绘到图上，则不考虑其实际大而是采用规定的符号表示。这种符号称为非比例符号。

表 7-2-1 是由国家测绘总局组织制定的、国家技术监督局发布实施的《1∶500、1∶1 000、1∶2 000地形图图示》部分常用地形符号的表示方法。

地　形　图　图　示　　　　表 7-2-1

编号	符号名称	1∶500　1∶1 000	1∶2 000
1	一般房屋 混—房屋结构 3—房屋层数	混3	1.6
2	简单房屋		
3	建筑中的房屋	建	
4	破坏房屋	破	
5	棚房	45° 1.6	
6	架空房屋	混凝土4 1.0 混凝土 混凝土4	1.0
7	廊房	混3 1.0	1.0
8	台阶	0.6 1.0 1.0	
9	无看台的露天体育场	体育场	

编号	符号名称	1∶500　1∶1 000	1∶2 000
10	游泳池	泳	
11	过街天桥		
12	高速公路 a收费站 0—技术等级代码	a 0 0.4	
13	等级公路 2—技术等级代码 (G325)—国道路线编码	0.2 0.4 2(G325)	
14	乡村路 a. 依比例尺的 b. 不依比例尺的	a 4.0 1.0 0.2 b 8.0 2.0 0.3	
15	小路	1.0 4.0 0.3	
16	内部道路	1.0 1.0	

续上表

编号	符号名称	1∶500 1∶1 000	1∶2 000
17	阶梯路	1.0	
18	打谷场、球场	球	
19	旱地	1.0 2.0 10.0 10.0	
20	花圃	1.6 1.6 10.0 10.0	
21	有林地	1.6 松6	
22	人工草地	2.0 3.0 10.0 10.0	
23	稻田	0.2 3.0 1.0 10.0 10.0	
24	常年湖	青湖	
25	池塘	塘 塘	
26	常年河 a.水涯线 b.高水界 c.流向 d.潮流向 涨潮 落潮	a b 0.15 3.0 1.0 c 0.5 d 7.0	

编号	称号名称	1∶500 1∶1 000	1∶2 000
27	喷水池	1.0 3.6	
28	GPS控制点	B14/495.267 3.0	
29	三角点 凤凰山—点名 394.468—高程	凤凰山/394.468 3.0	
30	导线点 I16—等级、点号 84.46—高程	2.0 I16/84.46	
31	埋石图根点 16—点号 84.46—高程	1.6 16/84.46 2.6	
32	不埋石图根点 25—点号 62.74—高程	1.6 25/62.74	
33	水准点 II京石5—等级、 点名、点号 32.804—高程	2.0 II京石5/32.804	
34	加油站	1.6 3.6 1.0	
35	路灯	2.0 1.6 4.0 1.0	
36	独立树 a.阔叶 b.针叶 c.果树 d.棕榈、椰子、槟榔	a 1.6 2.0 3.0 1.0 b 1.6 3.0 1.0 c 1.6 3.0 1.0 d 2.0 3.0 1.0	
37	独立树 棕榈、椰子、槟榔	2.0 3.0 1.0	
38	上水检修井	2.0	
39	下水（污水）、雨水检修井	2.0	
40	下水暗井	2.0	
41	煤气、天然气检修井	2.0	
42	热力检修井	2.0	
43	电信检修井 a.电信人孔 b.电信手孔	a 2.0 b 2.0 2.0	
44	电力检修井	2.0	
45	地面下的管道	4.0 污 1.0	
46	围墙 a.依比例尺的 b.不依比例尺的	a 10.0 b 10.0 0.3 0.6	

续上表

编号	符号名称	1:500　1:1 000	1:2 000	编号	符号名称	1:500　1:1 000	1:2 000
47	挡土墙	1.0　0.3　6.0		57	一般高程点及注记 a.一般高程点 b.独立性地物的高程	a 0.5··163.2　b 75.4	
48	栅栏、栏杆	10.0　1.0		58	名称说明注记	友谊路　中等线体4.0（18k） 团结路　中等线体3.5（15k） 胜利路　中等线体2.75（12k）	
49	篱笆	10.0　1.0		59	等高线 a.首曲线 b.计曲线 c.间曲线	a　0.15 b　0.3 c　1.0　6.0　0.15	
50	活树篱笆	6.0　1.0　0.6					
51	铁丝网	10.0　1.0					
52	通信线 地面上的	4.0		60	等高线注记	25	
53	电线架						
54	配电线 地面上的	4.0		61	示坡线	0.8	
55	陡坎 a.加固的 b.未加固的	2.0 a b					
56	散树、行树 a.散树 b.行树	a　1.6 b　10.0　1.0		62	梯田坎	56.4　1.2	

二、地貌符号

地形图中，地物通常用地物符号结合注记进行表示。而地貌则是用等高线进行表示，所以等高线是最常见的地貌符号。但对梯田、峭壁、冲沟等特殊的地貌，不便用等高线表示时，可根据《地形图图式》绘制相应的符号。

1. 等高线

(1)等高线的原理

等高线是地面高程相等的相邻各点所连的闭合曲线。

如图 7-2-1 所示，设想有一座高出水面的小岛，与某一静止的水面相交形成的水迹线为一闭合曲线，曲线的形状随小岛与水面相交的位置而定，曲线上各点的高程相等。例如，当水面高为 70m 时，曲线上任一点的高程均为 70m，即为一条高程为 70m 的等高线。若水位继续升高至 80m、90m、100m，则水迹线的高程分别为 80m、90m、100m。将这些水迹线垂直投影到水平面上，并按一定的比例尺缩绘在图纸上，这就将小岛用等高线表示在地形图上了。显然，图上的等高线形态，决定于实地山头的形态，陡坡则等高线密，缓坡则等高线疏。所以，这些等高线的形状、分布和高程，客观地显示了小岛的空间形态。

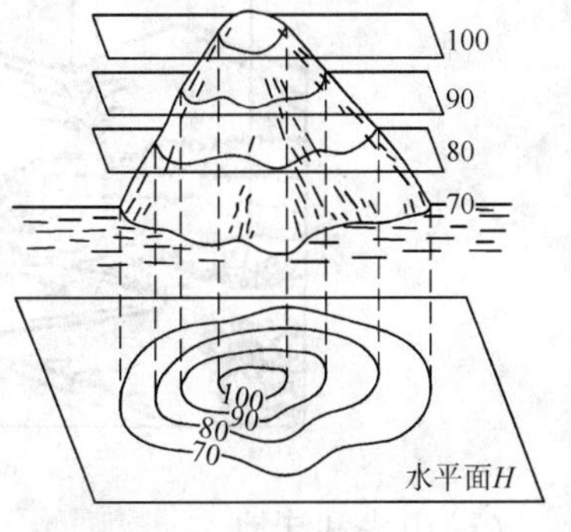

图 7-2-1　等高线的原理

(2)等高距与等高线的平距

地形图上相邻等高线间的高差，称为等高距，用 h 表示。图 7-2-1 中等高距 $h=10$m。同一幅地形图的等高距是相同的，因此地形图的等高距也称为基本等高距。大比例尺地形图常用的基本等高距为 0.5m、1m、2m、5m 等。

相邻两等高线间的水平距离称为平距，用 d 表示，它随实地地面坡度的变化而改变。

相邻等高线之间的等高距与平距之比值称为地面坡度，用 i 表示，即：

$$i=\frac{h}{dM} \tag{7-2-1}$$

测绘地形图时，要根据测图比例尺、测区地面的坡度情况和按国家规范要求选择合适的基本等高距，见表 7-2-2。

大比例尺地形图基本等高距　　表 7-2-2

比例尺 / 地形类别	1：500	1：1 000	1：2 000	1：5 000
平原区	0.5	0.5	1	2
微丘区	0.5	1	2	5
重丘区	1	1	2	5
山岭区	1	2	2	5

(3)等高线的分类

为了用图的方便，等高线按其用途分为下列四类。

①基本等高线(又称首曲线)：按基本等高距测绘的等高线。

②加粗等高线(又称计曲线)：每隔四条首曲线加粗一条等高线，并在其上注记高程。

③半距等高线(又称间曲线)：对于坡度很小的局部区域，当用基本等高线不足以反映地貌特征时，可按 1/2 基本等高距用长虚线加绘一条等高线，该等高线称为间曲线。

④1/4 等高线(又称助曲线)：在半距等高线与基本等高线之间，以 1/4 基本等高距再进行加密，且用短虚线绘制的等高线。

2. 典型地貌的等高线

地球表面高低起伏的形态千变万化，但经过仔细研究分析就会发现它们都是由几种典型的地貌综合而成的。了解和熟悉典型地貌的等高线，有助于正确地识读、应用和测绘地形图。典型地貌主要有：山头和洼地、山脊和山谷、鞍部、陡崖和悬崖等，如图 7-2-2 所示。

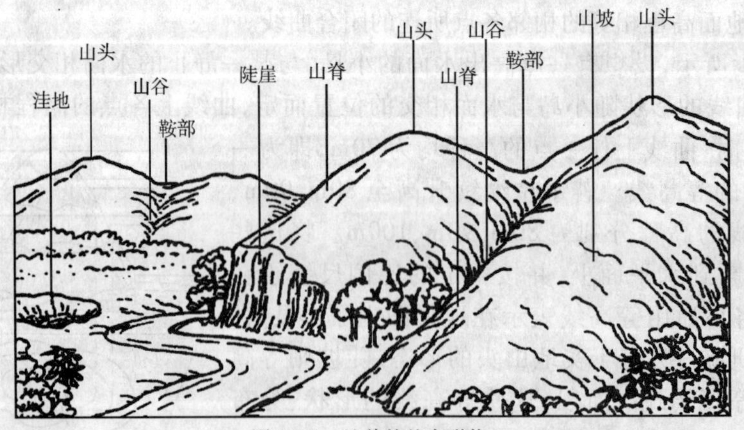

图 7-2-2　地貌的基本形状

(1)山头和洼地

图 7-2-3a)、b)分别表示山头和洼地的等高线，它们都是一组闭合曲线，其区别在于：山头

的等高线由外圈向内圈高程逐渐增加，洼地的等高线外圈向内圈高程逐渐减小，这样就可以根据高程注记区分山头和洼地。也可以用示坡线来指示斜坡向下的方向。在山头、洼地的等高线上绘出示坡线，有助于地貌的识别。

(2)山脊与山谷

山的凸棱由山顶延伸到山脚者称为山脊。山脊上的最高棱线称为山脊线，又称为分水线，如图7-2-4所示。

两山脊之间的凹部称为山谷。山谷中最低点的连线称为山谷线，又称为集水线，如图7-2-4所示。

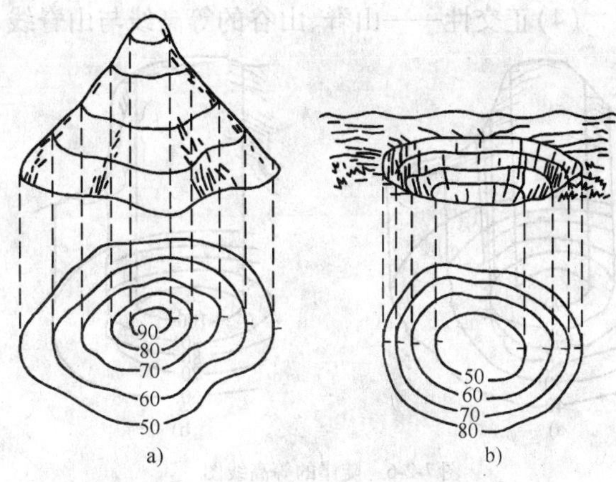

图7-2-3　山头和洼地的等高线

a)山头；b)洼地

(3)鞍部

相邻两山头之间呈马鞍形的低凹部分称为鞍部，鞍部是两个山脊和两个山谷会合的地方。鞍部的等高线由两组相对的山脊和山谷的等高线组成，即在一圈大的闭合曲线内，套有两组小的闭合曲线，如图7-2-5所示。

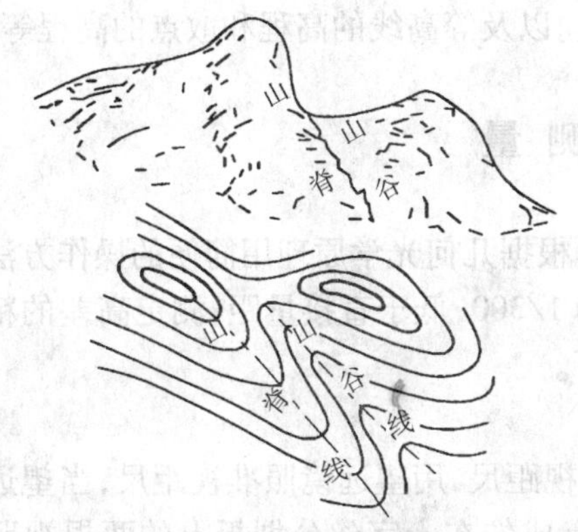

图7-2-4　山脊与山谷的等高线

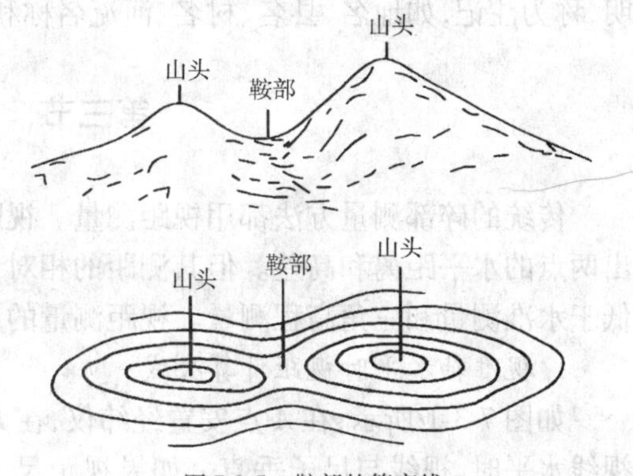

图7-2-5　鞍部的等高线

(4)悬崖与峭壁

近于垂直，坡度在70°以上的山坡称为峭壁或称为绝壁、陡崖。峭壁处的等高线非常密集，甚至会重叠，因此，在峭壁处不再绘制等高线，改用峭壁符号表示，如图7-2-6所示。图7-2-6a)为石质陡崖，图7-2-6b)为土质陡崖。

上部向外突出，中间凹进的陡崖称为悬崖，上部的等高线投影到水平面时与下部的等高线相交，下部凹进的等高线用虚线表示。悬崖的等高线如图7-2-7所示。

3. 等高线的特性

(1)等高性——同一条等高线上各点的高程相同。

(2)闭合性——等高线必定是闭合曲线。如不在本图幅内闭合，则必在相邻的图幅内闭合。所以，在描绘等高线时，凡在本图幅内不闭合的等高线，应绘到内图廓，不能在图幅内中断。

(3)非交性——除在悬崖峭壁处外，不同高程的等高线不能相交。

(4)正交性——山脊、山谷的等高线与山脊线、山谷线正交。

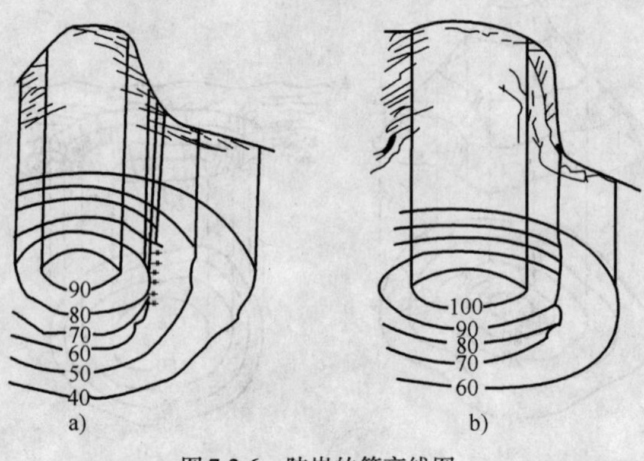

图 7-2-6　陡崖的等高线图

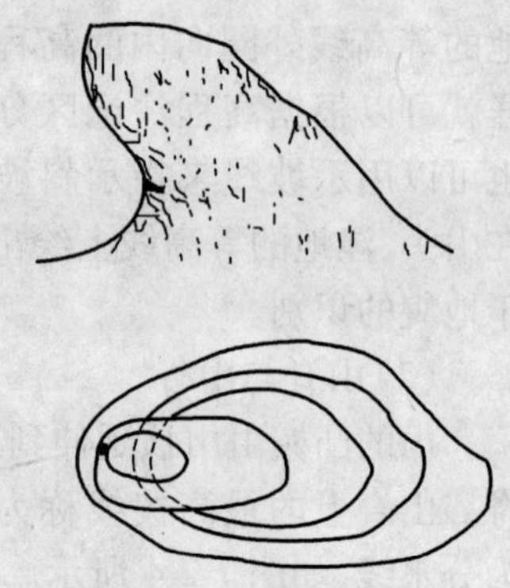
图 7-2-7　悬崖的等高线

(5)密陡疏缓性——等高线平距 d 与地面坡度为 i 成反比,即等高线越密,表示地面坡度越陡;等高线越疏,表示地面坡度越缓。

(6)等高线跨越河流时,不能直穿而过,要渐渐折向上游,过河后渐渐折向下游。

三、注记

为了表明地物的种类和特征,除用相应的符号表示外,还需配合一定的文字和数字加以说明,称为注记,如地名、县名、村名、河流名称和水流方向以及等高线的高程和散点的高程等。

第三节　视 距 测 量

传统的碎部测量方法都用视距测量。视距测量是根据几何光学原理用简便的操作方法测出两点的水平距离和高差。但其测距的相对误差约为 1/300,低于直接量距;测定高差的精度低于水准测量和三角高程测量。视距测量的原理如下。

1. 视准轴水平时视距计算公式

如图 7-3-1 所示,在 A 点安置经纬仪,在 B 点竖立视距尺,用望远镜照准视距尺,当望远镜视线水平时,视线与尺子垂直。如果视距尺上 M、N 点成像在十字丝分划板上的两根视距丝 m、n 处,那么视距尺上 MN 的长度,可由上、下视距丝读数之差求得。上、下视距丝读数之差称为视距间隔或尺间隔,用 l 表示。

在上图中,$p = mn$ 为上、下视距丝的间距,$l = \overline{MN}$ 为视距间隔,f 为物镜焦距,δ 为物镜中心到仪器中心的距离。由相似△$m'fn'$和△MFN 可得:

$$\frac{d}{l} = \frac{f}{p} \quad \text{即} \quad f = \frac{d}{p}l$$

因此,由图 7-3-1 得:

$$D = d + f + \delta = \frac{f}{p}l + f + \delta \tag{7-3-1}$$

令:

$$D = K \times l + C$$

式中:K——视距乘常数,通常 $K = 100$;

C——视距加常数。

式(7-3-1)是用外对光望远镜进行视距测量时计算水平距离的公式。对于内对光望远镜,

其加常数 C 值接近零,可以忽略不计,故水平距离为:

$$D = K \times l = 100 \times l \tag{7-3-2}$$

同时,由图 7-3-1 可知,A、B 两点间的高差 h 为:

$$h = i - v \tag{7-3-3}$$

式中:i——仪器高,m;

v——十字丝中丝在视距尺上的读数,即中丝读数,m。

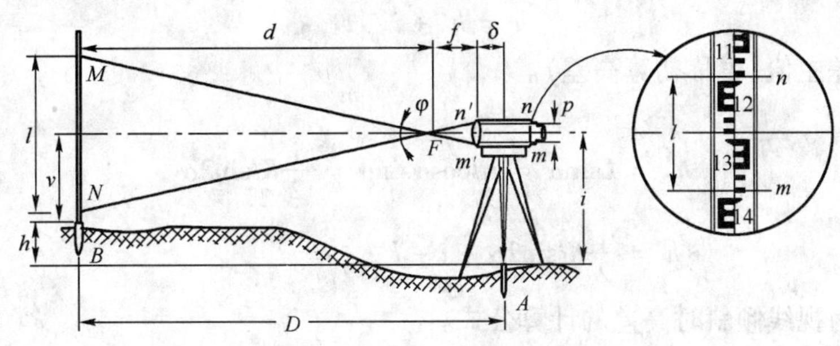

图 7-3-1　视准轴水平时视距测量图

2. 视准轴倾斜时的视距计算公式

在地面起伏较大的地区进行视距测量时,必须使望远镜视线处于倾斜位置才能瞄准尺子。此时,视线便不垂直于竖立的视距尺尺面,因此,式(7-3-2)和式(7-3-3)不能适用。下面介绍视线倾斜时的水平距离和高差的计算公式。

如图 7-3-2 所示,如果我们把竖立在 B 点上视距尺的尺间隔 $M'N'$,换算成与视线相垂直的尺间隔 MN,就可用式(7-4-2)计算出倾斜距离 L。然后再根据 L 和垂直角 α,算出水平距离 D 和高差 h。

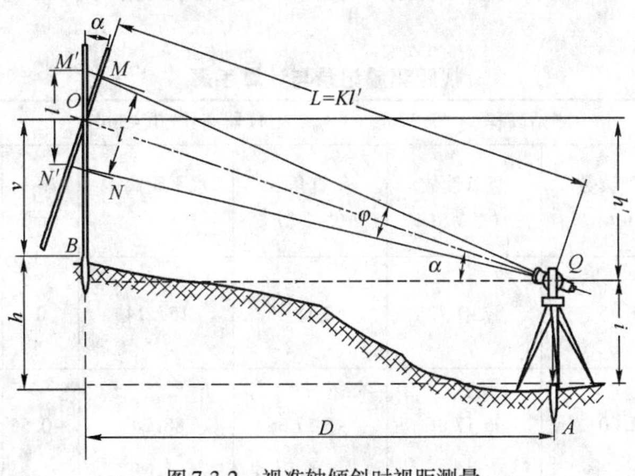

图 7-3-2　视准轴倾斜时视距测量

从图 7-3-2 可知,在$\triangle OM'M$ 和$\triangle ONN'$中,由于 φ 角很小(约 34′),可把$\angle OMM'$和$\angle ON'N$ 视为直角,而$\angle M'OM = \angle NON' = \alpha$,因此:

$$MN = MO + ON = M'O\cos\alpha + ON'\cos\alpha$$

$$= (M'O + ON')\cos\alpha = M'N'\cos\alpha$$

式中 MN 就是假设视距尺与视线相垂直的尺间隔 l',$M'N'$是尺间隔 l,所以:

$$l' = l\cos\alpha$$

将上式代入式(7-3-2)，得倾斜距离 L：

$$L = KL' = Kl\cos\alpha$$

因此，A、B 两点间的水平距离为：

$$D = L\cos\alpha = Kl\cos^2\alpha \tag{7-3-4}$$

式(7-3-4)为视线倾斜时水平距离的计算公式。

由图 7-3-2 可以看出，A、B 两点间的高差 h 为：

$$h = h' + i - v$$

式中：h'——高差主值(也称初算高差)。

所以：

$$h' = L\sin\alpha = Kl\cos\alpha\sin\alpha = \frac{1}{2}Kl\sin2\alpha \tag{7-3-5}$$

$$h = \frac{1}{2}Kl\sin2\alpha + i - l \tag{7-3-6}$$

式(7-3-6)为视线倾斜时高差的计算公式。

3. 视距测量的观测与计算

(1) 如图 7-3-2 所示，在 A 点安置经纬仪，量取仪器高 i，在 B 点竖立视距尺。

(2) 盘左(或盘右)位置，转动照准部瞄准 B 点视距尺，分别读取上、下、中三丝读数，并算出尺间隔 l。

(3) 转动竖盘指标水准管微动螺旋，使竖盘指标水准管气泡居中，读取竖盘读数，并计算垂直角 α。

(4) 根据尺间隔 l、垂直角 α、仪器高 i 及中丝读数 v，计算水平距离 D 和高差 h。

4. 视距测量的计算

【例 7-3-1】 以表 7-3-1 中的已知数据和测点 1 的观测数据为例，计算 A、1 两点间的水平距离和 1 点的高程。

视距测量记录与计算手簿　　表 7-3-1

测站：A		测站高程：+45.37m			仪器高：i=1.45m			仪器：DJ_6	
测点	下丝读数 上丝读数 视距间隔	中丝读数 L(m)	竖盘读数 (° ′ ″)	垂直角 α (° ′ ″)	水平距离 D (m)	$i-l$ (m)	高差 (m)	测点高程 (m)	备注
1	2.237 0.663 1.574	1.45	87 41 12	+2 18 48	157.14	0	+6.35	+51.72	盘左位置
2	2.445 1.555 0.890	2.00	95 17 36	−5 17 36	88.24	−0.55	−8.73	+36.64	盘左位置

解： $D_{A1} = Kl\cos^2\alpha = 100 \times 1.574\text{m} \times [\cos(+2°18'48'')]^2 = 157.14\text{m}$

$$h_{A1} = \frac{1}{2}Kl\sin\alpha + i - v$$

$$= \frac{1}{2} \times 100 \times 1.574\text{m} \times \sin[2 \times (+2°18'48'')] + 1.45 - 1.45$$

$$= +6.35\text{m}$$

$$H_1 = H_A + h_{A1} = 45.37\text{m} + 6.35\text{m} = +51.72\text{m}$$

第四节　经纬仪测图法

一、测图前的准备工作

测图前，除做好仪器、工具及资料的准备工作外，还应着重做好测图板的准备工作。它包括图纸的准备、绘制坐标格网及展绘控制点等工作。

1. 图纸的准备

为了保证测图的质量，应选用质地较好的图纸。对于临时性测图，可将图纸直接固定在图板上进行测绘；对于需要长期保存的地形图，为了减少图纸变形，应将图纸裱糊在锌板、铝板或胶合板上。目前，各测绘部门大多采用聚酯薄膜，其厚度为 0.07 ~ 0.1mm，表面经打毛后，便可代替图纸用来测图。聚酯薄膜具有透明度好、伸缩性小、不怕潮湿、牢固耐用等优点。如果表面不清洁，还可用水洗涤，并可直接在底图上着墨复晒蓝图。但聚酯薄膜有易燃、易折和易老化等缺点，故在使用过程中应注意防火防折。

2. 坐标格网的绘制

为了准确地将图根控制点展绘在图纸上，首先要在图纸上精确地绘制 10cm × 10cm 的直角坐标格网。绘制坐标格网可用坐标仪或坐标格网尺等专用仪器工具，如无上述仪器工具，则可按下述对角线法绘制。

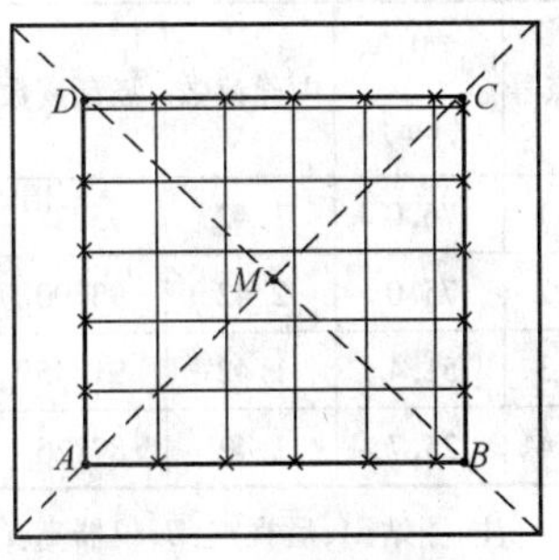

图 7-4-1　坐标格网的绘制

如图 7-4-1 所示，将 2H 铅笔削尖，用长直尺沿图纸的对角方向画出两条对角线，相交于 *M* 点；自 *M* 点起沿对角线量取等长的 4 条线段 *MA*、*MB*、*MC*、*MD*，连接 *A*、*B*、*C*、*D* 点得一矩形；从 *A*、*B* 两点起，沿 *AD*、*BC* 每隔 10cm 取一点；从 *A*、*D* 两点起沿 *AB*、*DC* 每隔 10cm 取一点。分别连接对边 *AD* 与 *BC*、*AB* 与 *DC* 的相应点，即得到由 10cm × 10cm 的正方形组成的坐标方格网。

3. 展绘控制点

展点前，要按图的分幅位置，将坐标格网线的坐标值注在相应格网边线的外侧。展点时，先要根据控制点的坐标，确定所在的方格。将图幅内所有控制点展绘在图纸上，并在点的右侧以分数形式注明点号及高程（图 7-4-2）。最后用比例尺量出各相邻控制点之间的距离，与相应的实地距离比较，其差值不应超过图上 0.3m。

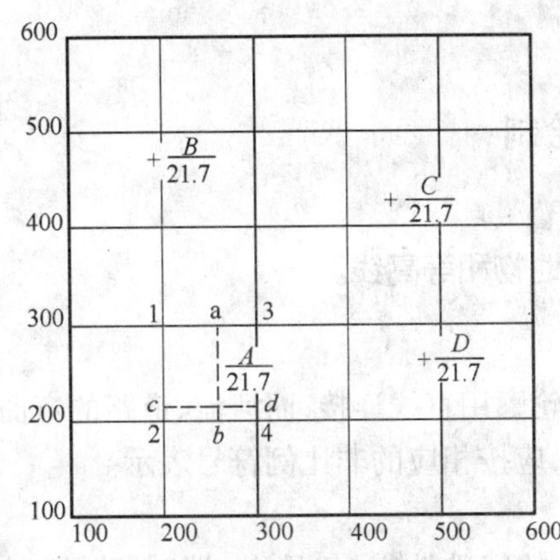

图 7-4-2　展绘控制点

二、量角器配合经纬仪测图法

地形图测绘的方法多种多样，本节介绍量角器配合经纬仪测图法，全站仪数字化测图法的内容将在第六节介绍。

经纬仪测绘法的实质是按极坐标定点进行测图，如图 7-4-3 所示，观测时首先将经纬仪安置于测站点 *A* 上，量取仪器高 *i*，并测定竖直度盘的指标差 *x*，然后照准另一控制点 *B* 作为起始方向，并在该方向上使水平度盘读数配置成0°00′00″。照准立在碎部点1上的视距尺，读取水平角、中丝读数（一般使中丝对准尺上仪器高 i 处）和视距间隔，并读出竖盘读数，分别记入地形碎部点测量记录表中，见表7-4-1，然后按公式计算测站点到碎部点的水平距离和碎部点的高程。

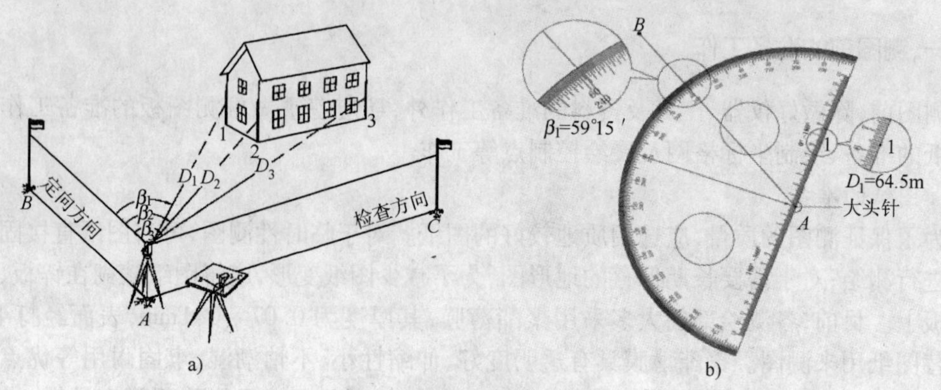

图7-4-3 经纬仪测绘法测图

地形碎部点测量记录表

表7-4-1

点号	视距(km)	中丝读数	竖盘读数	竖直角 ±α	初算高差 ±h′(m)	i－v(m)	高差 +h(m)	水平角 β	水平距离(m)	高程(m)	备注
1	76.0	1.42	93°28′	3°28′	4.59	0	4.59	275°25′	75.7	202.8	屋角
2	75.0	2.42	93°00′	3°00′	3.92	1.00	4.92	372°30′	74.7	202.5	V＝2.42
3	51.4	1.42	91°45′	1°45′	1.57	0	1.57	7°40′	51.4	205.9	鞍部
4	25.7	1.42	87°26′	2°34′	1.15	0	+1.15	178°20′	25.6	208.6	

注：测站：A；后视点：B；仪器高：$i=1.42$；指标差 $x=0$；测站高程 $H_A=207.40$m

置绘图板在测站边，根据水平角和距离按极坐标法，仍以图上的 ab 方向为零方向，用透明半圆仪量测水平角，得到自测站点 A 到碎部点1上的方向线，沿此方向线从 a 点截取水平距离在图上的长度，即得碎部点1的点位，并将高程注记在点旁。用同法可测绘其他碎部点。

经纬仪测绘法测图，操作简单、方便，工作效率高，任务紧迫时可分组进行。这种方法也可在野外用经纬仪观测碎部点的数据，做好记录并画出草图，而后在室内根据记录数据和草图来绘制地形图。其缺点是因在室内绘图不能对照实地及时发现问题，因此成图后应到现场核对。

第五节 地形图的绘制

一、在碎部点测绘到图纸上后，需对照实地及时描绘地物和等高线。

1. 地物的描绘

地物要按地形图图式规定的符号表示。如房屋按其轮廓用直线连接；而河流、道路的弯曲部分，则用圆滑的曲线连接；对于不能按比例描绘的地物，应按相应的非比例符号表示。

2. 等高线的勾绘

地貌主要用等高线来表示。对于不能用等高线表示的特殊地貌，如悬崖、峭壁、陡坎、冲沟、雨裂等，则用相应的图式规定的符号表示。

等高线是根据相邻地貌特征点的高程，按规定的等高距勾绘的。勾绘等高线时，首先用铅笔轻轻描绘出山脊线、山谷线等地性线，再根据碎部点的高程勾绘等高线。在碎部测量中，地貌特征点是选在坡度和方向变化处，这样两相邻点间可视为坡度均匀。由于等高线的高程是等高距的整倍数，而所测地貌特征点高程并非整数，故勾绘等高线时，首先要用比例内插法在各相邻地貌特征点间定出等高线通过的高程点，再将高程相同的相邻点用光滑的曲线相连接，见图7-5-1。

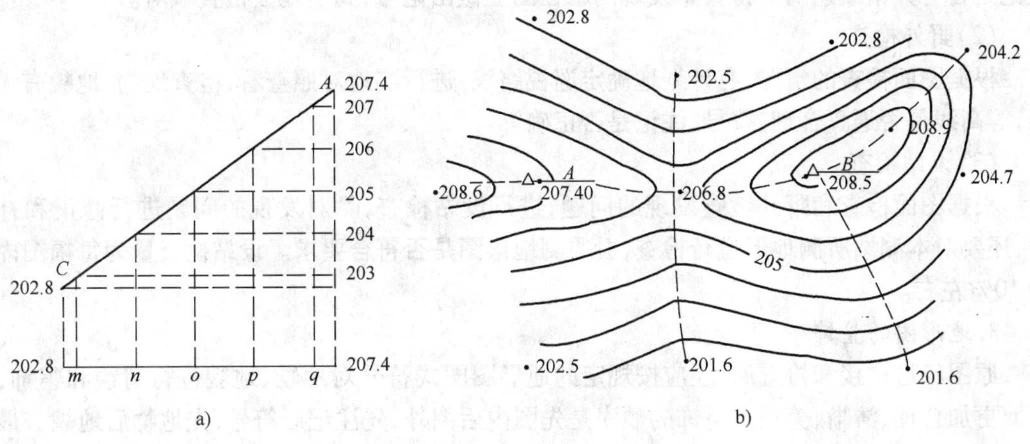

图7-5-1　等高线的勾绘

勾绘等高线时，要对照实地情况，先画计曲线，后画首曲线，并注意等高线通过山脊线、山谷线的走向。

二、地形图的拼接、检查和提交的资料

1. 地形图拼接

采用分幅测图时，为了保证相邻图幅的拼接，每幅图的四边均须测出图廓线外5mm。拼接时用一张长60cm、宽4～5cm的透明纸蒙在一幅图的接图边上，描绘出距图廓线1～1.5cm范围内的所有地物、等高线、坐标格网及图廓线，然后将此透明纸按坐标格网蒙到相邻图幅的接图边上，描下相同的内容，就可看出相应地物与等高线的吻合情况，如图7-5-2所示。如果不吻合，其接图误差不超过表7-5-1中所规定的平面与高差中误差的$2\sqrt{2}$倍时，可先在透明纸上按平均位置修改，再依此修改相邻两图幅。若超过限差时，应到现场检查予以纠正或重测。

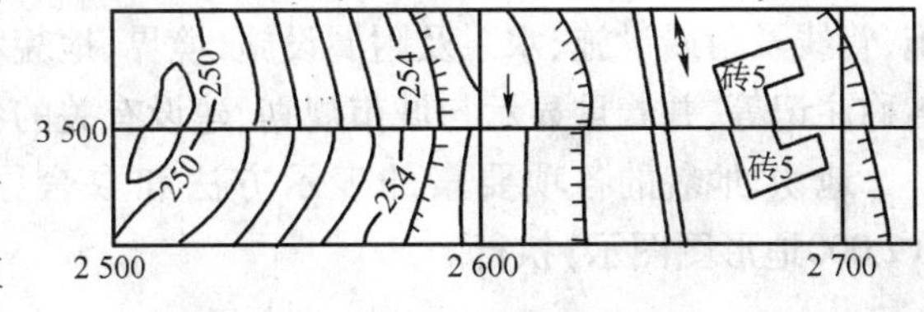

图7-5-2　地形图拼接

如用聚酯薄膜测图，可直接将相邻两幅图的相应图边，按坐标格网叠合在一起进行拼接。

地物点、地形点平面和高程中误差　　表7-5-1

地区分类	点位中误差（图上mm）	邻近地物点间距中误差（图上mm）	等高线高程中误差			
			平地	丘陵地	山地	高山地
城市建筑区和平地、丘陵地	≤0.5	≤±0.4	≤1/3	≤1/2	≤2/3	≤1
山地、高山地和设站施测困难的旧街坊内部	≤0.75	≤±0.6				

2. 地形图的检查

为了确保地形图的质量，除施测过程中加强检查外，在地形图测完后，必须对成图质量作一次全面检查。

(1)图面检查

检查图上表示的内容是否合理、地物轮廓线表示的是否正确、等高线绘制是否合理、名称注记是否有弄错或遗漏。检查中发现问题在图上做出记号，到实地去检查核对。

(2)野外检查

根据图面检查的情况，有计划地确定巡视路线，进行实地对照查看，检查地物、地貌有无遗漏，等高线是否逼真合理，符号、注记是否正确等。

(3)设站检查

根据图面检查和野外检查发现的问题，进行设站检查，除对发现的问题进行修正和补测外，还要对本测站所测地形进行检查，看原测地形图是否符合要求。设站检查量为每幅图内容的10%左右。

3. 地形图的整饰

原图经过拼接和检查后，还应按规定的地形图图式符号对地物、地貌进行清绘和整饰，使图面更加合理、清晰、美观。整饰的顺序是先图内后图外，先注记后符号，先地物后地貌。最后写出图名、比例尺、坐标系统及高程系统、施测单位、测绘者及施测日期等。如果是独立坐标系统，还需画出指北方向。

4. 地形测图全部工作结束后应提交的资料

(1)图根点展点图，准路线图，埋石点标记、标有坐标的地物点位置图，观测与计算手簿，成果表。

(2)地形原图、图历簿、接合表、按板测图的接边纸。

(3)技术设计书、质量检查验收报告及精度统计表、技术总结等。

三、地形图测绘的内容与取舍

地形图应表示测量控制点、居民地和垣栅、工矿建(构)筑物及其他设施、交通及附属设施、管线及附属设施、水系及附属设施、境界、地貌和土质、植被等各项地物、地貌要素以及地理名称注记等，并着重显示与城市规划、建设有关的各项要素。

地物、地貌的各项要素的表示方法和取舍原则，应按现行国家标准《1∶500，1∶1 000，1∶2 000地形图图示》执行。

第六节　全站仪数字化测图概述

随着计算机制图技术的发展，各种高科技的测绘仪器的应用，以及数字成图软件的开发完善，一种采用以数字坐标表示地物、地貌的空间位置，以数字代码表示地形图符号(地物符号、地貌符号、注记符号)的测图方法——数字化测图正在测绘领域迅速发展。以数字形式表示的地形图称为数字地形图。数字地形图比手工绘图具有精度高、速度快、图形美观、易于更新、误差小、便于长期保存的特点，且可根据用户的不同需要，同一幅分层储存在计算机中的数字地形图可输出不同比例尺、不同图幅大小的各种用图，如地籍图、管线图、断面图等。数字化测图是地形测图的发展方向。数字化测图的作业过程包括数据采集(将地面上的地形和地理要素转换为数字的过程称为数据采集)、数据处理和图形输出三个基本阶段。按照数据采集的方法不同,数字化测图分为经纬仪视距测量进行数据采集的数字化测图,电子经纬仪+红外测距仪+便携式电脑联合数据采集的数字化测图,航测数据采集的数字化测图,全站仪数据采集的数字化测图,GPS RTK 数据采集的数字化测图,数字化仪数据采集和扫描矢量化数据采集的数字化测图。本节主要介绍全站仪"草图法"数据采集的数字化测图。

一、"草图法"数据采集

全站仪野外数据采集根据地形的复杂情况分别采用"草图法"数据采集和"编码法"数据采集。当地物比较凌乱时,采用"草图法"作业模式,现场绘制草图,室内用编码引导文件或用测点点号定位方法,或坐标定位法进行成图。当地物比较规整时,可以采用"编码法"作业模式;现场观测每一个碎部点时,都输入编码,室内由计算机自动成图。

"草图法"数据采集的方法步骤大致如下:

(1)利用各种带内存系列的全站仪,在一图根控制点上安置、对中、整平仪器量取仪器高,完成与数据采集有关的初始设置(如温度、气压、棱镜常数等,参数设置,以及测距模式、测距次数、测量所得数据是否自动记录等)。

(2)在仪器内存中创建或建立一个数据采集的文件,如文件名为"AA"的文件。

(3)输入测站的点名、仪高、三维坐标(北向坐标、东向坐标、高程),输入后视点的点名、坐标或方位角,并对后视点进行测量或定向。

(4)仪器瞄准碎部点,如加固陡坎起点上的棱镜,输入加固陡坎起点的点号,如"66",目标高,并对陡坎起点上的棱镜进行测量,则点号为66的陡坎三维坐标自动记录到文件名为"AA"的文件中(初始设置时,已设置为坐标自动记录)。

(5)绘图员在预先画好的测区地物、地貌草图上,相应的陡坎位置,标注点号"66",并注明坎高,如3m。全站仪同法测量其他碎部点,如加固陡坎的转折点67、68,以及其他的地貌特征点,随之文件名为"AA"的文件中自动记录了点号为67、68以及其他地貌特征点的三维坐标。同时绘图员也在草图上相应的位置标注点号67、68、…。当碎部点无法安置棱镜或碎部点与测站点无法通视时,数据采集可采用角度偏心测量、距离偏心测量、平面偏心测量、圆柱偏心测量等偏心测量方法获得碎部点的三维坐标。

二、数据传输和处理

数据传输是全站仪与计算机两者之间的数据相互传输,这里所指的数据传输是指野外数据采集完成之后,将全站仪内存中的采集数据传输到计算机中;数据处理贯穿于数字测图的全过程,包括的内容很多,这里的数据处理指的是,当数据传输到计算机后,对数据所进行的编辑(如坐标转换、简码格式坐标数据文件编辑)、图形生成、图形编辑、图形整饰、图形分幅等。由于不同系列的全站仪数据传输所配置的数据传输线和数据传输软件各不相同,不同的数字成图系统菜单命令各不相同,所以数据传输的方法和数据处理的方法也各不相同。下面以数字地形地籍成图系统 CASS 5.0 与南方系列全站仪通信为例说明数据传输的方法,以数字地形地籍成图系统 CASS 5.0 说明数据处理的方法。

1. 数据传输

(1)数据传输在计算机上的操作

首先，在全站仪与计算机的串口之间，用全站仪配置的专用通信电缆连上，然后打开计算机，进入 WINDOWS 系统，双击 CASS 5.0 图标，进入 CASS 成图系统，此时屏幕上将出现系统的操作界面。移动鼠标至“数据处理”处按左键，在下拉菜单图中选择“读取全站仪数据”项，该处以高亮度（深蓝）显示，按左键，这时，便出现如图 7-6-1 所示的对话框；在“仪器”下拉列表中选择全站仪的型号，如 E500 南方手簿，点击鼠标左键，便出现如图 7-6-2 所示的对话框；在对话框中选择与全站仪内置相同的通信参数（图中选择为南方系列全站仪通信参数），接着在对话框最下面的“CASS 坐标文件”下的空栏里输入全站仪输出的数据要保存的文件名，如“BB. dat”。鼠标点击“转换”，屏幕提示：“先在计算机上按回车，再在全站仪上按回车”，此时传输操作转向全站仪。

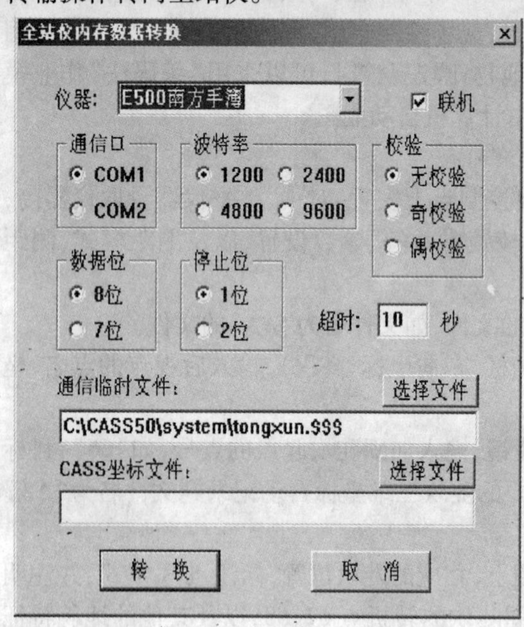

图 7-6-1　全站仪内存数据转移

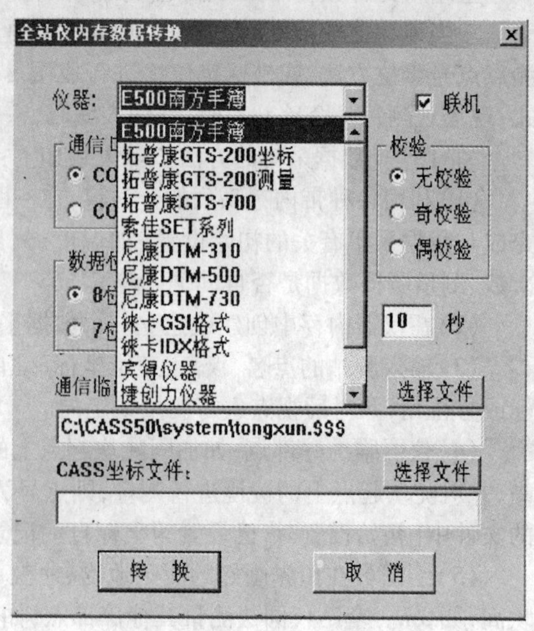

图 7-6-2　数据传输通信参数设置

（2）数据传输在全站仪上的操作

打开全站仪的电源开关，在存储管理模式下选取“工作文件”后按回车，进入工作文件管理屏幕。选取“工作文件输出”，屏幕上显示内存中工作文件列表，将光标移至其中一个文件，如上面数据采集时所建立的“AA”文件，此时按计算机屏幕上的提示，先在计算机上按回车，再在全站仪上按回车，如此即可把全站仪采集的碎部点的坐标及点信息“AA”文件中的数据转换成计算机中 CASS 成图系统能够识别的“BB. dat”坐标文件数据，并保存在计算机上的“BB. dat”文件中。

2. 数据处理

全站仪工作文件中的数据转换为 CASS 成图系统能够识别的坐标文件数据，其格式为：

1 点点名，1 点编码，1 点 y（东向）坐标，1 点 z（北向）坐标，1 点高程；

……

N 点点名，N 点编码，N 点 y（东向）坐标，N 点 z（北向）坐标，N 点高程。

当全站仪数据采集以“草图法”进行数据采集时，其坐标文件数据其格式为：

1 点点名，1 点 y（东向）坐标，1 点 z（北向）坐标，1 点高程；

……

N点点名,N点 y(东向)坐标,N点 z(北向)坐标,N点高程。

以上两种的格式数据都不是地形图图式符号,无法表示测区的地形。为了将这两种格式的数据转化为表示地形图的各种地物、地貌要素的符号,必须对这两种格式数据进一步处理。根据对数据处理的方法不同,数据处理分为点号定位法、坐标定位法、编码引导法、简码法,本节主要介绍点号定位法。

点号定位法数据处理的方法步骤大致如下。

(1)定显示区:在“绘图处理”下拉菜单中选择“定显示区”,输入坐标数据文件名如“BB.dat”后,打开“BB.dat”文件,以保证坐标“BB.dat”文件中所有点号在计算机屏幕上完全可见。

(2)展野外测点点号:在“绘图处理”下拉菜单中选择“展野外测点点号”,输入坐标数据文件名“BB.dat”后,打开“BB.dat”文件,屏幕上展出了“BB.dat”文件所有的碎部点的点号。

(3)选择定点方式:在屏幕右侧菜单区的“定点方式”中,选择“测点点号”,再次输入坐标数据文件名如“BB.dat”后,打开“BB.dat”文件。

(4)绘制平面图:根据屏幕右侧的“屏幕菜单”所提供的各种地物符号(成图系统中已按图式标准制作好各种地物符号,并分层储存以便调用)和数据采集时绘制的外业草图,选择相应的地形图图式符号在屏幕上将平面图绘制出来。如将上面“草图法”数据采集时的66、67、68号点连成一段折线加固的陡坎,其操作方法为:先移动鼠标至右侧屏幕菜单“地貌土质”处按左键,这时系统便弹出对话框,移动鼠标到表示加固陡坎符号的图标处,按左键选择其图标,再移动鼠标到“OK”处按左键确认所选择的图标,屏幕下方命令区便分别出现以下的提示。

绘图比例尺1: <500>回车,默认1: 500,或输入新的绘图比例尺。

请输入坎高,单位:米<1.0>;输入坎高,如3后,回车(直接回车默认坎高1m)。

鼠标定点 P/<点号>:输入66,回车。

鼠标定点 P/<点号>:输入67,回车。

鼠标定点 P/<点号>:输入68,回车。

鼠标定点 P/<点号>:回车或按鼠标的右键,结束输入。

拟合吗? <N>:回车或按鼠标的右键,默认输入N。

这时,便在66、67、68点之间绘成折线形加固陡坎的符号。重复上述的操作便可以将所有地物特征点用地形图图式符号绘制出平面图。对于地貌特征点,我们还要绘制等高线。

(5)展高程点:再次在“绘图处理”下拉菜单中选择“展高程点”,输入坐标数据文件名“BB.dat”后,打开“BB.dat”文件,回车,屏幕上展出了“BB.dat”文件所有的碎部点的高程。

(6)建立DTM:在“等高线”下拉菜单中选择“由数据文件建立DTM(数字地面模型)”,输入坐标数据文件名“BB”后,打开“BB.dat”文件,按照屏幕下方命令行提示,选择是否考虑坎高,是否选择地性线,是否显示三角网(通常情况这三项都应选择),完成该三项选择后,屏幕展现三角网。

(7)完善图面DTM:当屏幕显示出三角网后,可以对局部内没有等高线通过的三角形进行删除,对小角度的或边长相差悬殊的三角形进行过滤,对不合理的三角形进行重组、删除等,将修改后的三角网存盘。

(8)绘制等高线:在“等高线”下拉菜单中选择“绘制等高线”,按照命令行提示,输入绘制等高线的等高距(按测图比例尺规定的等高距),选择等高线的光滑函数(通常选择三次B样条拟合)后,屏幕显示计算机自动绘制的等高线。

(9)修饰等高线:其内容包括计曲线的注记、切除穿越地物的等高线、切除穿越文字注记的等高线等修饰工作。

(10)图面整饰与注记:对道路、河流、街道、村庄等名称进行注记,对房屋进行直角纠正、对植被进行填充等编辑和整饰工作。

(11)图形分幅,图幅整饰:在“绘图处理”下拉菜单中选择“标准图幅”,出现“图幅整饰”对话框,在该对话框中输入有关分幅信息数据后,选择“确定”,一幅 50cm × 50cm 的标准图幅的地形图就会在屏幕上呈现出来。其中图幅左下角的说明必须预先在 CASS 成图系统“参数设置”对话框中,选择“图框设置”选项卡,填写相关数据才能完成。

(12)图形信息的编辑:数字图形生成以后,根据工程应用的不同目的,可以在图形中生成里程文件、计算土方、绘制断面图、生成各种数据文件等,以供工程使用。

三、数据和图形输出

经过数据处理后生成的图形,可以通过对层的控制,根据用户的不同需要输出平面图、地籍图、地形图、管网图等图形文件,以及坐标文件数据、纵横里程文件数据、权属信息文件数据、土方计算等各种数据文件。为了使用的方便和直观的效果,数据文件和图形文件还必须用绘图仪或打印机将数据文件和图形文件输出,由于打印机或绘图仪的型号不同,图形打印输出的方法也不尽相同,因此这里不作介绍,请参考有关说明。

思考题及习题

一、思考题

1. 什么叫地形图、地形图比例尺、地形图比例尺精度?
2. 什么叫地物? 地物在地形图上如何表示?
3. 什么叫地貌? 地貌有哪几种基本形式? 地貌在地形图上如何表示?
4. 什么叫等高线? 等高线有哪些特性?
5. 试述用经纬仪进行视距测量的步骤。

二、习题

1. 根据题表 7-1 中的观测数据,算出碎部点的水平距离和高程。已知竖直角计算公式为:$\alpha = 90° - L$,测站高程 $H_B = 44.78$m,仪器高 $i = 1.50$m,水平距离及高程计算至分米和厘米。

题表 7-1

测站	测点	视距读数			竖盘读数(° ′)
		下丝	上丝	中丝	
B	1	0.766	0.902	0.830	84 32
	2	0.555	2.165	1.360	86 13
	3	1.128	2.871	2.000	93 45
	4	0.780	2.221	1.500	92 18
	5	0.462	2.083	1.250	87 24
	6	1.246	1.834	1.530	88 30

2. 按题图 7-1 所给碎部点的高程及位置,用目估法勾绘等高线(等高距 $h = 1$m)。

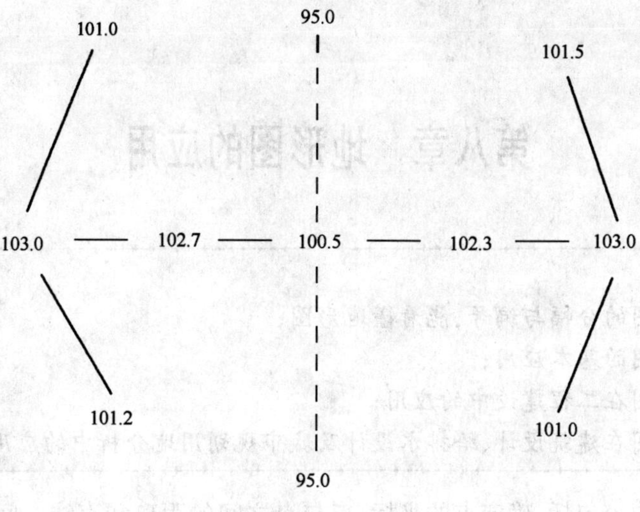

题图 7-1

第八章　地形图的应用

学习目的与要求

1. 了解地形图的分幅与编号,能看懂地形图;
2. 掌握地形图的基本应用;
3. 掌握地形图在工程建设中的应用;
4. 了解地形图在建筑设计、给排水设计及城市规划用地分析中的应用。

地形图的应用内容包括:确定点的坐标、点与点之间的距离和直线之间的夹角;确定直线的方位;确定点的高程和两点间的高差;计算划定范围的面积和体积,由此确定地块面积、土石方量、蓄水量、矿产量等;了解各种地物、地类、地貌等的分布情况,计算诸如村庄、树林、农田等数据,获得房屋的数量、质量、层次等资料;截取断面,绘制断面图。利用地形图作底图,可以编绘出一系列专题地图,如地质图、水文图、农田水利规划图、土地利用规划图、建筑物总平面图、城市交通图和地籍图等。

第一节　地形图的识读

为了正确应用地形图,首先必须掌握识图、用图的基本知识。这些知识主要包括地形图的分幅与编号、地形图的图廓外注记内容以及地物地貌的识别。

一、地形图的分幅与编号

为了便于测图、用图、检索和保管,地形图必须进行统一分幅和编号。所谓地形图的分幅与编号,就是将一个区域或一幅比例尺较小、覆盖面积较大的地形图,按照统一的图幅规格和大小,划分为比例尺较大、且能相互拼接的若干幅地形图,并将逐级划分后的图幅依次编号,以作为该图幅相应的专用图号。

地形图的分幅方法有两种:梯形分幅法、正方形分幅法及矩形分幅法。

梯形分幅法是按图际统一规定的经度差和纬度差划分的,又称为图际分幅。图幅呈梯形,适宜于中小比例尺地形图分幅。

工程建设中所用的大比例地形图,多采用正方形分幅和矩形分幅。

现仅介绍按坐标格网划分的正方形分幅法与矩形分幅法。

1. 正方形分幅法

在各种工程建设中,大比例尺地形图按坐标格网划分为正方形图幅,对于1:5 000比例尺的地形图为40cm×40cm,其他比例尺1:2 000、1:1 000、1:500均采用50cm×50cm图幅。现将以上四种比例尺的地形图的图幅大小、实地测图面积等列于表8-1-1中。

按正方形分幅的各种比例尺的分幅　　表 8-1-1

比例尺	图幅大小（cm^2）	图廓边的实地长度（m）	实地面积（km^2）	一幅 1:5 000 图中包含该比例尺图幅数（幅）
1:5 000	40×40	2 000	4	1
1:2 000	50×50	1 000	1	4
1:1 000	50×50	500	0.25	16
1:500	50×50	250	0.062 5	64

如图 8-1-1 所示，正方形图幅是以 1:5 000 图为基础，取其图幅西南角坐标 $x=2\,000$m，$y=3\,000$，作为 1:5 000 比例尺地形图的编号为 20-30（即 $x=20$km，$y=30$km）。

将 1:5 000 图四等分，便得四幅 1:2 000 比例尺的地形图，分别以 Ⅰ、Ⅱ、Ⅲ、Ⅳ 表示，图幅中左上角为Ⅰ，右上角为Ⅱ，左下角为Ⅲ，右角为Ⅳ。其图的编号可在 1:5 000 图编号后加上各自的代号 Ⅰ、Ⅱ、Ⅲ、Ⅳ 作为 1:2 000 图的编号，例如图中左下角打阴影线为：20-30-Ⅲ。以此类推，一幅 1:2 000 的图又可分为四幅 1: 1 000 的图；一幅 1:1 000 的图可再分成四幅 1:500 的图，其后附加各自的代号均为罗马字 Ⅰ、Ⅱ、Ⅲ、Ⅳ。在图 8-1-1 中，1:1 000 的图幅（打阴影线）编号为 20-30-Ⅱ-Ⅰ，而 1:500 的图幅（打阴影）编号为 20-30-Ⅰ-Ⅰ-Ⅰ。

2. 矩形分幅与编号

如图 8-1-2 所示，对 1:5 000～1:500 比例尺地形图采用矩形分幅时，其图幅大小都是 40cm×50cm，其编号方法如下：以图幅西南角坐标 X_K、Y_K 除以图廓纵、横方向的坐标增量 ΔX、ΔY 作为该比例尺图的图号，在前面冠以测图比例尺分母 M 并加圆括号，即：

$$(M)=\frac{X_K}{\Delta X}-\frac{Y_K}{\Delta Y} \tag{8-1-1}$$

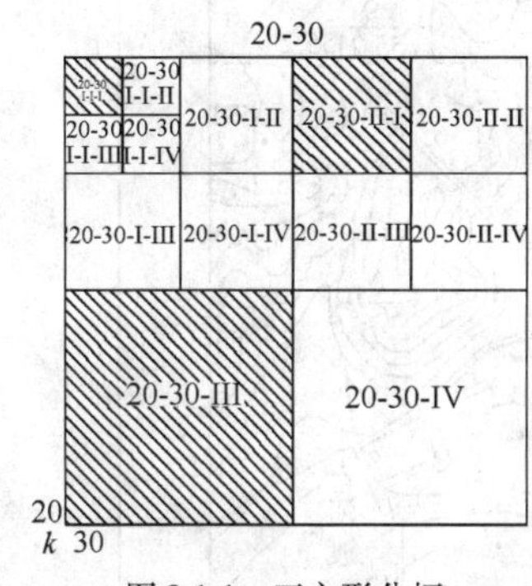

图 8-1-1　正方形分幅

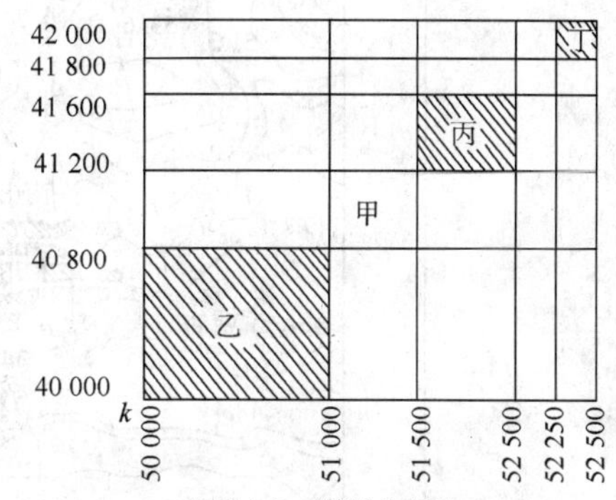

图 8-1-2　矩形分幅法

以图 8-1-2 中的矩形分幅为例，写出各种比例尺的编号。这是一幅 1: 5 000 地形图其西南角坐标 $X_K=40$km，$Y_K=50$km，则：

（1）1:5 000 比例尺地形图图幅甲的编号为：

$$(5\,000)\frac{40\,000}{2\,000}-\frac{5\,000}{2\,500}$$

即：(5 000)20-20

（2）1:2 000 比例尺地形图图幅乙的编号为：

$$(2\,000)\frac{40\,000}{800}-\frac{50\,000}{1\,000}$$

即：(2 000)50-50

(3)1∶1 000 比例尺地形图图幅丙的编号为：

$$(1\ 000)\frac{41\ 200}{400}-\frac{51\ 500}{500}$$

即：(1 000)103-103

(4)1∶500 比例尺地形图图幅丁的编号为：

$$(500)\frac{41\ 800}{200}-\frac{522\ 500}{250}$$

即：(500)209-209

二、地形图的图廓外注记

地形图图廓外注记的内容包括：图号、图名、接图表、比例尺、坐标系、使用图式、等高距、测图日期、测绘单位、图廓线、坐标格网、三北方向线和坡度尺等，它们分布在东、南、西、北四面图廓线外。

1. 图号、图名和接图表

为了便于测图、用图、检索和保管，每一幅地形图都编有图号和图名。图号是根据统一的分幅进行编号的；图名是用本图内最著名的地名、最大的村庄或突出的地物、地貌等的名称来命名的。一幅图如选取图名有困难，也可不注图名，仅注图号。图号、图名注记在北图廓上方的中央，如图 8-1-3 上方所示。

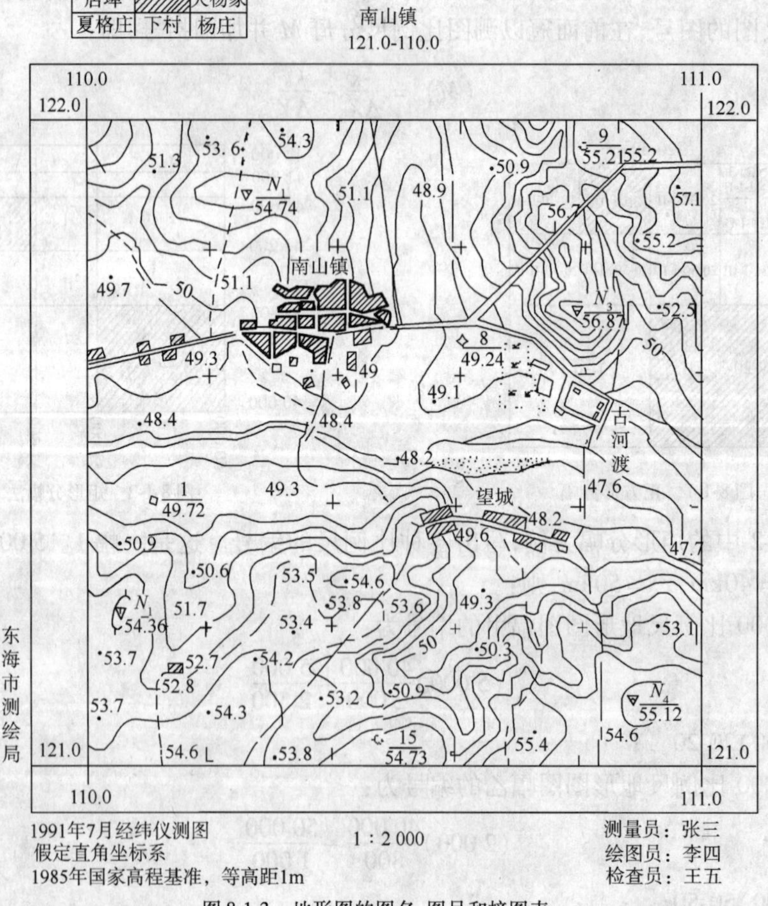

图 8-1-3　地形图的图名、图号和接图表

在图的北图廓左上方，画有该幅图四邻各图号（或图名）的略图，称为接图表。

中间一格画有斜线的代表本图幅，四邻分别注明相应的图号（或图名）。接图表的作用是便于查找到相邻的图幅。

2. 比例尺

如图 8-1-4c）所示，在每幅图南图框外的中央均注有数字比例尺，在数字比例尺下方绘出直线比例尺。直线比例尺的作用是便于用图解法确定图上直线的距离。对于 1∶500，1∶1 000 和 1∶2 000 等大比例尺地形图，一般只注明数字比例尺，不注明直线比例尺。

3. 经纬度与坐标格网

矩形图幅的内廓线亦是坐标格网线，在内外图廓之间和图内绘有坐标格网交点短线，图廓的四角注记有该角点的坐标值。梯形图幅的内廓线是经纬线，图廓的四角注有经纬度，内外图廓间还有分图廓，分图廓绘有经差和纬差，用 1′间隔的黑白分度带表示，只要把分图廓对相应的分度线连接，就构成了经、纬差各为 1′的地理坐标格网。梯形图幅内还有 1km 的直角坐标格网，称其为公里坐标格网。内图廓和分图廓之间注有公里格网坐标值，如图 8-1-4a）所示。

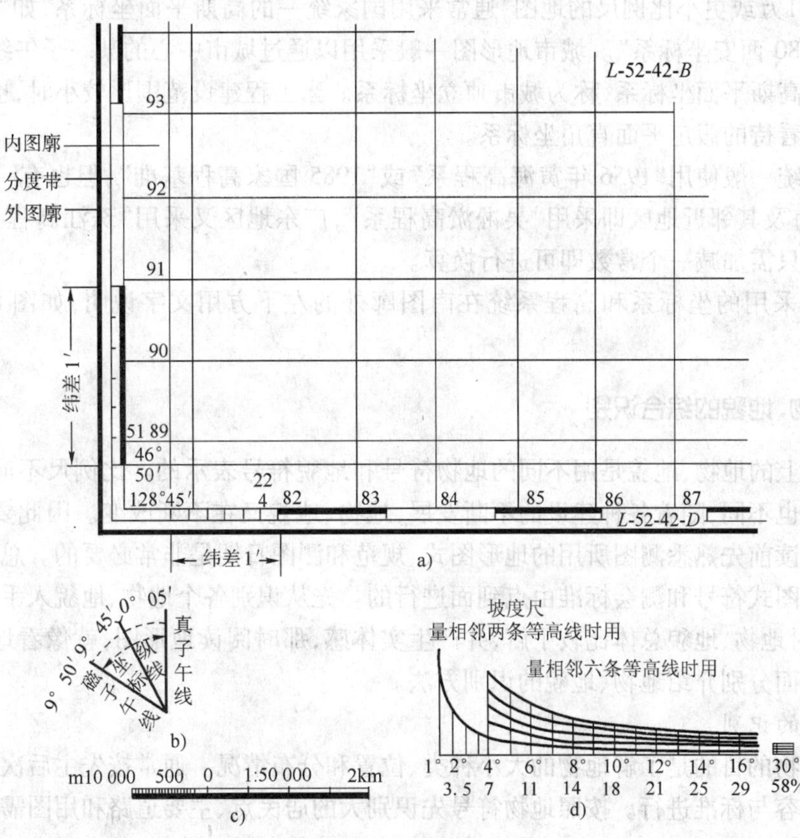

图 8-1-4　地形图的图廓和图外注记

4. 三北方向线关系图

三北方向是指真子午线北方向 N、磁子午线北方向 N′和高斯平面坐标系的纵轴正方向 X。三个方向间的角度关系图一般绘制在中、小比例尺图的东图廓线的坡度比例尺上方。如图 8-1-4b）所示，该图幅的磁偏角为 9°50′（西偏）；坐标纵轴偏于真子午线以西 0°05′；而磁子午线偏于坐标纵线以西 9°45′。利用该关系图，可对图上任一方向的真方位角、磁方位角和坐标方位角三者之间进行相互换算。

5. 坡度尺

坡度尺是用来在地形图上量测地画坡度和倾角的图解工具。如图 8-1-4d)所示,它按下列关系式制成:

$$i = \tan\alpha = \frac{h}{dM} \tag{8-1-2}$$

式中:i——地面坡度;

h——等高距;

d——相邻等高线间的水平距离;

M——测图比例尺分母。

坡度比例尺的用法:用分规量出图上相邻等高线的水平距离 d 后,在坡度尺上使分规的两针尖下面对准底线,上面对准曲线,即可以在坡度尺上读出地面倾角 α。

三、地形图的平面坐标系统和高程系统

对于 1:1万或更小比例尺的地图,通常采用国家统一的高斯平面坐标系,如"1954 北京坐标系"或"1980 西安坐标系"。城市地形图一般采用以通过城市中心的某一子午线为中央子午线的任意带高斯平面坐标系,称为城市独立坐标系。当工程建设范围比较小时,也可采用把测区作为平面看待的假定平面直角坐标系。

高程系统一般使用"1956 年黄海高程系"或"1985 国家高程基准",但也有一些地方高程系统,如上海及其邻近地区即采用"吴淞淤高程系",广东地区又采用"珠江高程系"等。各高程系统之间只需加减一个常数即可进行换算。

地形图采用的坐标系和高程系统在南图廓外的左下方用文字说明,如图 8-1-3 左下角所示。

四、地物、地貌的综合识别

地形图上的地物、地貌是用不同的地物符号和地貌符号表示的。比例尺不同,地物、地貌的取舍标准也不同,随着各种建设的不断发展,地物、地貌又在不断改变。因此要正确识别地物、地貌,阅读前先熟悉测图所用的地形图式、规范和测图日期是非常必要的。总的来说,阅读地形图是按图式符号和测会标准由点到面进行的。先从识别各个地物、地貌入手,然后通过分析和综合,对地物、地貌总体比较了解,并产生实体感,那时阅读地形图,就像看地物的立体模型一样。下面分别介绍地物、地貌的识别方法。

1. 地物的识别

识别地物的目的是了解地物的大小种类、位置和分布情况。通常按先主后次的程序,并顾及取舍的内容与标准进行。按照地物符号先识别大的居民点、主要道路和用图需要的地物,然后再扩大到识别小的居民点、次要道路、植被和其他地物。通过分析,就会对主、次地物的分布情况,主要地物的位置和大小形成较全面的了解。

2. 地貌的识别

识别地貌的目的是了解各种地貌的分布和地面的高低起伏状况。识别时,主要是根据基本地貌的等高线特征和特殊地貌(如陡崖、冲沟等)符号进行。山区坡陡,地貌形态复杂,尤其是山脊和山谷等高线犬牙交错,不易识别,这时可先根据水系的江河、溪流找出山谷、山脊系列,无河流时可根据相邻山头找出山脊;再按照两山谷间必有一山脊,两山脊间必有一山谷的

地貌特征，即可识别山脊、山谷地貌的分布情况；再结合特殊地貌符号和等高线的疏密进行分析，就可以较清楚地了解地貌的分布和高低起伏情况；最后将地物、地貌综合在一起，整幅地形图就像立体模型一样展现在眼前。

五、测图时间

测图时间注明在南图廓左下方，用户可以根据测图时间以及测区的开发情况，判断地形图的现势性。

第二节　地形图应用的基本内容

一、确定点位的直角坐标

如图 8-2-1 所示，在大比例尺地形图上，都绘有纵、横坐标方格网（或在方格的交会处绘制有一十字线），欲从图上求 A 点的坐标值，可先通过 A 点作坐标格网的平行线 mn、pq，在图上量出 mA 和 pA 的长度，分别乘以数字比例尺的分母 M 即得实地水平距离，则有：

$$\left.\begin{aligned} x_A &= x_0 + \overline{mA} \cdot M \\ y_A &= y_0 + \overline{pA} \cdot M \end{aligned}\right\} \tag{8-2-1}$$

式中：x_0，y_0——A 点所在方格西南角点的坐标（图中，$x_0 = 4\,327\,100\text{m}$，$y_0 = 50\,657\,200\text{m}$）。

如果为了检核量测结果，并考虑图纸伸缩的影响，则还需要量出 An 和 Aq 的长度，若$\overline{mA} + \overline{An}$和$\overline{pA} + \overline{Aq}$不等于坐标格网的理论长度 L（一般为 10cm），则 A 点坐标应按下式计算：

$$\left.\begin{aligned} x_A &= x_0 + \frac{L}{\overline{mA} + \overline{An}}\overline{mA} \cdot M \\ y_A &= y_0 + \frac{L}{\overline{pA} + \overline{Aq}}\overline{pA} \cdot M \end{aligned}\right\} \tag{8-2-2}$$

二、确定两点间的水平距离

1. 解析法

在图 8-2-1 中，欲求 A、B 两点的水平距离，先按式（8-2-1）或式（8-2-2）分别求出 A、B 两点的坐标值 x_A、y_A 和 x_B、y_B，然后用下式计算 A、B 两点的水平距离：

$$D_{AB} = \sqrt{(x_B - x_A)^2 + (y_B - y_A)^2} \tag{8-2-3}$$

2. 图解法

图解法即在图上直接量取 A、B 两点的长度，或用分规卡出 AB 线段的长度，再与图示比例尺比量即可得出 AB 间水平距离。

三、确定直线的坐标方位角

1. 解析法

如图 8-2-1 所示，如果需要确定直线 AB 的坐标方位角 α_{AB}，可以根据已经量得的 A、B 两点的平面坐标 x_A、y_A 和 x_B、y_B 用下式先计算出象限角 R_{AB}：

$$R_{AB} = \arctan\left|\frac{y_B - y_A}{x_B - x_A}\right| \tag{8-2-4}$$

然后，根据直线所在的象限及方位角与象限角的关系计算坐标方位角 α_{AB}。

2. 图解法

通过 A、B 两点分别作平行于坐标纵轴的直线，用量角器直接在图上量取直线 AB 直线的正、反方位角，得 α'_{AB}、α'_{BA} 之值，则：

$$\alpha_{AB} = \frac{I}{2}(\alpha'_{AB} + \alpha'_{BA} \pm 180°) \tag{8-2-5}$$

式中：$\alpha'_{BA} > 180°$ 取“－”号；

$\alpha'_{BA} < 180°$ 取“＋”号。

四、求点的高程与直线的坡度

如果所求点刚好位于某一根等高线上，则该点的高程就等于该等高线的高程；否则，需要采用比例内插的方法确定。如图 8-2-2 所示，图中 E 点的高程为 54m，而 F 点位于 53m 和 54m 两根等高线之间，可过 F 点作一大致与两根等高线垂直的直线，交两根等高线于 m、n 点，从图上量得距离 $\overline{mF} = d_1$，$\overline{Fn} = d_2$，设等高距为 h，则 F 点的高程为：

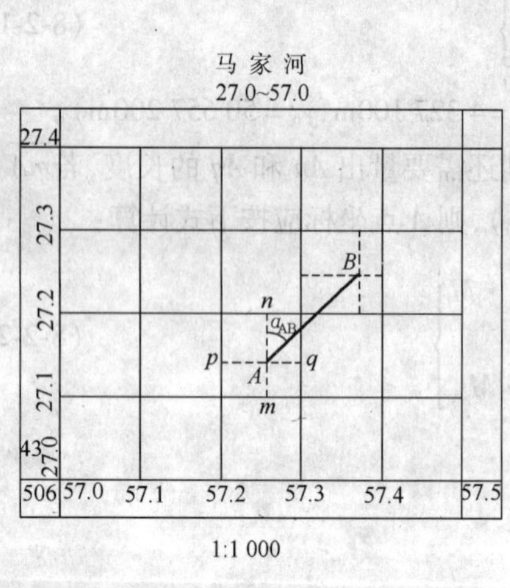

图 8-2-1　测定点位的直角坐标

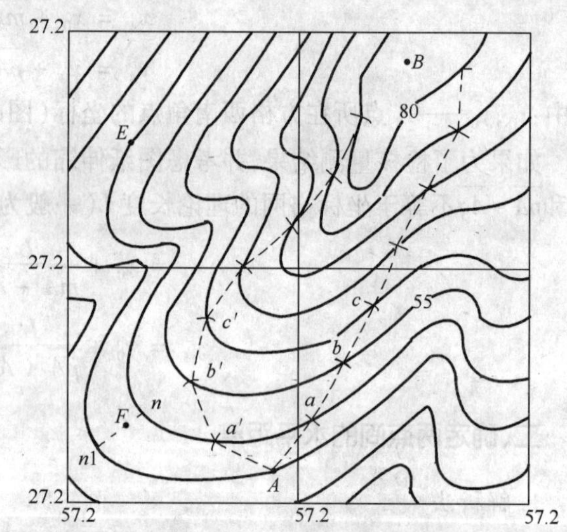

图 8-2-2　确定点的高程和选定等坡路线

$$H_F = H_m + \frac{d_1}{d_1 + d_2} \cdot h \tag{8-2-6}$$

或：

$$H_F = H_n - \frac{d_2}{d_1 + d_2} \cdot h \tag{8-2-7}$$

在地形图上量得相邻两点间的水平距离 d 和高差 h 以后，可以按下式计算两点间的坡度：

$$i = \tan\alpha = \frac{h}{dM} \tag{8-2-8}$$

式中：α——地面两点连线相对于水平线的倾角。

五、在图上设计等坡线

在山地或丘陵地区进行道路、管线等工程设计时,往往要求在不超过某一坡度的条件下选定一条最短路线,如图 8-2-2 所示,需要从低地 A 点到高地 B 点定出一条路线,要求所定路线坡度不得超过 i。设等高线距为 h,等高线间平距的图上值为 d,地形图的数字比例尺分母值为 M,则根据坡度的定义有 $i=\frac{h}{dM}$,由此求得:

$$d = \frac{h}{iM} \tag{8-2-9}$$

如图 8-2-2 所示,等高距 $h=1\text{m}$,比例尺分母 $M=1\,000$,设计坡度 $i=3.3\%$,代入式(8-2-9)求出 $d=0.03\text{m}$。在地形图上以 A 点为圆心,以 3cm 为半径,用两脚规在直尺上截交 54m 等高线,得到 α、α'点;再分别以 α、α'为圆心,用脚规截交 55 m 等高线,分别得到 b、b'点,依此进行,直至 B 点,连接 A—a—b—⋯—B 和 A—α'—b'—⋯—B 得到的两条路线一定满足设计坡度 $i=3.3\%$,可以综合各种因素选取其中的一条。

第三节 工程建设中的地形图应用

一、图形面积的量算

图上面积的量算方法有透明方格纸法、平行线法、解析法、求积仪法和 CAD 法。

1. 透明方格纸法

如图 8-3-1 所示,要计算图中曲线内的面积,先将毫米方格纸覆盖在图形上,然后数出图形内完整的方格数和不足一格的目估凑整数,通常以两倍凑数为 1 格,然后相加得方格数 n。设一个方格的图上面积为 a,比例尺分母为 M,则图形实地面积 A 应为:

$$A = n \cdot a \cdot M^2 \tag{8-3-1}$$

2. 平行线法

如图 8-3-2 所示,将绘制有平行线的透明纸覆盖在图形上,使两条平行线与图纸的边缘相切,则相邻两平行线间隔的图形面积可以近似视为梯形。梯形的高为平行线间距 h,图形截割各平行线的长度分别为 l_1、l_2、⋯、l_n,则各梯形面积分别为:

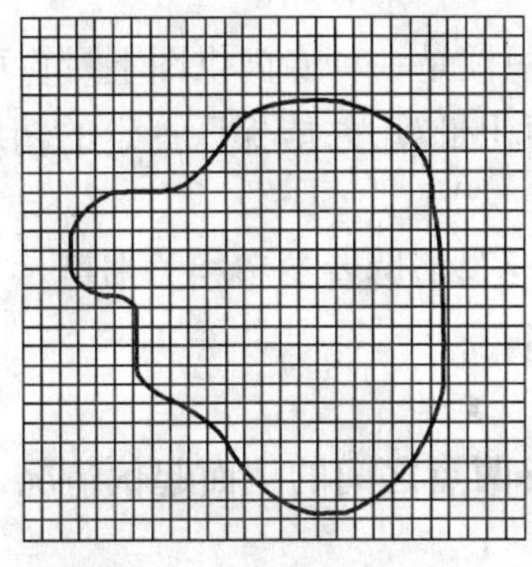

图 8-3-1　透明方格纸法面积量算

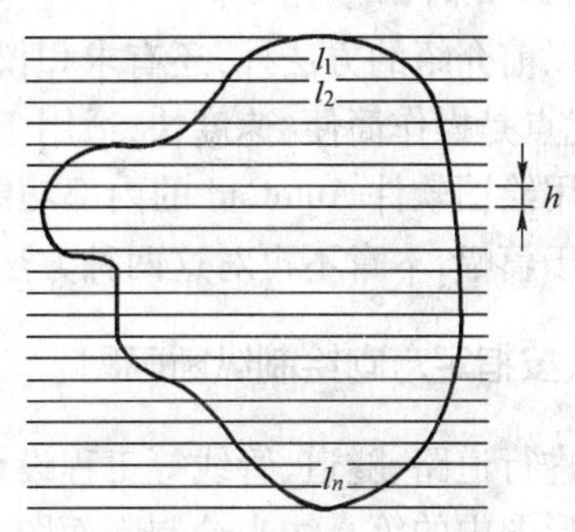

图 8-3-2　平行线法面积量算

$$
\left.\begin{aligned}
A_1 &= \frac{1}{2}h(0 + l_1) \\
A_2 &= \frac{1}{2}h(l_1 + l_2) \\
&\cdots \\
A_{n+1} &= \frac{1}{2}h(l_n + 0)
\end{aligned}\right\} \tag{8-3-2}
$$

则总面积为：

$$
A = A_1 + A_2 + \cdots + A_n + A_{n+1} = h\sum_{i=1}^{n} l_i \tag{8-3-3}
$$

3. 解析法

如果图形边界为任意多边形，且各顶点的平面坐标已经在图上量出或已经在实地测定，则可以利用多边形各顶点的坐标，用解析法计出面积。

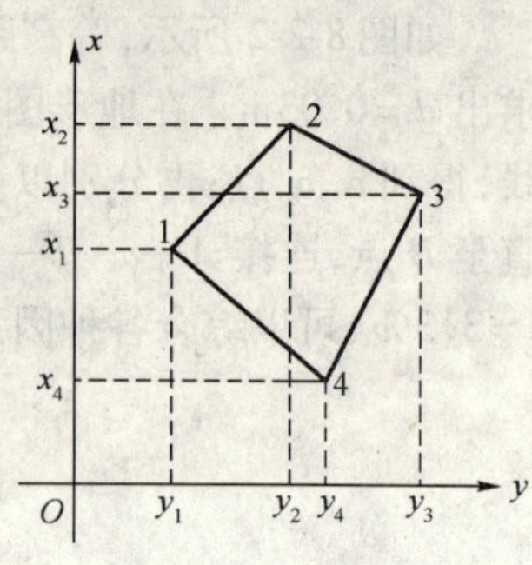

图 8-3-3 解析法面积量算

在图 8-3-3 中，1、2、3、4 为多边形的顶点，其平面坐标已知，则该多边形的每一条边及其向 y 轴的坐标投影线（图中虚线）和 y 轴都可以组成一个梯形，多边行的面积 A 就是这些梯形面积的和或差，其计算公式为：

$$
\begin{aligned}
A &= \frac{1}{2}[(x_1 + x_2)(y_2 - y_1) + (x_2 + x_3)(y_3 - y_2) \\
&\quad - (x_3 + x_4)(y_3 - y_4) - (x_4 + x_1)(y_4 - y_1)] \\
&= \frac{1}{2}[x_1(y_2 - y_4) + x_2(y_3 - y_1) + x_3(y_4 - y_2) + x_4(y_1 - y_3)]
\end{aligned}
$$

对于任意的 n 边形，可以写出下列按坐标计算面积的通用公式：

$$
A = \frac{1}{2}\sum_{i=1}^{n} x_i(y_{i+1} - y_{i-1}) \tag{8-3-4}
$$

注意，当 $i = 1$ 时，y_{i-1} 用 y_n；当 $i = n$ 时，y_{i+1} 用 y_1。上式是将多边形各顶点投影于 y 轴计算面积的公式。将各顶点投影于 x 轴计算面积的公式为：

$$
A = \frac{1}{2}\sum_{i=1}^{n} y_i(x_{i+1} - x_{i-1}) \tag{8-3-5}
$$

式中：当 $i = 1$ 时，x_{i-1} 用 x_n；

当 $i = n$ 时，x_{n+1} 用 x_1。

除以前介绍的方法外，还有求积仪法和 CAD 法。求积仪是一种专门供图上量算面积的仪器，其优点是操作简便、速度快，适用于任意曲线图形的面积量算，并能保证一定的精度。CAD 法是利用绘图软件 AutoCad 的内部功能进行面积的量算。

限于篇幅，本章不再对这两种方法的具体使用进行介绍，请读者参考相关书籍。

二、按指定方向绘制纵断面图

在进行道路、隧道、管线等工程设计时，通常需要了解两点之间的地面起伏情况，这时，可根据地形图中的等高线来绘制断面图。

如图 8-3-4a）所示，在地形图上作 A、B 两点的连线，与各等高线相交，各交点的高程即为交点所在等高线的高程，而各交点的平距可在图上用比例尺量得。然后在毫米方格纸上画出两条相互垂直的轴线，以横轴 AB 表示平距，以垂直于横轴的纵轴表示高程，在地形图上量取 A 点至各交点及地形特征点的平距，并把它们分别转绘在横轴上，以相应的高程作为纵坐标，得到各交点在断面上的位置。连接这些点，即得到 AB 方向的断面图。

为了更明显地表示地面的高低起伏情况，断面图上的高程比例尺一般为平距比例尺的 5～20 倍。

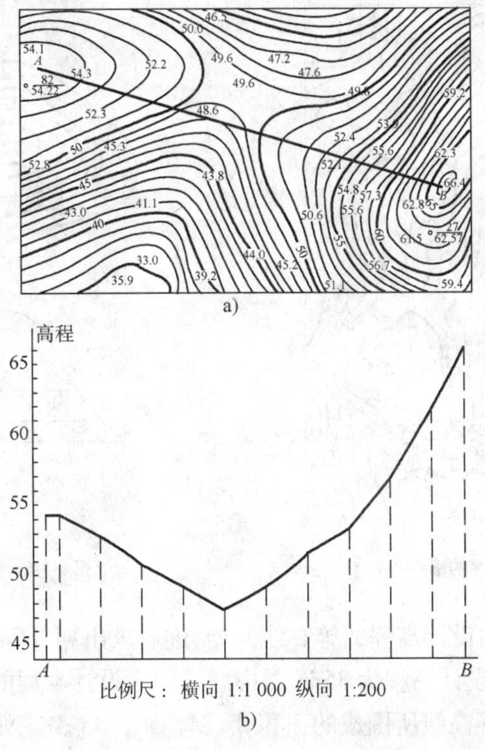

图 8-3-4 绘制纵面图

三、确定汇水面积

修筑道路时，有时要跨越河流或山谷，这时就必须建设桥梁或涵洞，兴修水库必须筑坝拦水。而桥梁、涵洞孔径的大小，水坝的设计位置，坝高及水库的蓄水量等，都要根据汇集于这个地区的水流量来确定。汇集水流量的面积称为汇水面积。

由于雨水是沿山脊线（分水线）向两侧山坡分流，所以汇水面积的边界线是由一系列的山脊线连接而成的。如图 8-3-5 所示，一条公路经过山谷，拟在 P 处架桥或修涵洞，其孔径大小应根据流经该处的流水量决定，而流水量又与山谷的汇水面积有关。由图可以看出，由山脊线和公路上的线段所围成的封闭区域 $A—B—C—D—E—F—G—H—I—A$ 的面积，就是这个山谷的汇水面积。量出该面积的值（量算方法前面已作介绍），再结合当地的气象水文资料，便可进一步确定流经公路 P 处的水量，从而为桥梁或涵洞的孔径设计提供依据。

确定汇水面积的边界线时，应注意以下几点：

（1）边界线（除公路 AB 段外）应与山脊线一致，且与等高级垂直。

（2）边界线是经过一系列的山脊线、山头和鞍部的曲线，并在河谷的指定断面（公路或水坝的中心线）闭合。

四、应用地形图估算土方量

1. 等高线法

如图 8-3-6 所示，先量出各等高线所包围的面积，相邻两等高线包围的面积平均值乘以等高距，就是两等高线间的体积（即土方量）。

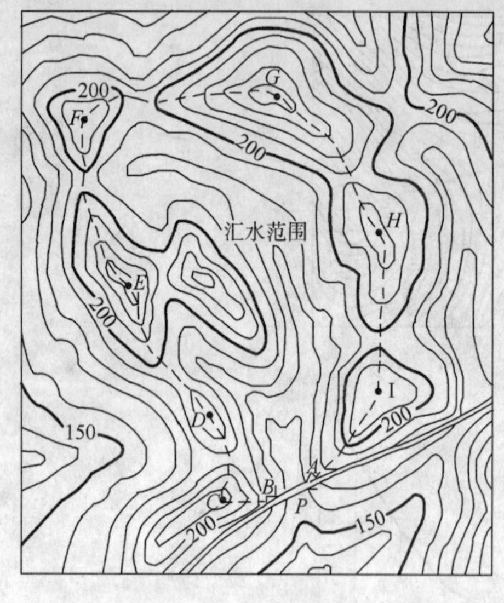

图 8-3-5　汇水范围的确定

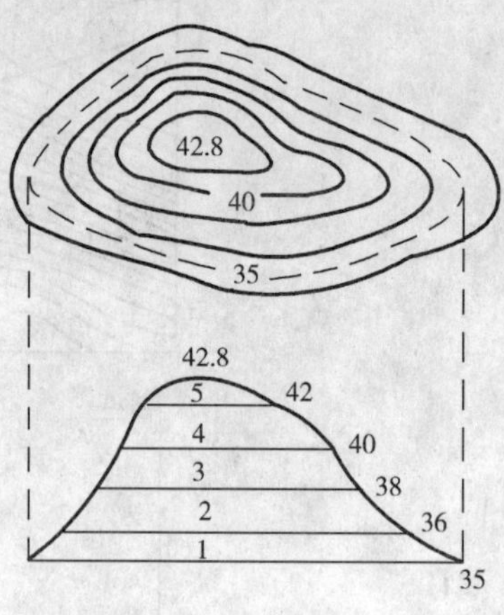

图 8-3-6　等高线法算土方量

因此，可从施工工地的设计高程的等高线开始，逐层求出相邻等高线间的土方量。如图中等高距为 2m，施工现场的设计高程为 35m，图中虚线即为设计高程的等高线。分别求出 35m、36m、38m、40m、42m 五条等高线所围成的面积 A_{35}、A_{36}、A_{38}、A_{40}、A_{42}，则每一层的土方量为：

$$\left.\begin{aligned} V_1 &= \frac{1}{2}(A_{35} + A_{36}) \times 1 \\ V_2 &= \frac{1}{2}(A_{36} + A_{38}) \times 2 \\ &\cdots \\ V_5 &= \frac{1}{2}A_{42} \times 0.8 \end{aligned}\right\} \tag{8-3-6}$$

总土方量为：

$$V = V_1 + V_2 + V_3 + V_4 + V_5 \tag{8-3-7}$$

2. 断面法

在地形起伏较大的地区，可用断面法来估算土方。这种方法是在施工场地的范围内，以一定的间隔绘出断面图，求出各断面由设计高程线与地面线围成的填、挖面积，然后计算相邻断面间的土方量，最后求和即为总土方量。如图 8-3-7a）所示为 1∶1 000 地形图，等高距为 1m，施工场地设计高程为 32m，先在地形图上绘出互相平行的、间距为 l 的断面方向线 1—1、2—2、…、5—5，如图 8-3-7b）绘出相应的断面图，分别求出各断面的设计高程与地面线包围的填、挖方面积 A_T、A_W，然后计算相邻两断面间的填挖方量。图中 1—1 和 2—2 断面间的填、挖方量为：

$$\left.\begin{aligned} \text{填土} \qquad V_{\mathrm{T}} &= \frac{1}{2}(A_{\mathrm{T1}} + A_{\mathrm{T2}})l \\ \text{挖土} \qquad V_{\mathrm{W}} &= \frac{1}{2}(A_{\mathrm{W1}} + A_{\mathrm{W2}})l \end{aligned}\right\} \tag{8-3-8}$$

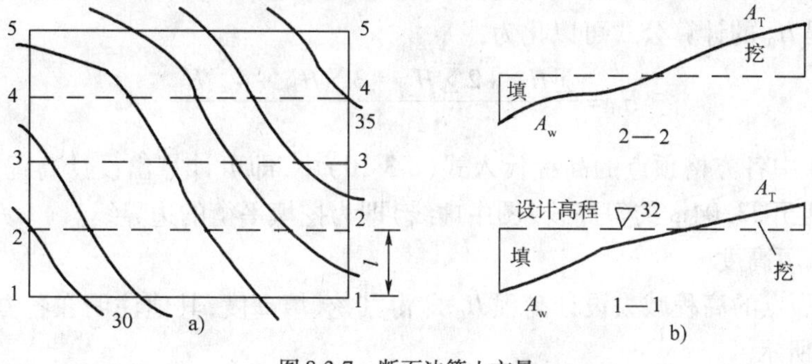

图 8-3-7　断面法算土方量

同理计算其他断面间的土方量，最后将所有的填方量累加，所有的挖方量累加，便得总的土方量。

3. 方格网法

场地平整有两种情形，其一是平整为水平场地，其二是整理为倾斜面。

(1)平整为水平场地

图 8-3-8 所示为某场地的地形图，假设要求将原地貌按照挖填平衡的原则改造成水平面，土方量的计算步骤如下。

①在地形图上绘制方格网

方格网大小取决于地形的复杂程度、地形图比例尺的大小和土方计算的精度要求，一般地，方格边长为图上 2cm。各方格顶点的高程用线性内插法求出，并注记在相应顶点的右上方，如图 8-3-8 所示。

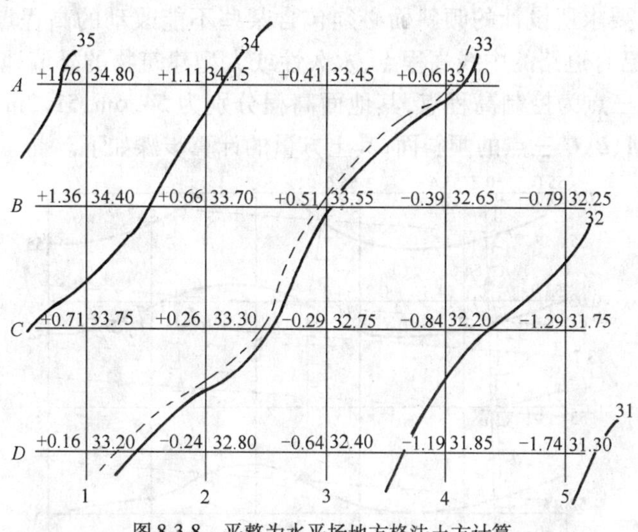

图 8-3-8　平整为水平场地方格法土方计算

②计算挖填平衡的设计高程

先将每一方格顶点的高程相加除以 4，得到各方格的平均高程 H_i，再将每个方格的平均高程相加除以方格总数，就得到挖填平衡的设计高程 H_0，其计算公式为：

$$H_0 = \frac{1}{n}(H_1 + H_2 + \cdots + H_n) = \frac{1}{n}\sum_{i=1}^{n} H_i \tag{8-3-9}$$

由图 8-3-8 可以看出，方格网的角点 A_1、A_4、B_5、D_1，D_5 的高程只用了一次，边点 A_2、A_3、B_1、C_1、D_2、D_3…的高程用了两次，拐点 B_4 的高程用了三次，中点 B_2、B_3、C_2、C_3…的高程用了四次，因此，设计高程 H_0 的计算公式可以化为：

$$H_0 = \frac{\sum H_{角} + 2\sum H_{边} + 3\sum H_{拐} + 4\sum H_{中}}{4n} \tag{8-3-10}$$

将图 8-3-8 中各方格顶点的高程代入式(8-3-10)中，即可计算出设计高程为 33.04m。在图 8-3-8 中内插出 33.04m 的等高线(图中虚线)即为挖填平衡的边界线。

③计算挖、填高度

将各方格顶点的高程减去设计高程 H_0 即得其挖、填高度，其值注明在各方格顶点的左上方，如图 8-3-8 所示。

④计算挖、填土方量

可按角点、边点、拐点和中点分别计算，计算公式如下：

$$\left.\begin{array}{ll} 角点 & 挖(填)高 \times \frac{1}{4}方格面积 \\ 边点 & 挖(填)高 \times \frac{2}{4}方格面积 \\ 拐点 & 挖(填)高 \times \frac{3}{4}方格面积 \\ 中点 & 挖(填)高 \times \frac{4}{4}方格面积 \end{array}\right\} \tag{8-3-11}$$

(2)整理为倾斜面

将原地形整理成某一坡度的倾斜面，一般可根据挖、填平衡的原则，绘制出设计倾斜面的等高线。但是，有时要求所设计的倾斜面必须包含某些不能改动的高程点(称设计倾斜面的控制高程点)，例如已有道路的中线高程点，永久性或大型建筑物的外墙地坪高程等。如图 8-3-9 所示，设 A、B、C 三点为控制高程点，其地面高程分别为 54.6m、51.3m 和 53.7m。要求将原地形整理成通过 A、B、C 三点的倾斜面，其土方量的计算步骤如下。

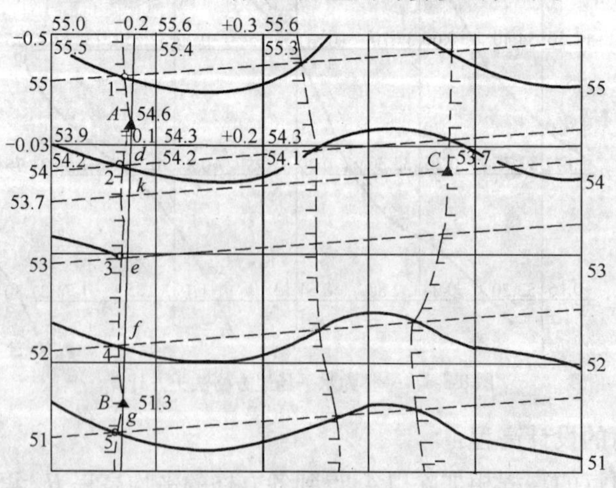

图 8-3-9　平整为倾斜面场地方格法土方计算

①确定设计等高线的平距

过 A、B 两点作直线,用比例内插法在 AB 直线上求出高程为 54m、53m、52m 各点的位置,也就是设计等高线应经过 AB 直线上的相应位置,如 d、e、f、g、…点。

②确定设计等高线的方向

在 AB 直线上比例内插出一点 k,使其高程等于 C 点的高程 53.7m。过 kC 连一直线,则 kC 方向就是设计等高线的方向。

③插绘设计倾斜面的等高线

过 d、e、f、g、…各点作 kC 的平行线(图中的虚线),即为设计倾斜面的等高线,即为设计等高线和原同高程的等高线交点的连线,如图中连接 1、2、3、4、5 等点,就可得到挖、填边界线。图中绘有短线的一侧为填土区,另一侧为挖土区。

④计算挖、填土方量

与前面的方法相同,首先在图上绘制方格网,并确定各方格顶点的挖深和填高量。不同之处是各方格顶点的设计高程是根据设计等高线内插求得的,并注记在方格顶点的右下方。其填高和挖深量仍注记在各顶点的左上方。挖方量和填方量的计算和前面的方法相同。

第四节 建筑设计中的地形图应用

现代建筑设计往往要求考虑现场的地形特点,不剧烈改变地形的自然形态,使设计建筑物与周围景观环境比较自然地融为一体,这样不仅可以避免开挖大量的土方,节约建设资金,更重要的是还可以不破坏周围的环境状态,如地下水、土层、植物生态和地区的景观环境。

地形对建筑物布置的间接影响主要是自然通风和日照效果两方面。由地形和温差形成的地形风,往往对建筑通风起主要作用,常见的有山阴风、顺坡风、山谷风、越山风和山哑风等,在布置建筑物时,需结合地形并参照当地气象资料加以研究。为达到良好的通风效果,在迎风坡,高建筑物应置于坡上;在背风坡,高建筑物应置于坡下。把建筑物斜列布置在鞍部两侧迎风坡面,可充分利用哑口风,以取得较好的自然通风效果。建筑物布列在山堡背风坡面两侧和正下坡,可利用绕流和涡流获得较好的通风效果。在平地,日照效果与地理位置、建筑物朝向和高度、建筑物间隔有关;而在山区,日照效果除了与上述因素有关外,还与周围地形、建筑物处于向阳坡或背阳坡、地面坡度大小等因素密切相关。因此,日照效果问题就比平地复杂得多,必须对每个建筑物进行个别的具体分析来决定。

在建筑设计中,既要珍惜良田好土,尽量利用薄地、荒地和空地,又要满足投资省、工程量少和使用合理等要求。如建筑物应适当集中布置,以节省农田,节约管线和道路;建筑物应结合地形灵活布置,以达到省地、省工、通风和日照效果均好的目的;公共建筑应布置在小区的中心;对不宜建筑的区域,要因地制宜地利用起来,如在陡坡、冲沟、空隙地和边缘山坡上建设公园和绿化地;自然形成或由采石、取土形成的大片洼地或坡地,因其高差较大,可用来布置运动场和露天剧场;高地可设置气象台和电视转播站等。

建筑设计中所需要的上述地形信息,大部分都可以在地形图中找到。

思考题及习题

一、思考题

1. 名词解释：图名、图号、接图表、图廓、坐标格网、三北方向、直线比例尺、坡度比例尺、三北方向线、填挖边界线、汇水面积。

2. 如何在地形图上确定地面点的空间坐标？

3. 如何在地形图上确定直线的距离、方向、坡度？

4. 试比较土方估算的三种方法有何异同点，它们各适用于什么场合？

二、习题

1. 根据题图 8-1 的等高线，作 *AB* 方向的断面图。

2. 场地平整范围如题图 8-1 方格网所示，方格网的长宽均为 20m，要求按填挖平衡的原则平整为水平场地。试计算填挖平衡的设计高程及填挖土方量，并在图上绘出填挖平衡的边界线。

题图 8-1　绘制断面图与土方计算

3. 如题图 8-2 所示，欲在汪家凹村北进行土地平整，其设计要求如下：

(1) 整平后要求高程为 44m 的水平面；

(2) 整平场地位置以 53.3 导线点为起点向东 60m，向北 50m。

根据设计绘方格网（每 10m 绘一方格），然后求出填、挖土方量。

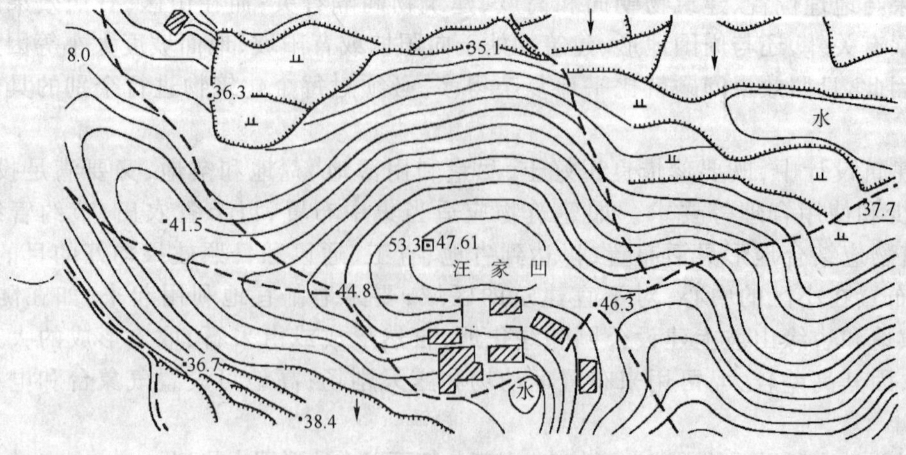

题图 8-2　土方计算

第九章 工业与民用建筑中的施工测量

学习目的与要求

1. 熟练掌握距离、角度、高程放样和点的平面位置测设常用方法；
2. 能够进行施工坐标与测量坐标的换算；
3. 掌握建筑基线的测设，熟悉建筑方格网的测设；
4. 掌握工业与民用建筑施工中的各种测量工作；了解不同形状建筑的施工放样；
5. 掌握激光定位技术在施工测量中的应用；
6. 熟悉建筑总平面图的绘制。

第一节 施工测量的基本工作

一、施工测量概述

1. 概述

建筑施工测量是根据图纸设计的建筑物、构筑物平面位置 X、Y 和高程 H，按一定的精度测设到实地上，作为施工的依据，并在施工过程中进行一系列的测量工作。

通常我们把这种将图上内容按设计要求转移到实地上的测量工作称为测设（也称施工放样）。放样和测图时所用的仪器及依据的基本原理相同，但它们的工作过程恰好相反。测图是将地面特征点测绘到图上并绘出相应地物；放样则是将图上特征点在实地上定出，以供实际施工时应用。

施工测量贯穿整个建筑物、构筑物的施工过程。从建立施工控制网、场地平整、建（筑）物的放样到构件与设备的安装都要进行一系列的测量工作，以确保施工质量符合设计要求。工业或大型民用建设项目竣工后，为便于管理、维修和扩建，还应编绘竣工总平面图。有些高层建筑物和特殊构筑物，在施工期间和建成后，还应进行变形测量，为今后建筑物、构筑物的维护和使用提供资料。

进行测设工作前，首先要确定待测设点与控制点或与已有建（构）筑物之间的相对关系，即角度、距离和高差关系，这些位置关系统称为测设数据，然后使用测量仪器，按照一定的测量方法，依据放样数据将特征点测设到实地上。因此，测设已知水平距离、已知水平角和已知高程是施工测量最基本的工作。施工中，每一道工序完成后，都要通过测量检查、校核工程各部位的平面位置和高程是否符合设计要求。因而，在工程的施工测量过程中，工程测量人员必须具有高度的责任心，保证放样质量，保证施工的正常进行。

2. 施工测量的特点

（1）施工测量直接为工程建设服务，它必须与整个施工计划相协调。测量工程人员在工作中要与设计、施工人员紧密联系，熟悉设计与施工图纸，掌握施工对测量精度、施工进度的要求，了解现场条件和控制点分布情况，使测设精度和速度满足工程进度的需要。

(2)施工测量的精度主要取决于建(构)筑物的大小、性质、用途、材料、施工方法。因而，在进行施工测量设计时，要顾及工程对施工放样测量、工程检查的要求，并要结合实际，制定合理的测量方案，避免施工测量精度过低，影响工程质量；施工测量精度过高，则导致人力、物力和时间的浪费。一般情况下，钢结构工程较钢筋混凝土工程放样精度要求高，装配式建筑物放样精度高于非装配式建筑物。

(3)测量环境差。施工现场由于各工序交叉作业、材料堆放、场地变动等，使测量标志容易被破坏，因此，测量标志的埋设应便于使用、保护和检查。如有破坏，应及时恢复，并进行相应的检查。

(4)在施工测量前，应做好一系列准备工作，如认真计算和核对各项数据，检校好测量仪器；在测量过程中注意人身和仪器的安全，确保测量工作准确无误。

3. 施工测量的基本要求

工业与民用建筑中施工测量的基本依据是《工程测量规范》(GB 50026—1993)、《城市测量规范》(CJJ 8—1999)和行业地方规程。

工业与民用建筑的施工放样应具备的资料有建筑总平面图、设计与说明、轴线平面图、基础平面图、设备基础图、土方开挖图、结构图、管网图。

二、测设的基本工作

测设的基本工作包括水平距离、水平角、高程和坡度的测设。

1. 已知水平距离的测设

已知水平距离的测设，是从地面上一个已知点出发，沿给定的方向，量出已知(设计)的水平距离，在地面上定出这段距离另一端点的位置。

(1)钢尺测设

当测设精度要求不高时，从已知点开始，沿给定的方向，用钢尺直接丈量出已知水平距离，定出这段距离的另一端点。为了校核，应再丈量一次，若两次丈量的相对误差在1/5 000 ~ 1/3 000内，取平均位置作为该端点的最后位置。

(2)光电测距仪测设法

用测距仪或全站仪可直接测得水平距离，因此距离的测设，特别是长距离的测设，大部分采用光电测距仪器进行。测设时，将测距仪安置在已知点上，瞄准给定方向，测出气象要素(如气温和气压)，输入仪器将自动改正，启动仪器距离测量模式，让反射棱镜沿观测者手势在已知方向上移动，直到放样的距离与已知距离的差值在限差范围内，即可定点。一般对已放样的点重复测量以便检核。

测距仪测设方法如下：

①如图9-1-1所示，在A点安置光电测距仪，反光棱镜在已知方向上前后移动，使仪器显示值略大于测设的距离，定出C'点。

②在C'点安置反光棱镜，测出垂直角α及斜距L，计算水平距离$D' = L\cos\alpha$，求出D'与应测设的水平距离D之差$\Delta D = D - D'$。

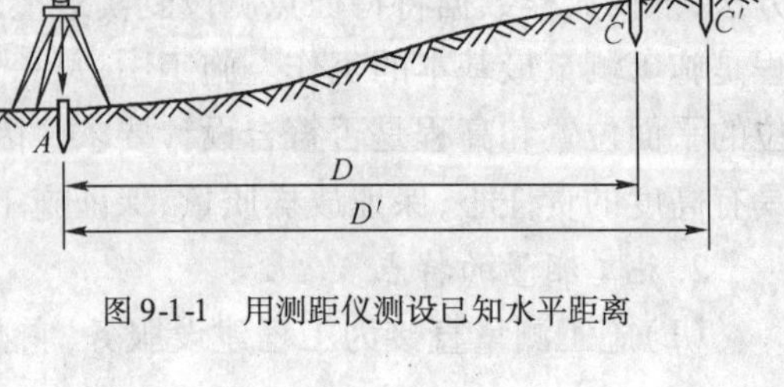

图9-1-1 用测距仪测设已知水平距离

③根据 ΔD 的数值在实地用钢尺沿测设方向将 C' 改正至 C 点，并用木桩标定其点位。

④将反光棱镜安置于 C 点，再实测 AC 距离，其不符值应在限差之内；否则，应再次进行改正，直至符合限差为止。

2. 已知水平角度的测设

已知水平角度的测设实际上是从一个已知方向出发放样出另外一个方向，使得它与已知方向的夹角等于已知的水平角。

(1)一般方法

当测设水平角的精度要求不高时，可采用盘左、盘右分中的方法测设，如图 9-1-2 所示。设地面已知方向 OA，O 为角顶，β 为已知水平角角值，OB 为欲定的方向线，测设方法如下：

①在 O 点安置经纬仪，盘左位置瞄准 A 点，使水平度盘读数为 0°00′00″。

②转动照准部，使水平度盘读数恰好为 β 值，在此视线上定出 B' 点。

③盘右位置，重复上述步骤，再测设一次，定出 B'' 点。

④取 B' 和 B'' 的中点 B，则 $\angle AOB$ 就是要测设的 β 角。

(2)精确方法

当测设精度要求较高时，可按如下步骤进行(图 9-1-3)。

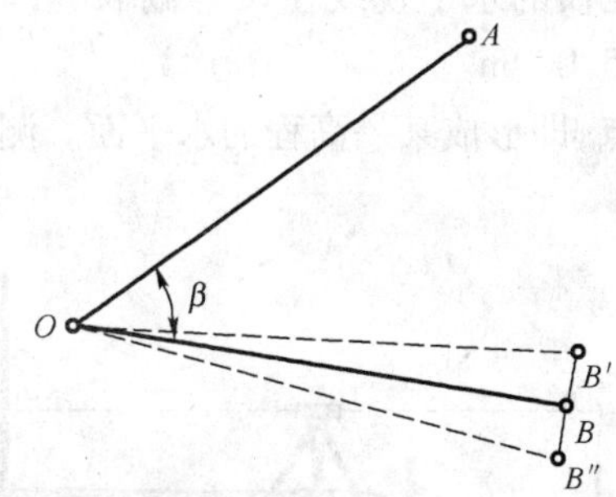

图 9-1-2　已知水平角测设的一般方法

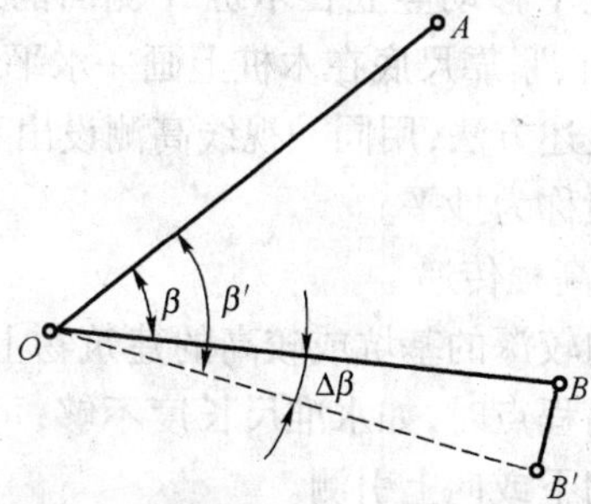

图 9-1-3　已知水平角测设的精确方法

①先用一般方法测设出 B' 点。

②用测回法对 $\angle AOB'$ 观测若干个测回(测回数根据要求的精度而定)，求出各测回平均值 β'，并计算出 $\Delta\beta = \beta - \beta'$($\Delta\beta$ 以秒为单位)

③量测 OB' 的水平距离。

④用下式计算改正距离：

$$BB' = OB'\tan\Delta\beta \approx OB'\frac{\Delta\beta''}{\rho''} \tag{9-1-1}$$

式中：$\rho = 206\,265''$

⑤自 B' 点沿 OB' 的垂直方向量出距离 BB'，定出 B 点，则 $\angle AOB$ 就是要测设的角度。

量取改正距离时，如 $\Delta\beta$ 为正，则沿 OB' 的垂直方向向外量取；如 $\Delta\beta$ 为负，则沿 OB' 的垂直方向向内量取。

3. 已知高程的测设

已知高程的测设，是利用水准测量的方法，根据已知水准点，将设计高程测设到现场作业面上。

(1)在地面上测设已知高程

如图 9-1-4 所示，某建筑物的室内地坪 ±0.000 处设计高程 $H_{设} = 45.000\text{m}$，附近有一水准

点 BM_3，其高程为 $H_{后}=44.680m$。现在要求把该建筑物的室内地坪高程测设到木桩 A 上，作为施工时控制高程的依据，测设方法如下：

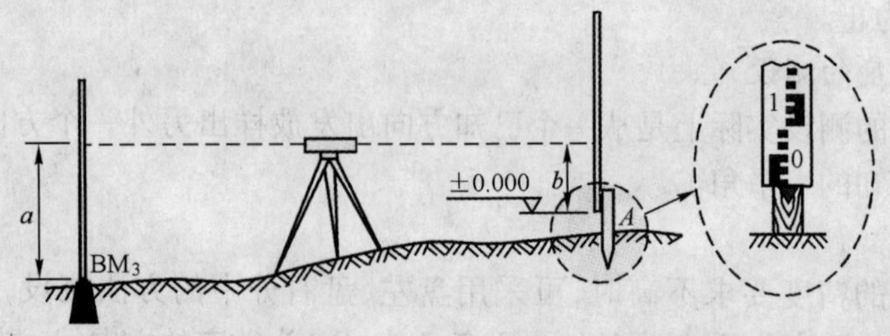

图 9-1-4　已知高程的测设

①在水准点 BM_3 和木桩 A 之间安置水准仪，在 BM_3 上立水准尺，用水准仪的水平视线测得后视读数 a 为 1.556m，此时视线高程为：

$$H_{视}=H_{后}+a=44.680+1.556=46.236\text{m}$$

②计算 A 点水准尺尺底为室内地坪高程时的前视读数：

$$b=H_{视}-H_{设}=46.236-45.000=1.236\text{m}$$

③上下移动竖立在木桩 A 侧面的水准尺，直至水准仪的水平视线在尺上截取的读数为 1.236m时，紧靠尺底在木桩上画一水平线，其高程即为 45.000m。

按上述方法，用同一视线高测设出不共线的其他各点，即形成某一高程的水平面。测设水平面一般称为抄平。

(2)高程传递

当向较深的基坑或较高的建筑物上测设已知高程点时，如水准尺长度不够，可利用钢尺向下或向上引测。

如图 9-1-5 所示，欲在深基坑内设置一点 B，使其高程为 $H_{设}$。地面附近有一水准点 R，其高程为 H_R，测设方法如下：

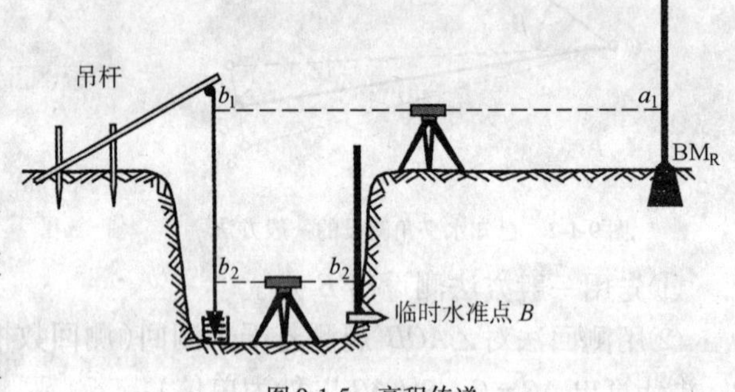

图 9-1-5　高程传递

①在基坑一边架设吊杆，杆上吊一根零点向下的钢尺，尺的下端挂上 10kg 的重锤，放入油桶中。

②在地面安置一台水准仪，设水准仪在 R 点所立水准尺上读数为 a_1，在钢尺上读数为 b_1。

③在坑底安置另一台水准仪，设水准仪在钢尺上读数为 a_2。

④计算 B 点水准尺底高程为 $H_{设}$ 时，B 点处水准尺的读数应为：

$$b_{应}=(H_R+a_1)-(b_1-a_2)-H_{设} \tag{9-1-2}$$

用同样的方法，也可从低处向高处测设已知高程的点。

三、点的平面位置的测设

测设点的平面位置的基本方法有直角坐标法、极坐标法、角度交会法和距离交会法等。可根据施工控制网的布设形式、控制点的分布、地形情况、放样精度要求以及施工现场条件等，选用适当的测设方法。

1. 直角坐标法

直角坐标法是根据直角坐标原理，利用纵横坐标之差，测设点的平面位置。直角坐标法适用于施工控制网为建筑方格网或建筑基线的形式，且量距方便的建筑施工场地。

(1)计算测设数据

如图9-1-6所示，Ⅰ、Ⅱ、Ⅲ、Ⅳ为建筑施工场地的建筑方格网点，a、b、c、d为欲测设建筑物的四个角点，根据设计图上各点坐标值，可求出建筑物的长度、宽度及测设数据。

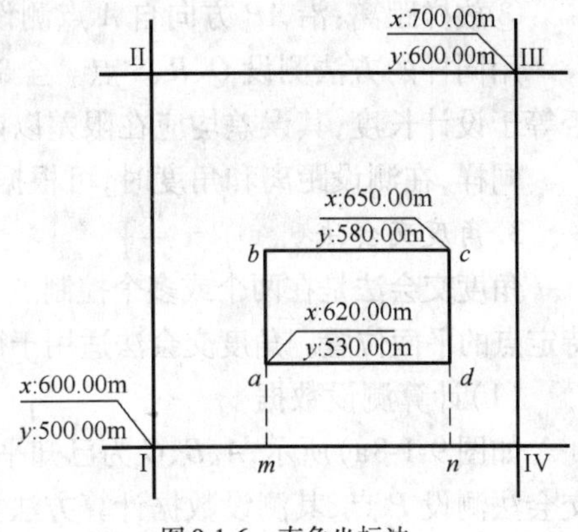

图9-1-6　直角坐标法

长度：$y_d - y_a = 50\text{m}$

宽度：$x_b - x_a = 30\text{m}$

测设数据：$I_m = 30\text{m}, I_n = 80\text{m}, mn = 50\text{m}$

a点的测设数据(Ⅰ点与a点的纵横坐标之差)：

$$x_a - x_{\text{I}} = 20\text{m} \qquad y_a - y_{\text{I}} = 30\text{m}$$

(2)点位测设方法

①在Ⅰ点安置经纬仪，瞄准Ⅳ点，沿视线方向测设距离30.00m，定出m点，继续向前测设50.00m，定出n点。

②在m点安置经纬仪，瞄准Ⅳ点，按逆时针方向测设90°角，由m点沿视线方向测设距离20.00m，定出a点，作出标志，再向前测设30.00m，定出b点，作出标志。

③在n点安置经纬仪，瞄准Ⅰ点，按顺时针方向测设90°角，由n点沿视线方向测设距离20.00m，定出d点，作出标志，再向前测设30.00m，定出c点，作出标志。

④检查建筑物四角是否等于90°，各边长是否等于设计长度，其误差均应在限差以内。

测设上述距离和角度时，可根据精度要求分别采用一般方法或精确测设方法。

2. 极坐标法

极坐标法是根据极坐标原理确定某点平面位置的方法。极坐标法适用于各种形状的建(构)筑物的定位与放线，是基于电磁波测距技术上的放样方法，其效率高、灵活性大、适用范围广，放样点位精度完全满足于各类常规土建工程。

(1)计算测设数据

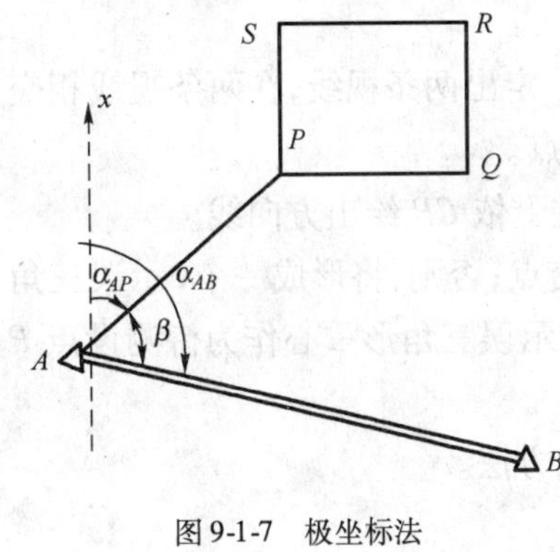

图9-1-7　极坐标法

如图9-1-7所示，A、B为已知平面控制点，其坐标值分别为$A(x_A, y_A)$、$B(x_B, y_B)$，P点为建筑物的一个角点，其坐标为$P(x_P, y_P)$。现根据A、B两点，用极坐标法测设P点，其测设数据计算方法如下。

①计算AB边和AP边的坐标方位角α_{AB}和α_{AP}：

$$a_{AB} = \arctan\frac{\Delta y_{AB}}{\Delta x_{AB}} = \arctan\frac{y_B - y_A}{x_B - x_A}$$

$$a_{AP} = \arctan\frac{\Delta y_{AP}}{\Delta x_{AP}} = \arctan\frac{y_P - y_A}{x_P - x_A}$$

②计算AP与AB之间的夹角：

$$\beta = \alpha_{AB} - \alpha_{AP}$$

③计算A、P两点间的水平距离：

$$D_{AP} = \sqrt{\Delta^2 x_{AP} + \Delta^2 y_{AP}} = \sqrt{(x_P - x_A)^2 + (y_P - y_A)^2}$$

(2)点位测设方法

①后视定向:在 A 点安置经纬仪,精确瞄准 B 点,配置度盘。

②放样方向:按逆时针方向测设 β 角,定出 AP 方向。

③放样距离:沿 AP 方向自 A 点测设水平距离 AP,定出 P 点,作出标志。

用同样的方法测设 Q、R、S 点。全部测设完毕后,检查建筑物四角是否等于90°,各边长是否等于设计长度,其误差均应在限差以内。

同样,在测设距离和角度时,可根据精度要求分别采用一般方法或精确测设方法。

3. 角度交会法

角度交会法是在两个或多个控制点上安置测角仪器,通过测设两个或多个已知角度交会出待定点的平面位置。角度交会法适用于待测设点距控制点较远,且量距较困难的建筑施工场地。

(1)计算测设数据

如图 9-1-8a)所示,A、B、C 为已知平面控制点,P 为待测设点,现根据 A、B、C 三点,用角度交会法测设 P 点,其测设数据计算方法如下。

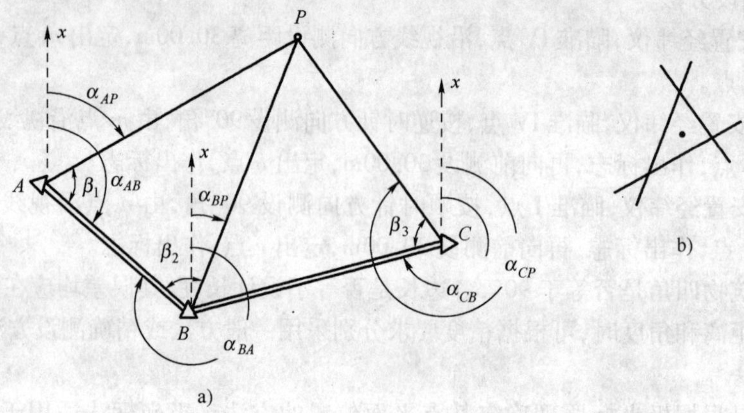

图 9-1-8 角度交会法

①按坐标反算公式,分别计算出 α_{AB}、α_{AP}、α_{BP}、α_{BA}、α_{CP}、α_{CB};

②计算水平夹角 β_1、β_2 和 β_3。

(2)点位测设方法

①在 A、B 两点同时安置经纬仪,同时测设水平角 β_1 和 β_2 定出两条视线,在两条视线相交处钉下一个大木桩,并在木桩上依 AP、BP 绘出方向线及其交点。

②在控制点 C 上安置经纬仪,测设水平角 β_3,同样在木桩上依 CP 绘出方向线。

③如果交会没有误差,CP 方向应通过 AP、BP 方向线的交点;否则,将形成一个"示误三角形",如图 9-1-8b)所示。若示误三角形边长在限差以内,则取示误三角形重心作为待测设点 P 的最终位置。

测设 β_1、β_2 和 β_3 时,视具体情况,可采用一般方法和精确方法。

4. 距离交会法

距离交会法是由两个控制点测设两段已知水平距离,交会定出点的平面位置。距离交会法适用于待测设点至控制点的距离不超过一尺段长,且地势平坦、量距方便的建筑施工场地。

(1)计算测设数据

如图 9-1-9 所示,A、B 为已知平面控制点,P 为待测设点,现根据 A、B 两点,用距离交会法测设 P 点,其测设数据计算方法如下。

根据 A、B、P 三点的坐标值,分别计算出 D_{AP} 和 D_{BP}。

(2)点位测设方法

①将钢尺的零点对准 A 点,以 D_{AP} 为半径在地面上画一圆弧。

②再将钢尺的零点对准 B 点,以 D_{BP} 为半径在地面上再画一圆弧。两圆弧的交点即为 P 点的平面位置。

③用同样的方法,测设出 Q 的平面位置。

④丈量 P、Q 两点间的水平距离,与设计长度进行比较,其误差应在限差以内。

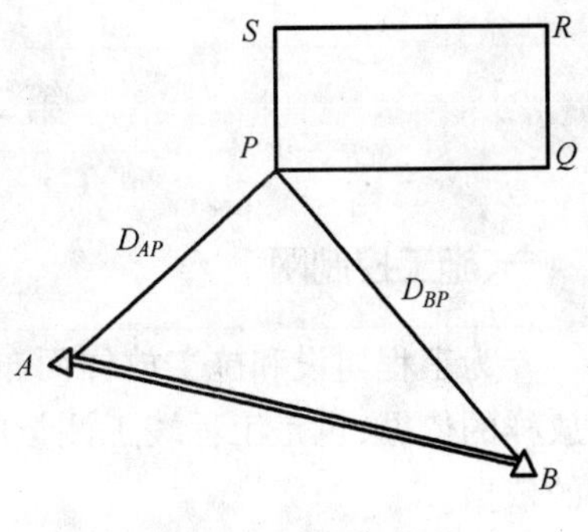

图 9-1-9　距离交会法

四、已知坡度线的测设

在道路建设、敷设上下水管道及排水沟等工程时,常要测设指定的坡度线。

已知坡度线的测设是根据附近水准点的高程、设计坡度和坡度端点的设计高程,用水准测量的方法将坡度线上各点的设计高程标定在地面上的测量工作。测设方法有水平视线法和倾斜视线法两种。

1. 水平视线法

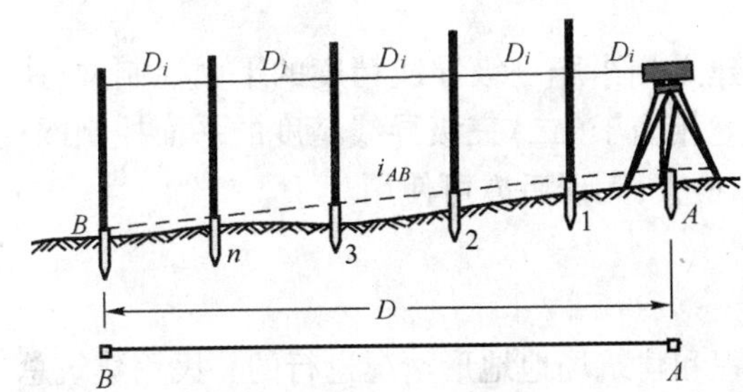

图 9-1-10　水平视线法

如图 9-1-10 所示,A、B 为设计坡度线的两端点,A 点设计高程为 H_A。为了施工方便,每隔一定的距离 D_i 打入一个木桩,要求在木桩上标出设计坡度为 i_{AB} 的坡度线。施测步骤如下:

(1)按照公式 $H_{设} = H_{应} + i_{AB}D$ 计算各桩点的设计高程。

1 点的设计高程　$H_1 = H_A + i_{AB} \times D_i$

2 点的设计高程　$H_2 = H_1 + i_{AB} \times D_i$

B 点的设计高程:

$$H_B = H_n + i_{AB} \times D_i \quad 或 \quad H_B = H_A + i_{AB} \times D_{AB}(用于计算检核)$$

(2)沿 AB 方向,按规定间距 D_i 标定出中间 1、2、3、…、n 各点;

(3)安置水准仪于 B 点处,读后视读数 a,并计算视线高程 H_i;

$$H_i = H_B + a$$

(4)根据各桩的设计高程,分别计算出各桩点上水准尺的应读前视数

$$b_{应} = H_i - H_{设}$$

(5)在各桩处立水准尺,上下移动水准尺,当水准仪对准应读前视数时,水准尺零端对应位置即为测设出的高程标志线。

2. 倾斜视线法

倾斜视线法是根据视线与设计坡度相同时,其竖直距离相等的原理,确定设计坡度线上各点高程位置的一种方法。当地面坡度较大,且设计坡度与地面自然坡度较一致时,适宜采用这种方法。

第二节 建筑施工控制测量

一、施工控制网

专为工程建设和施工放样而布设的测量控制网，称为施工控制网。施工控制网不仅是施工放样的依据，也是工程竣工测量的依据，同时还是建筑物沉降观测以及将来建筑物改建、扩建的依据。

施工控制网的布设形式，应以经济、合理和适用为原则，根据建筑设计总平面图和施工现场的地形条件来确定。对于地形起伏较大的山区建筑场地，则可充分扩展原有的测图控制网，作为施工定位的依据。对于地形较平坦而通视较困难的建筑场地，可采用导线网。对于地形平坦而面积不大的建筑小区，常布置一条或几条建筑基线，组成简单的图形，作为施工测量的依据，如图 9-3-1 所示。对于地形平坦、建筑物多为矩形且布置比较规则的密集的大型建筑场地，通常采用建筑方格网，见图 9-3-4。总之，施工控制网的布设形式应与建筑设计总平面的布局相一致。

平面控制网，应根据等级控制点进行定位、定向和起算，其等级和精度应符合下列规定。

若建筑场地面积大于 $1km^2$ 或重要工业区，宜建立相当于一级导线精度的平面控制网；建筑场地小于 $1km^2$ 或一般性建筑区，可根据需要建立相当于(二)三级导线精度的平面控制网；当施工控制网采用原有测图控制网时，应进行复测检查，无误后方可使用。

二、施工控制网的平面坐标换算

工业建筑的总平面图设计是根据生产工艺流程和建筑场地地形情况进行的。民用建筑总平面图设计也要考虑建筑物的朝向和地形条件。在一般情况下，工业厂房、民用建筑、道路和管线基本上是沿着互相平行或互相垂直的方向布置的。因此，在新建的大中型建筑场地上，建筑设计人员通常使用独立坐标系进行设计，其坐标原点一般选在建筑场地以外的西南角上，以使场地范围内点的坐标值均为正值。这种独立坐标系统的坐标轴平行或垂直于建筑物主轴线的坐标系，称为建筑坐标系或施工坐标系。

放样采用的控制点一般是测量坐标系中的坐标，所以必须把放样点的设计坐标换成测量坐标或者把测量坐标转换成设计坐标，这一工作称为坐标转换。

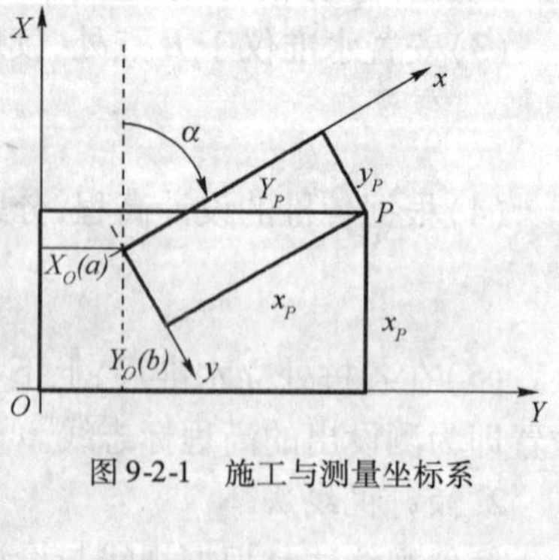

如图 9-2-1 所示，设 X_P、Y_P 为 P 点在测量坐标系中的坐标；x_P、y_P 为 P 点在施工坐标系的坐标；X_O、Y_O 为施工坐标原点 O 在测量坐标系中的坐标；α 为施工坐标系 x 轴在测量坐标系中的方位角，亦为两坐标系纵坐标轴的交角。当把施工坐标系中的坐标转换到测量坐标系的坐标时，其换算公式为：

图 9-2-1 施工与测量坐标系

$$\left.\begin{aligned} X &= x\cos a - y\sin a + X_O \\ Y &= x\sin a + y\cos a + Y_O \end{aligned}\right\} \qquad (9\text{-}2\text{-}1)$$

当把测量坐标系中的坐标转换到施工坐标系的坐标时，其换算公式为：

$$\left.\begin{aligned} x &= (X_P - X_O)\cos a + (Y_P - Y_O)\sin a \\ y &= -(X_P - X_O)\sin a + (Y_P - Y_O)\cos a \end{aligned}\right\} \tag{9-2-2}$$

【例 9-2-1】 已知 A、B 两点在测量坐标系统中的坐标为：$X_a = 92\ 562.608\text{m}$，$Y_a = 72\ 049.157\text{m}$；$X_b = 92\ 529.371\text{m}$，$Y_b = 72\ 174.555\text{m}$。在工程施工坐标系中的坐标为：$x_a = 1\ 073.382\text{m}$，$y_a = 1\ 199.447\text{m}$；$x_b = 1\ 036.841\text{m}$，$y_b = 1\ 323.922\text{m}$。试求出两坐标系的换算公式。

解：$\Delta\alpha$ 为坐标系纵坐标轴的交角。如果一条边在测量坐标系统中的坐标方位角为 A，而在施工坐标系的坐标方位角为 α，则 $\Delta\alpha$ 可按下式计算：

$$\Delta\alpha = A - \alpha$$

当由施工坐标系坐标转算至测量测坐标系坐标时，其换算公式为(9-2-1)。

若将 α 替换为 $\Delta\alpha$ 则得下式：

$$\left.\begin{aligned} X &= x\cos\Delta\alpha - y\sin\Delta\alpha + X_O \\ Y &= x\sin\Delta\alpha + y\cos\Delta\alpha + Y_O \end{aligned}\right\} \tag{9-2-3}$$

当由测量坐标系坐标换算至施工坐标系坐标时，可使用式(9-2-3)，此时应将 X、Y 与 x、y 互换，并且 $\Delta\alpha = \alpha - A$。

(1)施工坐标系中的坐标换算到测量坐标系中的坐标换算公式

AB 边在测量坐标系中的方位角：

$$A_{AB} = \arctan\frac{Y_b - Y_a}{X_b - X_a} = 104°50'42''$$

在施工坐标系中的方位角：

$$\alpha_{AB} = \arctan\frac{y_b - y_a}{x_b - x_a} = 106°21'37''$$

则由式 $\Delta\alpha = A - \alpha$ 可得：

$$\Delta\alpha = 104°50'42'' - 106°21'37'' = -1°30'55''$$

将 A 点在两坐标系中的坐标 X_a、Y_a，x_a、y_b 以及 $\Delta\alpha$ 之值代入式(9-2-3)，计算施工坐标系原点 O 在测量坐标系中的坐标，得：

$$\left.\begin{aligned} X_O(A) &= 91\ 457.883\ 8 \\ Y_O(A) &= 70\ 878.513\ 4 \end{aligned}\right\}$$

将 B 点在两坐标系中的坐标 X_b、Y_b，x_b、y_b 以及 $\Delta\alpha$ 之值代入式(9-2-3)，计算施工坐标系原点 O 在测量坐标系中的坐标，得：

$$\left.\begin{aligned} X_O(B) &= 91\ 457.883\ 4 \\ Y_O(B) &= 70\ 878.513\ 7 \end{aligned}\right\}$$

取由 A、B 两点算得的 X_O、Y_O 平均值：

$$\left.\begin{aligned} X_O &= 91\ 457.883\ 6 \\ Y_O &= 70\ 878.513\ 6 \end{aligned}\right\}$$

将 $X_O(A)$、$Y_O(B)$ 和 $\Delta\alpha$ 代入式(9-2-3)得：

$$\left.\begin{aligned} X &= x\cos(-1°30'55'') - y\sin(-1°30'55'') + 91\ 457.883\ 6 \\ Y &= x\sin(-1°30'55'') + y\cos(-1°30'55'') + 70\ 878.513\ 6 \end{aligned}\right\}$$

(2)测量坐标系中的坐标换算到施工坐标系中的换算公式

则由式 $\Delta\alpha = \alpha - A$ 可得：

$$\Delta\alpha = 106°21'37'' - 104°50'42'' = 1°30'55''$$

同样可得 x_O、y_O 为：

$$\left.\begin{aligned} x_0 &= -89\,551.625\,4 \\ y_0 &= -73\,272.194\,8 \end{aligned}\right\}$$

将 x_O、y_O 及 $\Delta\alpha$ 之值代入式(9-2-3)得换算公式：

$$\left.\begin{aligned} x &= X\cos(1°30'55'') - Y\sin(1°30'55'') - 89\,551.625\,4 \\ y &= X\sin(1°30'55'') + Y\cos(1°30'55'') - 73\,272.194\,8 \end{aligned}\right\}$$

三、高程控制测量

施工高程控制网的建立，与施工平面控制网一样。当建筑场地面积不大时，一般按四等水准测量或等外水准测量来布设。当建筑场地面积较大时，可分为两级布设，即首级高程控制网和加密高程控制网。首级高程控制网采用三等水准测量测设，在此基础上，采用四等水准测量测设加密高程控制网。

首级高程控制网应在原有测图高程网的基础上，单独增设水准点，并建立永久性标志。场地水准点的间距宜小于 1km。距离建筑物、构筑物不宜小于 25m；距离振动影响范围以外不宜小于 5m；距离回填土边线不宜小于 15m。凡是重要的建筑物附近均应设水准点。整个建筑场地至少要设置 3 个永久性的水准点，并应布设成闭合水准路线或附合水准路线，以控制整个场地。其点位要选择恰当，不受施工影响，既便于施测，又能永久保存。

加密高程控制网，是在首级高程控制网的基础上进一步加密而得的，一般不能单独埋设，要与建筑方格网合并，即在各格网点的标志上加设一凸出的半球状标志，各点间距宜在 200m 左右，以便施工时安置一次仪器即可测出所需高程。加密高程控制网，要按四等水准测量进行观测，并要附合在首级水准点上，作为推算高程的依据。

为了测设方便，减少计算，通常在较大的建筑物附近建立专用的水准点，即 ±0.000 高程水准点，其位置多选在较稳定的建筑物墙与柱的侧面，用红色油漆绘成上顶为水平的倒三角形"▼"。但必须注意，在设计中各建筑物的 ±0.000 高程不是相等的，应严格加以区别，防止用错设计高程。

第三节　建筑基线与建筑方格网

一、建筑基线

在面积不大、地势较平坦的建筑场地上，根据建筑物的分布、场地地形等因素，布设一条或几条轴线，以作为施工控制测量的基准线，简称建筑基线。建筑基线是建筑场地的施工控制基准线，它适用于建筑设计总平面图布置比较简单的小型建筑场地。

1. 建筑基线的布设形式

建筑基线的布设形式，应根据建筑物的分布、施工场地地形等因素来确定。常用的布设形式有一字形、L 形、十字形和 T 形，如图 9-3-1 所示。

2. 建筑基线的布设要求

(1)建筑基线应尽可能靠近拟建的主要建筑物，并与其主要轴线平行，以便使用比较简单

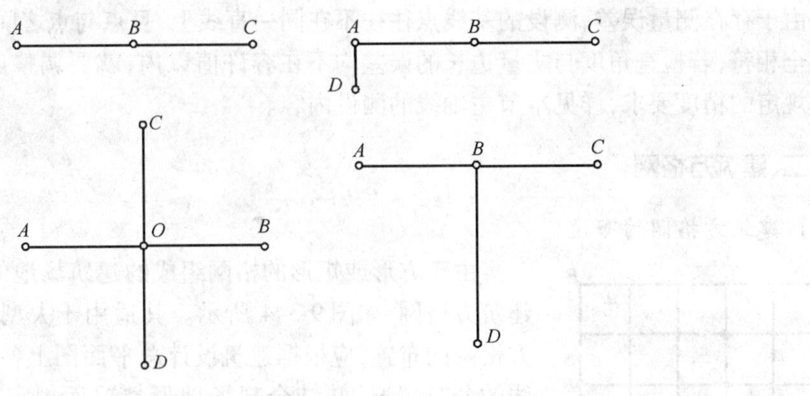

图 9-3-1 建筑基线的布设形式

的直角坐标法进行建筑物的定位。

(2)建筑基线上的基线点应不少于 3 个,以便相互检核。

(3)建筑基线应尽可能与施工场地的建筑红线相联系。

(4)基线点位应选在通视良好和不易被破坏的地方,为能长期保存,要埋设永久性的混凝土桩。

3. 建筑基线的测设方法

根据施工场地的条件不同,建筑基线的测设方法有以下两种。

(1)根据建筑红线测设建筑基线

由城市规划部门测定的建筑用地界定基准线,称为建筑红线。在城市建设区,建筑红线可用作建筑基线测设的依据。一般情况下,建筑基线与建筑红线平行或垂直,故可根据建筑红线用平行线推移法测设建筑基线。如图 9-3-2 所示,AB、AC 为建筑红线,1、2、3 为建筑基线点,利用建筑红线测设建筑基线的方法如下。

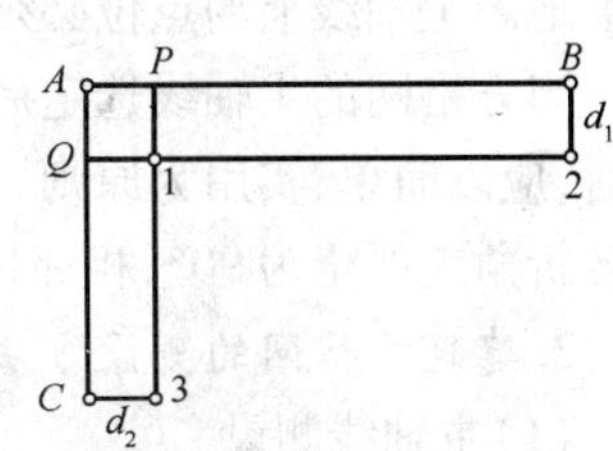

图 9-3-2 根据建筑红线测设建筑基线

首先,从 A 点沿 AB 方向量取 d_2 定出 P 点,沿 AC 方向量取 d_1 定出 Q 点。然后,过 B 点作 AB 的垂线,沿垂线量取 d_1 定出 2 点;过 C 点作 AC 的垂线,沿垂线量取 d_2 定出 3 点;用细线拉出直线 P-3 和 Q-2,两条直线的交点即为 1 点。最后,在 1 点安置经纬仪,精确观测 $\angle 213$,其与 $90°$ 的差值应小于 $\pm 10''$。若误差超限,应检查推平行线时的测设数据,并对点位作相应调整。如果建筑红线完全符合作为建筑基线的条件时也可将其作为建筑基线使用。

(2)根据附近已有控制点测设建筑基线

在新建筑区,可以利用建筑基线的设计坐标和附近已有控制点的坐标,用极坐标法或角度交会法测设建筑基线。如图 9-3-3 所示,A、B 为附近已有控制点,1、2、3 为选定的建筑基线点。测设方法如下。

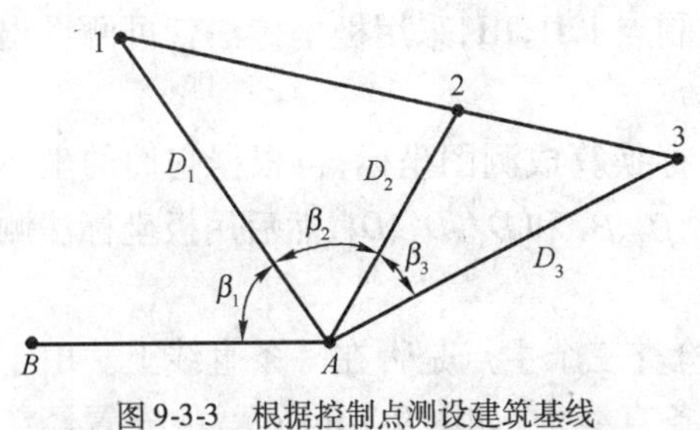

图 9-3-3 根据控制点测设建筑基线

首先,利用坐标转换方法转换坐标,之后根据转换后的控制点和建筑基线点的坐标,计算出测设数据 β_1、D_1、β_2、D_2、β_3、D_3。然后,用极坐标法测设 1、2、3 点。

由于存在测量误差,测设的基线点往往不在同一直线上,且点与点之间的距离与设计值也不完全相符,若检查角度与丈量边长的误差均不在容许值以内,就要调整点位使其共线,从而满足规定的精度要求,详见本节主轴线的测设内容。

二、建筑方格网

1. 建筑方格网的布设

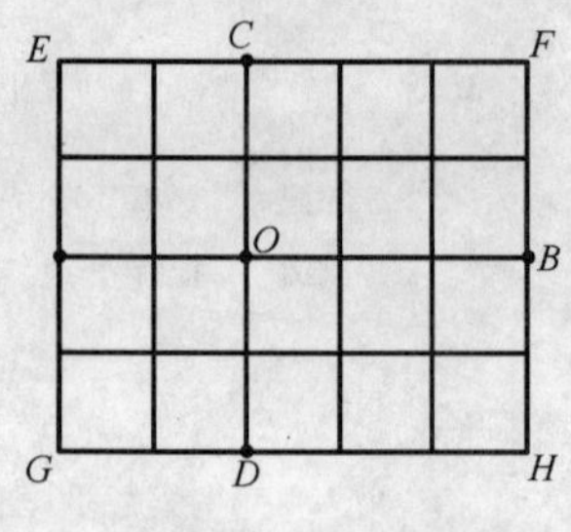

图 9-3-4　建筑方格网

由正方形或矩形的格网组成的建筑场地的施工控制网,称为建筑方格网,如图 9-3-4 所示。其适用于大型的建筑场地。建筑方格网的布置,应根据建筑设计总平面图上各种建筑物、道路、管线的分布情况,并结合现场地形情况而拟定。布置建筑方格网时,先要选定两条互相垂直的主轴线,如图 9-3-4 的 *AOB* 和 *COD*,再全面布设格网。格网的形式,可布置成正方形或矩形。当建筑场地占地面积较大时,通常是分两级布设,首级为基本网,先测设十字形、口字形或田字形的主轴线,然后再加密次级的方格网。当场地面积不大时,尽量布置成全面方格网。

方格网的主轴线,应布设在整个建筑场地的中央,其方向应与主要建筑物的轴线平行或垂直,并且长轴线上的定位点不得少于 3 个。主轴线的各端点应延伸到场地的边缘,以便控制整个场地。主轴线上的点位必须建立永久性标志,以便长期保存。

当方格网的主轴线选定后,就可根据建筑物的大小和分布情况而加密格网。在选定格网点时,应以简单、实用为原则,在满足测角、量距的前提下,格网点的点数应尽量减少。方格网的转折角应严格为 90°,相邻格网点要保持通视,点位要能长期保存。

2. 建筑方格网的测设方法

(1)主轴线测设

主轴线测设与建筑基线测设方法相似。首先,准备测设数据;然后,测设两条互相垂直的主轴线 *AOB* 和 *COD*;最后,精确检测主轴线点的相对位置关系,并与设计值相比较,如果超限,则应进行调整。建筑方格网的主要技术要求如表 9-3-1 所示。

建筑方格网的主要技术要求　　表 9-3-1

等　级	边长(m)	测角中误差	边长相对中误差	测角检测限差	边长检测限差
Ⅰ级	100 ~ 300	5″	1/30 000	10″	1/15 000
Ⅱ级	100 ~ 300	8″	1/20 000	16″	1/10 000

如图 9-3-5 所示,Ⅰ、Ⅱ、Ⅲ 三点为附近已有的测图控制点,其坐标已知;*A*、*O*、*B* 三点为选定的主轴线上的主点,其坐标可算出,则根据三个测图控制点 Ⅰ、Ⅱ、Ⅲ,采用极坐标法就可测设出 *A*、*O*、*B* 三个主点。

测设三个主点的过程:先将 *A*、*O*、*B* 三点的施工坐标换算成测图坐标;再根据它们的坐标与测图控制点 Ⅰ、Ⅱ、Ⅲ 的坐标关系,计算出放样数据 β_1、β_2、β_3 和 D_1、D_2、D_3,然后用极坐标法测设出三个主点 *A*、*O*、*B* 的概略位置为 A'、O'、B'。

当三个主点的概略位置在地面上标定出来后,要检查三个主点是否在一条直线上。由于测量误差的存在,使测设的三个主点 A'、O'、B'不在一条直线上,如图 9-3-6 所示,故安置经纬

仪于 O' 点上，精确检测 $\angle A'O'B'$ 的角值 β，如果检测角 β 的值与 180° 之差，超过了表 9-3-1 规定的容许值，则需要对点位进行调整。

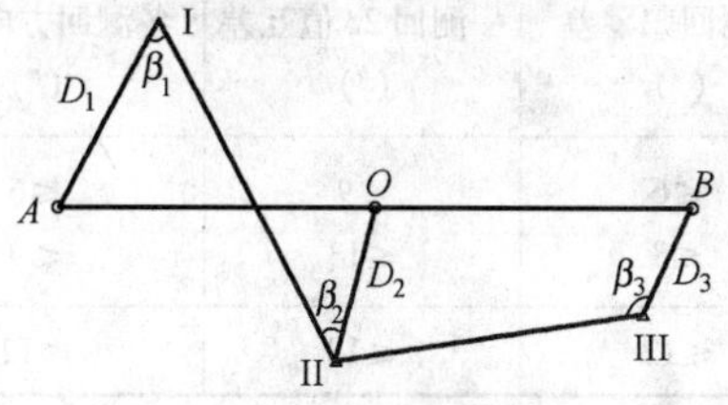

图 9-3-5　主轴线的测设

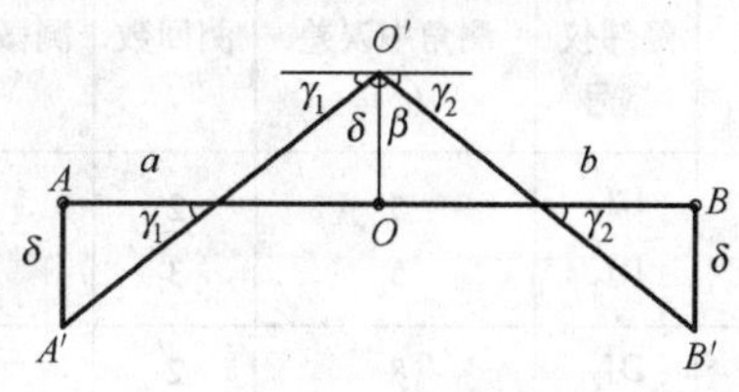

图 9-3-6　主轴线的调整

调整三个主点的位置时，应先根据三个主点间的距离 a 和 b 按下列公式计算调整值，即：

$$\delta = \frac{ab}{a+b}\left(90° - \frac{\beta}{2}\right)'' \frac{1}{\rho''} \tag{9-3-1}$$

式中：δ——各点的调整值，m；

a、b——分别为 AO、OB 的长度，m；

ρ''——弧度秒，其值为 206 265″。

将 A'、O'、B' 三点沿与轴线垂直方向移动一个改制值 δ，但 O' 点与 A'、B' 两点移动的方向相反，移动后得 A、O、B 三点。为了保证测设精度，应再重复检测 $\angle AOB$，如果检测结果与 180° 之差仍超过限差，需再进行调整，直到误差在容许值以内为止。

除了调整角度之外，还要调整三个主点间的距离。先丈量检查 AO 及 OB 间的距离，若检查结果与设计长度之差的相对误差大于表 9-3-1 的规定，则以 O 点为准，按设计长度调整 A、B 两点。调整需反复进行，直到误差在容许值以内为止。

当主轴线的三个主点 A、O、B 定位好后，就可测设与 AOB 主轴线相垂直的另一条主轴线 COD。如图 9-3-7 所示，将经纬仪安置在 O 点上，照准 A 点，分别向左、向右测设 90°；并根据 CO 和 OD 间的距离，在地面上标定出 C、D 两点的概略位置为 C'、D'；然后分别精确测出 $\angle AOC'$ 及 $\angle AOD'$ 的角值，其角值与 90° 之差为 ε_1 和 ε_2，若 ε_1 和 ε_2 大于表 9-3-1 的规定，则按下列公式求改正数 l，即：

$$l = L \times \varepsilon''/\rho'' \tag{9-3-2}$$

式中：L——OC' 或 OD' 的距离。

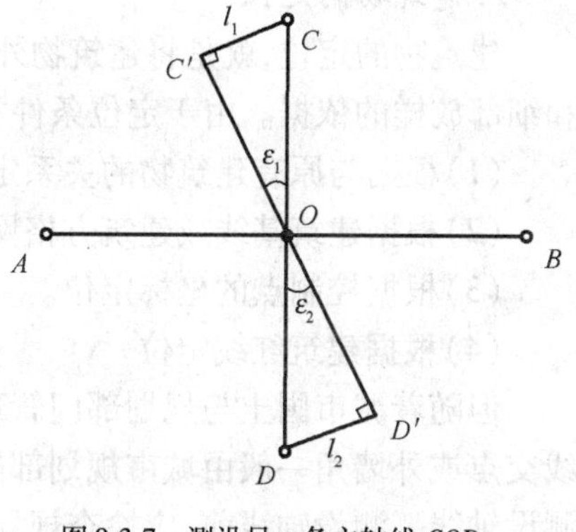

图 9-3-7　测设另一条主轴线 COD

根据改正数，将 C'、D' 两点分别沿 OC'、OD' 的垂直方向移动 l_1、l_2，得 C、D 两点。然后检测 $\angle COD$，其值与 180° 之差应在规定的限差之内；否则，需要再次进行调整。

(2)方格网点的测设

主轴线确定后，先进行主方格网的测设，然后在主方格网内进行方格网的加密。

主方格网的测设，采用角度交会法定出格网点，其作业过程见图 9-3-4 所示。用两台经纬仪分别安置在 A、C 两点上，均以 O 点为起始方向，分别向左、向右精确的测设出 90° 角，在测设方向上交会 E 点，交点 E 的位置确定后，进行交角的检测和调整，同法测设出主方格网点 F、H、G，这样就构成了田字形的主方格网。

方格网测设时，其角度观测应符合表 9-3-2 的规定。

方格网测设角度观测要求　　表 9-3-2

方格网等级	经纬仪型号	测角中误差 (″)	测回数	测微器两次读数 (″)	半测回归零差 (″)	一测回 2c 值互差 (″)	各测回方向互差 (″)
Ⅰ级	DJ_1	5	2	≤1	≤6	≤9	≤6
	DJ_2	5	3	≤3	≤8	≤13	≤9
Ⅱ级	DJ_2	8	2	—	≤12	≤18	≤12

建筑方格网轴线与建筑物轴线平行或垂直，因此，可用直角坐标法进行建筑物的定位，其计算简单，测设比较方便，而且精度较高。其缺点是必须按照总平面图布置，其点位易被破坏，而且测设工作量也较大。

由于建筑方格网的测设工作量大，测设精度要求高，因此可委托专业测量单位进行。

第四节　工业与民用建筑施工中的测量工作

一、轴线的测设

1. 施工测量的准备工作

(1)熟悉图纸：阅读设计图纸，理解设计意图，对有关尺寸应仔细核对。

(2)现场踏勘：了解地形，掌握测量控制点情况，并对测设已知数据进行检核。

(3)制定测设方案：按照建筑设计与测量规范要求，拟定测设方案，绘制施工放样略图。

2. 建筑物的定位

建筑物的定位，就是将建筑物外廓各轴线交点（简称角桩）测设在地面上，作为基础放样和细部放样的依据。由于定位条件不同，其建筑物的定位方法也不一样，一般有 4 种情况。

(1)根据与原有建筑物的关系定位。

(2)根据建筑基线或建筑方格网定位。

(3)根据控制点的坐标定位。

(4)根据建筑红线定位。

但随着城市国土与规划部门管理城市建设的水平不断提高，城市建筑工程项目的部分轴线交点或外墙角一般由城市规划部门直接测设到实地，施工企业的测量员只能依据这些点来测设轴线。测设轴线前，应检查规划部门所测点的正确性。

3. 建筑物的放线

建筑物的放线，是指根据已定位的外墙轴线交点桩（角桩），详细测设出建筑物各轴线的交点桩（或称中心桩），然后，根据交点桩用白灰撒出基槽开挖边界线，以便进行开挖施工。由于基槽开挖后，各交点桩将被挖掉，为了便于在施工中恢复各轴线位置，还须把各轴线延长到基槽外安全地点，设置控制桩或龙门板，并做好标志。常用的轴线定位方法有如下几种。

(1)设置轴线控制桩

由于在开挖基槽时，角桩和中心桩要被挖掉，为了便于在施工中恢复各轴线位置，应把各轴线延长到基槽外安全地点，并做好标志。轴线控制桩设置在基槽外基础轴线的延长线上，作为开槽后各施工阶段恢复轴线的依据，如图 9-4-1 所示。

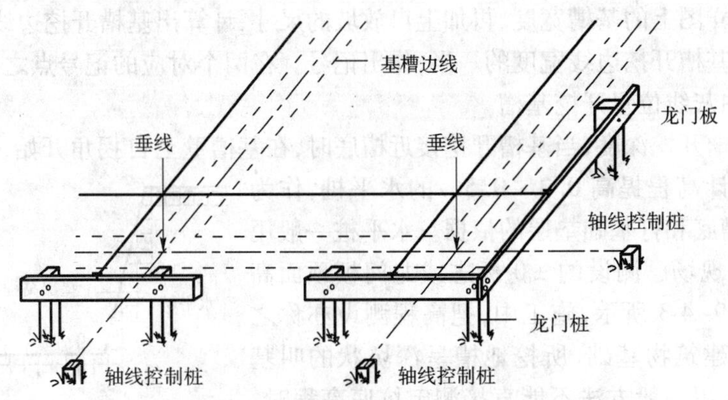

图 9-4-1　轴线控制桩、龙门板和龙门桩

轴线控制桩一般设置在基槽外 2～4m 处，打下木桩，桩顶钉上小钉，准确标出轴线位置，并用混凝土包裹木桩，如图 9-4-2 所示。如附近有建筑物，亦可把轴线投测到建筑物上，用红漆作出标志，以代替轴线控制桩。为了保证控制桩的精度，施工中最好将控制桩与交点桩一起测设。

(2)设置龙门板

在一般民用建筑中，为便于施工，常将各轴线引测到基槽开挖线以外一定距离处的水平木板上。以作为挖槽后各阶段施工恢复轴线的依据。水平木板称为龙门板，固定龙门板的木桩称为龙门桩，如图 9-4-1 所示。设置龙门板的步骤如下：

①在建筑物四角与内纵、横墙两端基槽开挖边线以外约 1～2m(根据土质情况和挖槽深度确定)处钉设龙门桩，龙门桩要钉得竖直、牢固，木桩侧面与基槽应平行。

②根据建筑物场地水准点，在每个龙门桩上测设 ±0 高程线。若遇现场条件不许可时，也可测设比 ±0.000 高程高或低一定数值的高程线。但对于同一建筑物最好只选用一个高程。如地形起伏大，须选用两个高程时，一定要标注清楚，以免使用时发生错误。

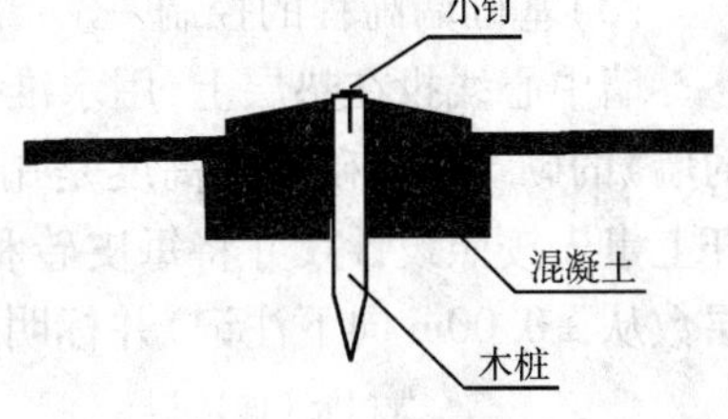

图 9-4-2　轴线控制桩

③沿龙门桩上测设的高程线钉设龙门板，这样龙门板顶面的高程就在一个水平面上了。龙门板高程的测定容差为 ±5mm。

④根据轴线桩用经纬仪将墙、柱的轴线投到龙门板顶面上，并钉小钉标明，称为轴线钉，投点容差为 ±5mm。

⑤用钢尺沿龙门板顶面检查轴线钉的间距，其相对误差不应超过 1/2 000。经检核合格后，以轴线钉为准，将墙宽、基槽宽标在龙门板上，最后根据基槽上口宽度拉线撒出基槽开挖灰线。

龙门板应注记轴线编号。它可以控制 ±0.000 以下高程和基础形状，当使用机械化施工时，龙门板极易妨碍机械工作，因而主要使用轴线控制桩。

二、基础施工测量

基础分墙基础和柱基础。基础施工测量的主要内容是放样基槽开挖边线、控制基础的开挖深度、测设垫层的施工高程和放样基础模板的位置。

1. 墙基施工测量

(1)放样基槽开挖线和抄平

按照基础大样图上的基槽宽度、再加上口放坡的尺寸,计算出基槽开挖边线的宽度。由桩中心向两边各量基槽开挖边线宽度的一半,作出记号。在两个对应的记号点之间拉线,在拉线位置撒白灰,按白灰线位置开挖基槽。

为了控制基槽开挖深度,当基槽开挖接近槽底时,在基槽壁上自拐角开始,每隔 3 ~5m 测设一根比槽底设计高程提高 0.3 ~0.5m 的水平桩,作为挖槽深度、修平槽底和打基础垫层的依据。水平桩一般用水准仪根据施工现场已测设的 ±0 标志或龙门板顶面高程来测设。如图 9- 4-3 所示,施工中,把高程测设亦称之为抄平。为砌筑建筑物基础,所挖地槽呈深坑状的叫基坑。若基坑过深,用一般方法不能直接测定坑底高程时,可用悬挂的钢尺来代替水准尺把地面高程传递到深坑内。

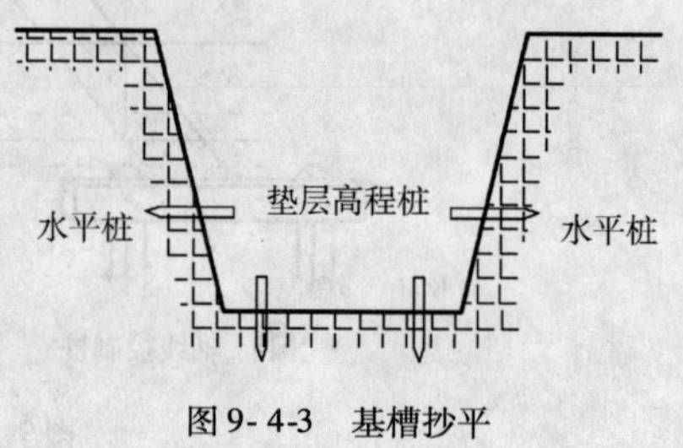

图 9- 4-3　基槽抄平

基槽开挖完成后,应根据轴线控制桩复核基槽几何尺寸和槽底高程,合格后,方可进行垫层施工。

(2)垫层和基础放样

基槽开挖完成后,应在基坑底设置垫层高程桩,如图 9- 4-3 所示,使桩顶面的高程等于垫层设计高程,作为垫层施工的依据。

垫层施工完成后,根据轴线控制桩(或龙门板),用拉线的方法,吊垂球将墙基轴线投设到垫层上,用墨斗弹出墨线,用红油漆画出标记,如图 9- 4- 4 所示。由于整个墙身砌筑均以此线为准,所以要进行严格校核。

(3)基础墙高程的控制

墙中心线投在垫层上,用水准仪检测各墙角垫层面高程后,即可开始基础墙(±0.00 以下的墙)的砌筑。基础墙的高度是用基础皮数杆来控制的。基础皮数杆是用一根木杆制成,在杆上事先按照设计尺寸将每皮砖和灰缝的厚度一一画出,每五皮砖注上皮数(基础皮数杆的层数从 ±0.00m 向下注记)并标明 ±0.00m 和防潮层等的高程位置,如图 9- 4-5 所示。

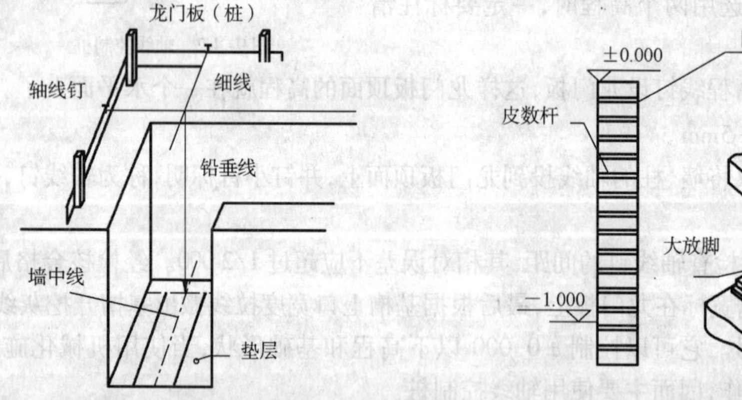

图 9- 4- 4　基础轮廓轴线放样　　图 9- 4-5　基础墙高程的控制

立皮数杆时,可先在立杆处打一根木桩,用水准仪在木桩侧面定出一条高于垫层高程某一数值(10cm)的水平线,然后将皮数杆上高程与木桩上高程相同的水平线对齐,并把皮数杆与木桩钉在一起,作为基础墙砌筑的高程依据。

基础施工结束后,应检查基础面的高程是否符合设计要求。可用水准仪测出基础面上若干点的高程,并与设计高程相比较,允许误差为 ±10mm。

2. 工业厂房柱基施工测量

(1)柱基定位

柱基测设是为每个柱子测设出四个柱基定位桩(图9-4-6),作为放样柱基坑开挖边线、修坑和立模板的依据。柱基定位桩应设置在柱基坑开挖范围以外。

如图9-4-6所示是杯形柱基大样图。按照基础大样图的尺寸,用特制的角尺,在柱基定位桩上放出基坑开挖线,撒白灰标出开挖范围。桩基测设时,应注意定位轴线不一定都是基础中心线,具体应仔细察看设计图纸确定。

(2)基坑高程的测设

基槽挖到一定的深度时,应在坑壁四周离坑底设计高程0.3~0.5m处设置几个水平桩,作为基坑清底的高程依据(图9-4-4),同时,在基坑底设置垫层高程桩,使桩顶面的高程等于垫层的设计高程,作为垫层施工的依据。

(3)基础模板的定位

完成垫层施工后,根据基坑边的柱基定位桩,用拉线的方法,吊垂球将柱基定位线投设到垫层上,用墨斗弹出墨线,用红油漆画出标记,作为柱基立模板和布置基础钢筋的依据(图9-4-7)。立模板时,将模板底线对准垫层上的定位线,并用垂球检查模板是否竖直,同时注意使杯内底部高程低于其设计高程2~5cm,作为抄平调整的余量。拆模后,在杯口面上定出柱轴线,在杯口内壁上定出设计高程。

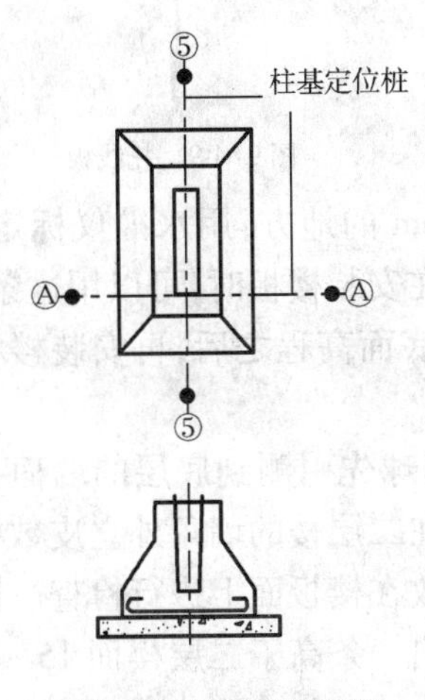

图9-4-6 柱基的测设

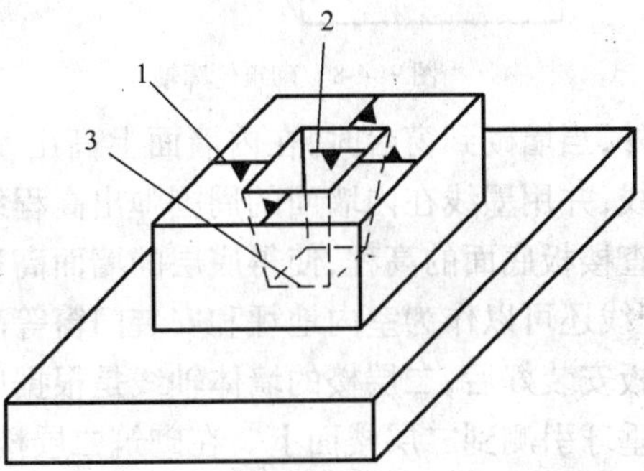

图9-4-7 杯形基础

1-柱中心线;2-高程线;3-杯底

三、墙体施工测量

1. 墙体轴线的投测

基础墙砌筑到防潮层后,利用轴线控制桩或龙门板上的轴线和墙边线标志,用经纬仪或用拉细线绳挂锤球的方法将轴线投测到基础面或防潮层上,然后用墨线弹出墙中线和墙边线。检查外墙轴线交角是否等于90°,符合要求后,把墙轴线延伸到基础墙的侧面上画出标志(图9-4-8),作为向上投测轴线的依据,同时把门、窗和其他洞口的边线,也在外墙基础面上画出标志。

2. 墙体高程的控制

墙体砌筑时,墙体各部位高程常用墙身皮数杆来控制。在墙身皮数杆上根据设计尺寸,按砖和灰缝的厚度画线,并标明门、窗、过梁、楼板等的高程位置。杆上注记从±0.000m向上增加。如图9-4-5所示，墙身皮数杆一般立在建筑物的拐角和内墙处。为了便于施工，采用里脚手架时，皮数杆立在墙外边；采用外脚手架时，皮数杆应立在墙里边。

立皮数杆时，先在立杆处打入木桩，用水准仪在木桩上测设出±0高程位置，其测量允许误差为±3mm。然后，把皮数杆上的±0线与木桩上±0线对齐，并用钉钉牢。为了保证皮数杆稳定，可在皮数杆上加钉两根斜撑。

当墙砌到窗台时，要在外墙面上根据房屋的轴线量出窗台的位置，以便砌墙时预留窗洞的位置。一般设计图上的窗口尺寸比实际窗口的尺寸大2cm，因此，只要按设计图上的窗洞尺寸砌墙即可。

墙的竖直用托线板（见图9-4-9）进行校正，把托线板的侧面紧靠墙面，看托线板上的垂球线是否与板的墨线重合，如果有偏差，可以校正砖的位置。

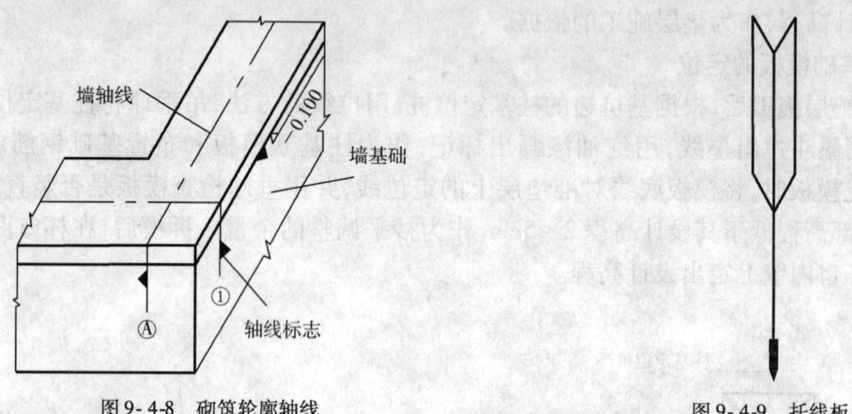

图9-4-8　砌筑轮廓轴线　　图9-4-9　托线板

此外，当墙砌到窗台时，在内墙面上高出室内地坪15～30cm的地方，用水准仪标定出一条高程线，并用墨线在内墙面的周围弹出高程线的位置。这样在安装楼板时，可以用这条高程线来检查楼板底面的高程，使得底层的墙面高程都等于楼板的底面高程之后，再安装楼板；同时，高程线还可以作为室内地坪和安装门窗等高程位置的依据。

楼板安装好后，二层楼的墙体轴线是根据底层的轴线，用垂球先引测到底层的墙面上，然后再用垂球引测到二层楼面上。在砌筑二层楼的墙时，要重新在二层楼的墙角外立皮数杆，皮数杆上的楼面高程位置要与楼面高程一致，这时可以把水准仪放在楼板面上进行检查。同样，当墙砌到二层楼的窗台时，要用水准仪在二层楼的墙面上测定出一条高于二层楼面15～30cm的高程线，以控制二层楼面的高程。

现代化建筑的特征是从小块砖石材料的砌筑过渡到大块材料。用大块材料建造房屋时，要按施工图进行装配。在施工图上应表示出墙上大块材料的说明及其位置。当基础建成以后，块料及其连接缝的放样，应在固定于基础上的木板上进行。此种木板设置在各个屋角和若干连接墙上，木板上的高程要用水准仪来测设。

在施工过程中，大块材料的安装要用悬锤与水准器来检核，用块料筑成的每一楼层都要用水准仪进行检核。

四、建筑物的轴线投测

1. 多层建筑物的轴线投测

在多层建筑墙身砌筑过程中，为了保证建筑物轴线位置正确，可用吊锤球法、经纬仪法将轴线投测到各层楼板边缘或柱顶上。

(1)吊锤球法

将较重的锤球悬吊在楼板或柱顶边缘，当锤球尖对准墙面上的轴线标志时，线在楼板或柱顶边缘的位置即为楼层轴线端点位置，画出标志线。各轴线的端点投测完后，用钢尺检核各轴线的间距，符合要求后，继续施工，并把轴线逐层自下向上传递。

锤球法简便易行，不受施工场地限制，一般能保证施工质量。但当有风或建筑物较高时，投测误差较大，应采用经纬仪投测法。

(2)经纬仪投测法

在轴线控制桩上安置经纬仪，严格整平后，瞄准基础墙面上的轴线标志，用盘左、盘右分中投点法，将轴线投测到楼层边缘或柱顶上。将所有端点投测到楼板上之后，用钢尺检核其间距，相对误差不得大于1/2 000。检查合格后，才能在楼板分间弹线，继续施工。

2. 高层建筑物的轴线投测

高层建筑物施工测量中的主要问题是控制垂直度，就是将建筑物的基础轴线准确地向高层引测，并保证各层相应轴线位于同一竖直面内，控制竖向偏差，使轴线向上投测的偏差值不超限。

轴线向上投测时，要求竖向误差在本层内不超过5mm，全楼累计误差值不应超过$2H/10\,000$(H为建筑物总高度)，且不应大于：

$30\text{m} < H \leqslant 60\text{m}$时，10mm；$60\text{m} < H \leqslant 90\text{m}$时，15mm；$90\text{m} < H$时，20mm。

高层建筑物轴线的竖向投测，主要有外控法和内控法两种，下面分别介绍这两种方法。

(1)外控法

外控法是在建筑物外部，利用经纬仪，根据建筑物轴线控制桩来进行轴线的竖向投测，也称作“经纬仪引桩投测法”，具体操作方法如下。

①在建筑物底部投测中心轴线位置

高层建筑的基础工程完工后，将经纬仪安置在轴线控制桩A_1、A'_1、B_1和B'_1上，把建筑物主轴线精确地投测到建筑物的底部，并设立标志，如图9-4-10中的a_1、a'_1、b_1和b'_1，以供下一步施工与向上投测之用。

②向上投测中心线

随着建筑物不断升高，要逐层将轴线向上传递，将经纬仪安置在中心轴线控制桩A_1、A'_1、B_1和B'_1上，严格整平仪器，用望远镜瞄准建筑物底部已标出的轴线a_1、a'_1、b_1和b'_1点，用盘左和盘右分别向上投测到每层楼板上，并取其中点作为该层中心轴线的投影点，如图9-4-10中的a_2、a'_2、b_2和b'_2。

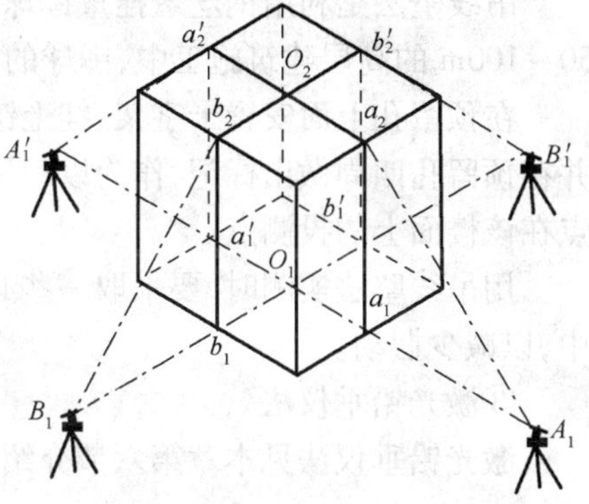

图9-4-10 经纬仪投测中心轴线

③增设轴线引桩

当楼房逐渐增高，而轴线控制桩距建筑物又较近时，望远镜的仰角较大，操作不便，投测精度也会降低。为此，要将原中心轴线控制桩引测到更远的安全地方，或者附近大楼的屋面。

具体做法是：

将经纬仪安置在已投测上去的较高层(如第十层)楼面轴线$a_{10}a'_{10}$上，如图9-4-11所示，瞄准地面上原有的轴线控制桩A_1和A'_1点，用盘左、盘右分中投点法，将轴线延长到远处A_2和

A'_2 点，并用标志固定其位置，A_2、A'_2 即为新投测的 $A_1A'_2$ 轴线控制桩。

更高各层的中心轴线，可将经纬仪安置在新的引桩上，按上述方法继续进行投测。为了保证投测质量，使用的经纬仪必须进行检验校正，尤其是照准部水准管轴应精密垂直仪器竖轴。投测时，应精密整平。为避免日照、风力等不良影响，宜在阴天、无风时进行投测。

(2)内控法

内控法是在建筑物内 ±0 平面设置轴线控制点，并预埋标志，以后在各层楼板相应位置上预留 200mm×200mm 的传递孔，在轴线控制点上直接采用吊线坠法或激光铅垂仪法，通过预留孔将其点位垂直投测到任一楼层。

①内控法轴线控制点的设置

在基础施工完毕后，在 ±0 首层平面上，适当位置设置与轴线平行的辅助轴线。辅助轴线距轴线 500～800mm 为宜，并在辅助轴线交点或端点处埋设标志，如图 9-4-12 所示。

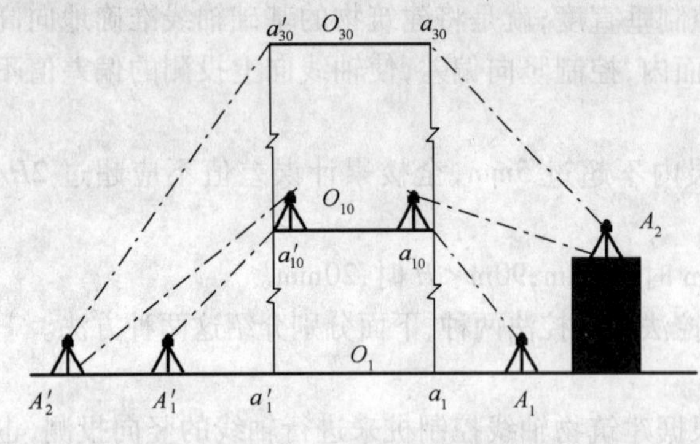

图 9-4-11　经纬仪引桩投测

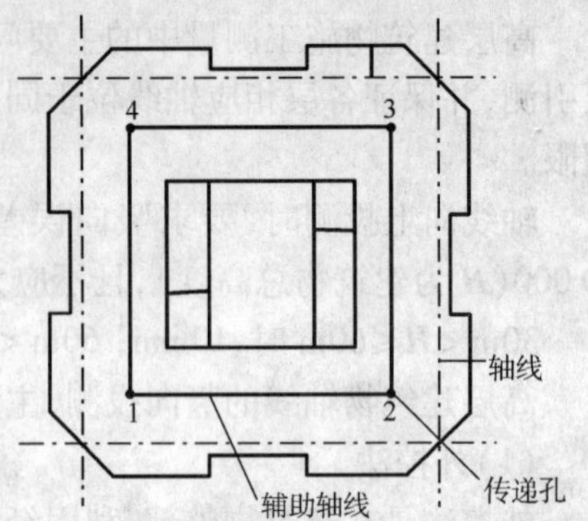

图 9-4-12　内控法轴线控制点的设置

②吊线坠法

吊线坠法是利用钢丝悬挂重锤球的方法，进行轴线竖向投测。这种方法一般用于高度在 50～100m 的高层建筑施工中，锤球的质量为 10～20kg，钢丝的直径为 0.5～0.8mm。

在预留孔上面安置十字架，挂上锤球，对准首层预埋标志。当锤球线静止时，固定十字架，并在预留孔四周做出标记，作为以后恢复轴线及放样的依据。此时，十字架中心即为轴线控制点在该楼面上的投测点。

用吊线坠法实测时，要采取一些必要措施，如用铅直的塑料管套着坠线或将锤球沉浸于油中，以减少摆动。

③激光铅垂仪法

激光铅垂仪法见本章第六节介绍。

五、建筑物的高程传递

在多层建筑施工中，要由下层向上层传递高程，以便楼板、门窗口等的高程符合设计要求，高程传递的方法有以下几种。

1. 利用皮数杆传递高程

一般建筑物可用墙体皮数杆传递高程，具体方法参照“墙体施工测量”。

2. 利用钢尺直接丈量

对于高程传递精度要求较高的建筑物，通常用钢尺直接丈量来传递高程。对于二层以上的各层，每砌高一层，就从楼梯间用钢尺从下层的“+0.500m”高程线，向上量出层高，测出上一层的"+0.500m"高程线。然后根据由下面传递上来的高程立皮数杆，作为该层墙身砌筑和安装门窗、过梁及室内装修、地坪抹灰等控制高程的依据。

3. *悬吊钢尺法*

在楼梯间或预留孔悬吊钢尺，钢尺下端挂一重锤，使钢尺处于铅垂状态，用水准仪在下面与上面楼层分别读数，按水准测量原理把高程传递上去。

对于超高层建筑，吊钢尺有困难时，可以在投测点或电梯井安置全站仪，通过对天顶方向测距的方法引测高程。

六、工业厂房构件安装测量

装配式单层工业厂房主要由柱、吊车梁、屋架、天窗和屋面板等主要构件组成，在吊装每个构件时，有绑扎、起吊、就位、临时固定、校正和最后固定等几道操作工序。下面主要介绍柱子、吊车梁及吊车轨道等构件的安装和校正工作。

1. *厂房柱子安装测量*

(1)柱子安装的精度要求

柱脚中心线应对准柱列轴线，偏差应不超过±5mm。

牛腿面的高程与设计高程应一致，误差应不超过±5mm(柱高≤5m)或±8mm(柱高≤8m)。

柱子全高竖向允许偏差应不超过1/1 000柱高，最大不超过±20mm。

(2)柱子吊装前的准备工作

柱子吊装前，应根据轴线控制桩，将定位轴线投测到杯形基础顶面上，并用红油漆画上"▼"标明，如图9-4-7所示。在杯口内壁测出一条高程线，从该高程线起向下量取10cm即为杯底设计高程。

在柱子的三个侧面弹出中心线；根据牛腿面设计高程，用钢尺量出柱下平线的高程线，如图9-4-13所示。

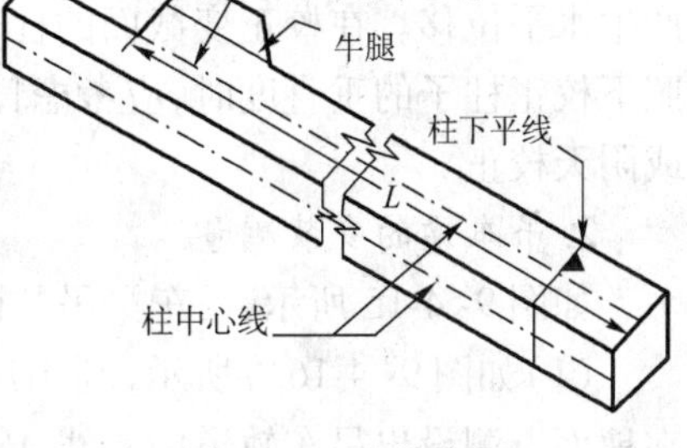

图9-4-13 柱体弹线

(3)柱长检查与杯底抄平

柱底到牛腿面的设计长度L(图9-4-13)应等于牛腿面的高程H_2减去H_1，也即：

$$L = H_2 - H_1$$

由于牛腿柱在预制过程中，受模板制作误差和变形的影响，不可能使它的实际尺寸与设计尺寸一致。为了解决这个问题，通常在浇筑杯形基础时，使杯内底部高程低于其设计高程2~5cm，用钢尺从牛腿顶面沿柱边量到柱底，根据各柱子的实际长度，用1∶2的水泥砂浆找平杯底，使牛腿面的高程符合设计高程。

(4)柱子的安装测量与校正

柱子安装测量的目的是保证柱子平面和高程符合设计要求，柱身铅直。

①预制的钢筋混凝土柱子插入杯口后，应使柱子三面的中心线与杯口中心线对齐，如图9-4-14a)所示，用木楔或钢楔临时固定。

②柱子立稳后，立即用水准仪检测柱身上的±0.000m高程线，其容许误差为±3mm。

③如图9-4-14a)所示，用两台经纬仪，分别安置在柱基纵、横轴线上，离柱子的距离不小于柱高的1.5倍，先用望远镜瞄准柱底的中心线标志，固定照准部后，再缓慢抬高望远镜观察柱子偏离十字丝竖丝的方向，指挥用钢丝绳拉直柱子，直至从两台经纬仪中观测到的柱子中心

线都与十字丝竖丝重合为止。

④在杯口与柱子的缝隙中浇入混凝土，以固定柱子的位置。

⑤在实际安装时，一般是一次把许多柱子都竖起来，然后进行垂直校正。这时，可把两台经纬仪分别安置在纵横轴线的一侧，一次可校正几根柱子，如图 9- 4-14b）所示，但仪器偏离轴线的角度，应在 15°以内。

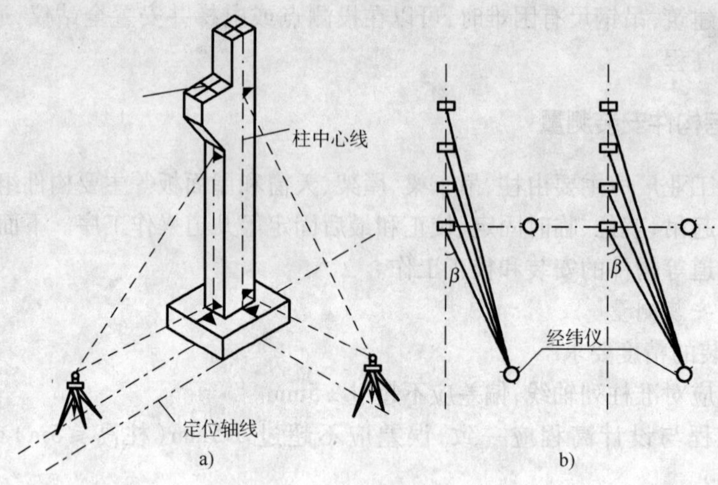

图 9- 4-14　柱子垂直度校正

校正柱子时，应注意下列事项：

所使用的经纬仪必须严格校正，操作时，应使照准部水准管气泡严格居中。校正时，除注意柱子垂直外，还应随时检查柱子中心线是否对准杯口柱列轴线标志，以防柱子安装就位后，产生水平位移。在校正变截面的柱子时，经纬仪必须安置在柱列轴线上，以免产生差错。在日照下校正柱子的垂直度时，应考虑日照使柱顶向阴面弯曲的影响，为避免此种影响，宜在早晨或阴天校正。

2. 吊车梁的安装测量

如图 9- 4-15 所示，吊车梁吊装前，应先在其顶面和两个端面弹出中心线，安装步骤如下：

(1)如图 9- 4-16a)所示，利用厂房中心线 A_1A_1，根据设计轨道距离在地面上测设出吊车轨道中心线 $A'A'$ 和 $B'B'$。

(2)将经纬仪安置在轨道中线的一个端点 A' 上，瞄准另一个端点 A'，仰起望远镜，将吊车轨道中心线投测到每根柱子的牛腿面上，并弹出墨线。

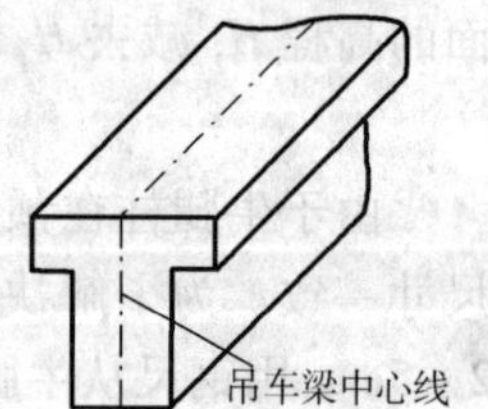

图 9- 4-15　吊车梁中心线

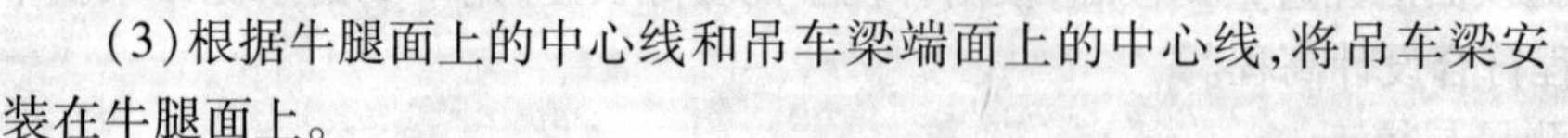

(3)根据牛腿面上的中心线和吊车梁端面上的中心线，将吊车梁安装在牛腿面上。

(4)检查吊车梁顶面的高程。在地面安置水准仪，在柱子侧面测设 +50cm 的高程线（相对于厂房 ±0.000）；用钢尺沿柱子侧面量出该高程线至吊车梁顶面的高度 h，如果 $h+0.5\text{m}$ 不等于吊车梁顶面的设计高程，则需要在吊车梁下加减铁板进行调整，直至符合要求为止。

3. 吊车轨道的安装测量

(1)吊车梁顶面中心线间距离检查。一般使用平行线法检查，如图 9- 4-16b)所示，在地面上分别从两条吊车轨道中心线量出距离 $a=1\text{m}$，得到两条平行线 $A''A''$ 和 $B''B''$；将经纬仪安置在平行线一端的 A'' 点上，瞄准另一端点 A''，固定照准部，仰起望远镜投测；另一人在吊车梁上左右移动水平放置的木尺，当视线对准 1m 分划时，尺的零点应与吊车梁顶面的中线重合；如不重合，应予以修正。可用撬杆移动吊车梁，直至使吊车梁中线至 $A''A''$（或 $B''B''$）的间距等于 1m 为止。

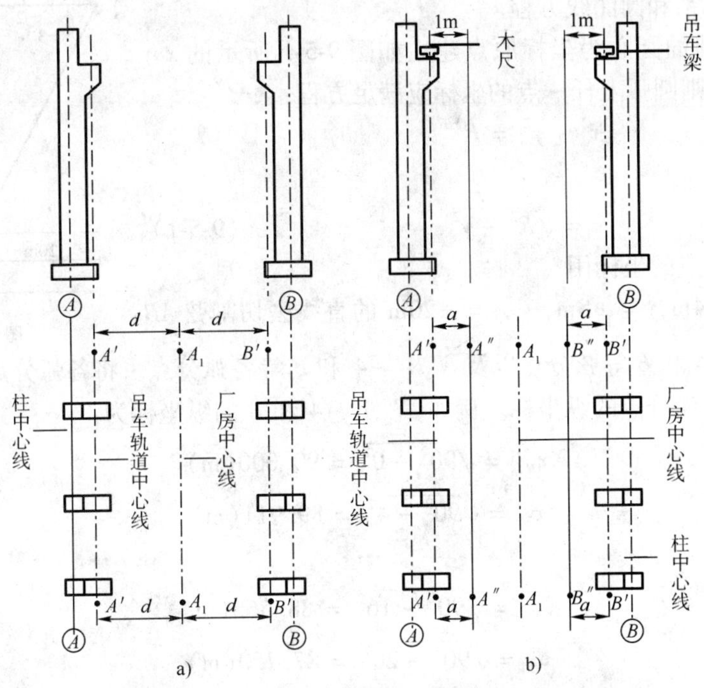

图 9-4-16　吊车梁的安装测量

（2）吊车轨道的检查。将吊车轨道吊装到吊车梁上安装后，应进行两项检查：将水准仪安置在吊车梁上，水准尺直接立在轨道顶面上，每隔 3m 测一点高程，与设计高程比较，误差应不超过 ±3mm；用钢尺丈量两吊车轨道间的跨距，与设计跨距比较，误差应不超过 ±5mm。

第五节　复杂建筑物施工测量

随着旅游建筑、公共建筑的发展，在施工测量中经常遇到各种平面图形比较复杂的建筑物和构筑物，如圆形、椭圆形、梯形和多边形等，称其为异形平面组合结构。异形平面组合建筑的定位放线与矩形平面组合有很大的不同，不仅要依据建筑施工总平面图、建筑平面图，更要依据异形平面组合的几何关系来计算，以求得角度、距离或坐标等测设数据，然后在实地利用测量控制点和一定的测设方法，先测设出建筑物的主轴线，再进行细部测设。本节简要介绍圆弧形、椭圆形、双曲线形和抛物线形平面图形的放样步骤和方法。

一、圆弧形平面图形的施工放样

圆弧形平面曲线的施工放样方法有直接拉线法（即测设出圆弧曲线的圆心，然后用钢尺根据设计给出的半径绕圆心画弧，放出建筑物的平面位置）、几何作图法（采用直尺或角尺等几何作图工具进行放样）、经纬仪测设角度法和坐标计算法等。

作业中，应根据设计图上给出的定位条件及现场情况采取相应的施工放样方法。下面以一个工程实例来说明坐标计算法。

如图 9-5-1 所示，某建筑平面呈圆弧形，圆弧半径为 90m，弦长 AB 为 40m，用坐标计算法进行施工放样时，可接下列步骤进行。

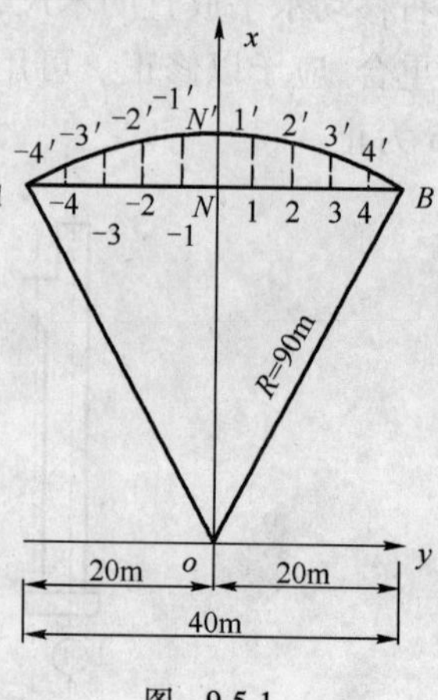

图 9-5-1

1. 计算测设数据

(1)建立坐标系和圆曲线方程

以圆弧所在圆的圆心为坐标原点建立如图 9-5-1 所示的 xoy 平面直角坐标系，则圆弧上任一点的坐标应满足方程：

$$x^2 + y^2 = R^2$$

亦即：

$$x = \sqrt{R^2 - y^2} \tag{9-5-1}$$

(2)计算弧分点的坐标用

$y = 0\text{m}, y = \pm 4\text{m}, y = \pm 8\text{m}, \cdots, y = \pm 20\text{m}$ 的直线去切割弦 AB 和弧 $\overset{\frown}{AB}$ 得 N、1 ~4 和 B 等弦分点以及 N'、$1'$ ~$4'$和 B 等各弧分点。将各弧分点的横坐标代入式(9-5-1)，可得各弧分点的纵坐标。例如，N'、$1'$ ~$4'$和 B 的纵坐标为：

$$x_{N'} = \sqrt{90^2 - 0^2} = 90.000(\text{m})$$

$$x_{1'} = \sqrt{90^2 - 4^2} = 89.911(\text{m})$$

$$\cdots$$

$$x_{N'} = \sqrt{90^2 - 16^2} = 88.566(\text{m})$$

$$x_B = \sqrt{90^2 - 20^2} = 87.750(\text{m})$$

而 N、1 ~4 和 B 各弦分点的纵坐标都相等，即：

$$x_N = x_1 = \cdots = x_4 = x_B = 87.750(\text{m})$$

(3)计算矢高

$$NN' = x_{N'} - x_N = 90.000 - 87.750 = 2.250(\text{m})$$

$$11' = x_1{'} - x_1 = 89.911 - 87.750 = 2.161(\text{m})$$

$$\cdots$$

$$44' = x_4{'} - x_4 = 88.566 - 87.750 = 0.816(\text{m})$$

各矢高值算出以后，应列入表 9-5-1 中，以便实地放样时使用。

圆曲线放样数据表

表 9-5-1

弦分点名	A	−4	−3	−2	−1	N	1	2	3	4	B
弧分点名	A	−4′	−3′	−2′	−1′	N'	1′	2′	3′	4′	B
横坐标 y(m)	−20	−16	−12	−8	−4	0	4	8	12	16	20
矢高(m)	0	0.816	1.446	1.894	2.161	2.250	2.161	1.894	1.446	0.816	0

2. 实地放样

根据总平面图上所给的定位条件，先将 AB 弦实地标定出来，再于 AB 弦上测设出各弦分点的实地点位，最后用直角坐标法或距离交汇法测设各弧分点的实地位置。将各弧分点用光滑的圆曲线连接起来，便得 AB 圆曲线。用距离交会法测设弧分点时，尚需用勾股定理算出 $N1'$、$12'$、$23'$及 $34'$等线段的长度。

为了便于施工，圆曲线定位后，仍需设置轴线桩或龙门板等施工控制标志，再根据控制标志进行细部放线。

二、椭圆形平面图形的施工放样

椭圆形平面图形的施工放样方法有直接拉线法、几何作图法和坐标计算法等。以下仅介绍坐标计算法。

如图 9-5-2a) 所示，某体育馆的建筑平面呈椭圆形，椭圆的长半轴为 40m，短半轴为 30m（如图 9-5-2b) 所示）。用坐标计算法施工放样时，可按下列步骤进行。

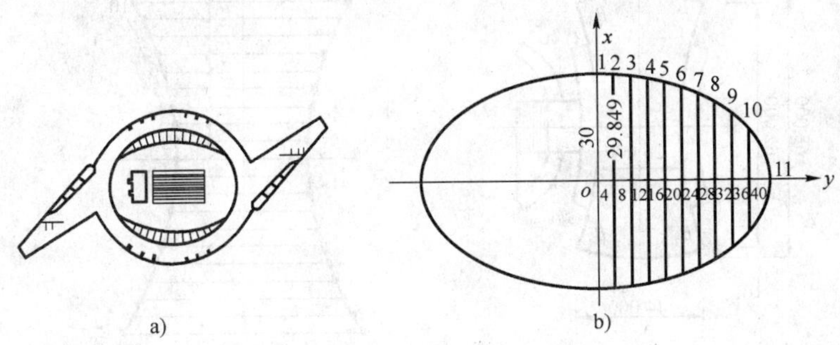

图 9-5-2　某体育馆示意图

1. 计算测设数据

(1) 建立坐标系和椭圆方程

分别以椭圆的短轴和长轴为 x、y 轴，以长、短轴的交点为原点，建立如图 9-5-2b) 所示的 xoy 平面直角坐标系。若椭圆的短半轴为 a，长半轴为 b，则椭圆上任一点的坐标应满足方程：

$$\frac{x^2}{a^2} + \frac{y^2}{b^2} = 1$$

亦即：

$$x = \pm \frac{a}{b}\sqrt{b^2 - y^2} \tag{9-5-2}$$

(2) 计算弧分点的坐标

用 $y = 0\text{m}$、$y = \pm 4\text{m}$，…$y = \pm 40\text{m}$ 的直线去切割椭圆，则可得 1 ~ 11 等弧分点。将 $a = 30\text{m}$、$b = 40\text{m}$ 和各弧分点的横坐标代入式(9-5-2)，可算得各弧分点的纵坐标。1 ~ 11 点的坐标计算结果见表 9-5-2。由于椭圆的对称性，只需算出第一象限的弧分点坐标。

椭圆曲线测设数据表　　　表 9-5-2

弧分点名	1	2	3	4	5	6	7	8	9	10	11
y(m)	0	4	8	12	16	20	24	28	32	36	40
x(m)	30	29.850	29.394	28.618	27.495	25.981	24.000	21.424	18.000	13.077	0

2. 实地放样

先依照设计给定的定位条件，实地测设出 xoy 平面直角坐标系，再根据各弧分点的坐标值，利用直角坐标法将各弧分点在实地标定出来，最后设置轴线桩或龙门板等施工控制标志，再根据控制标志进行细部放线。

三、双曲线平面图形的施工放样

如图 9-5-3a)所示,某会议厅的建筑平面图长向呈双曲线形,两端为圆弧曲线。从图中可以看出,双曲线的实轴长度为 26m。用坐标计算法测设双曲线部分时,可按下列步骤进行。

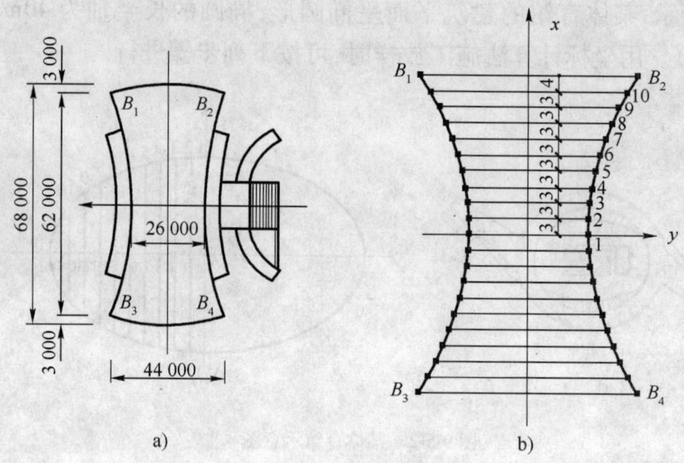

图 9-5-3 双曲线建筑物平面图(尺寸单位:mm)

1. 计算测设数据

(1)建立坐标系和双曲线方程

以双曲线的对称中心为原点,实轴为 y 轴,虚轴为 x 轴,如图 9-5-3b)所示的 xoy 平面直角坐标系。设双曲线的实半轴长度为 a,虚半轴长度为 b,则双曲线上任一点满足方程:

$$\frac{y^2}{a^2}-\frac{x^2}{b^2}=1$$

将 B_2 点的坐标 $x_{B_2}=31\text{m}$、$y_{B_2}=22\text{m}$ 以及 $a=13\text{m}$ 代入上式,可解的 $b=22.706\text{m}$,故图 9-5-3 中的双曲线方程为:

$$\frac{y^2}{13^2}-\frac{x^2}{22.706^2}=1$$

$$y=\pm\frac{13}{22.706}\sqrt{22.706^2+x^2} \tag{9-5-3}$$

(2)计算弧分点的坐标

用 $x=0\text{m}, x=\pm3\text{m}, \cdots, x=\pm27\text{m}$ 和 $x=\pm31\text{m}$ 的直线去切割双曲线,得 1~10 和 B_2 弧分点。将各弧分点的纵坐标代入式(9-5-3),便可算得各点的横坐标。1~10 和 B_2 的坐标计算结果见表 9-5-3。由于双曲线的对称性,只需计算第一象限的弧分点坐标即可。

双曲线测设数据表　　表 9-5-3

弧分点名	1	2	3	4	5	6	7	8	9	10	B_2
x(m)	0	3	6	9	12	15	18	21	24	27	31
y(m)	13.000	13.113	13.446	13.984	14.704	15.581	16.589	17.708	18.916	20.198	22.000

2. 实地放样

建筑总平面图上给定的定位条件,先实地测设 xoy 平面直角坐标系,然后再用直角坐标法测设各弧分点的实地位置，并设置轴线桩或龙门板等施工控制标志，再根据控制标志进行细部放线。

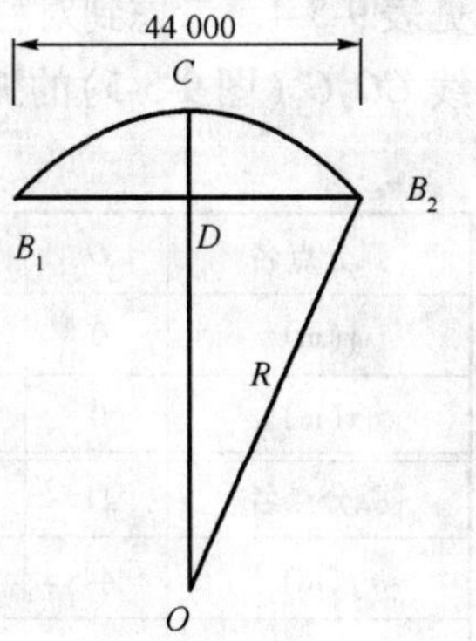

对于图 9-5-3a) 中的圆弧曲线$\overset{\frown}{B_1B_2}$和$\overset{\frown}{B_3B_4}$，只要解算出其所在圆的圆半径，便可用圆弧形平面图形的施工放样方法测设之。现用弧$\overset{\frown}{B_1B_2}$，说明圆半径的解求方法。

如图 9-5-4 所示，过弧$\overset{\frown}{B_1B_2}$所在圆的圆心 O 作线段 B_1B_2 的垂直平分线，分别交线段 B_1B_2 和弧$\overset{\frown}{B_1B_2}$于 D 点和 C 点。

图 9-5-4

由图可知：

$$OB_2^2 = OD^2 + DB_2^2 = (OC - DC)^2 + DB_2^2$$

设圆的半径为 R，并顾及 $DC = 3\text{m}$ 和 $DB_2 = 22\text{m}$，则上式可写成：

$$R^2 = (R-3)^2 + 22^2$$

解之得：

$$R = 82.167\text{m}$$

四、抛物线平面图形的施工放样

如图 9-5-5a) 所示，某体育馆由两条抛物线拱肋合抱而成。图 9-5-5b) 给出了有关平面尺寸，用坐标计算法放样图 9-5-5b) 所示的平面图形时，可按下列步骤进行。

1. 计算测设数据

(1) 建立坐标系和抛物线方程

以左边一条抛物线的顶点 O_1 为原点，以抛物线的对称轴为 y 轴，建立如图 9-5-6 所示的 xoy 平面直角坐标系。设抛物线 BO_1B_1 的准线方程为 $y = -p$，则该抛物线的标准方程为：

$$x^2 = 4py$$

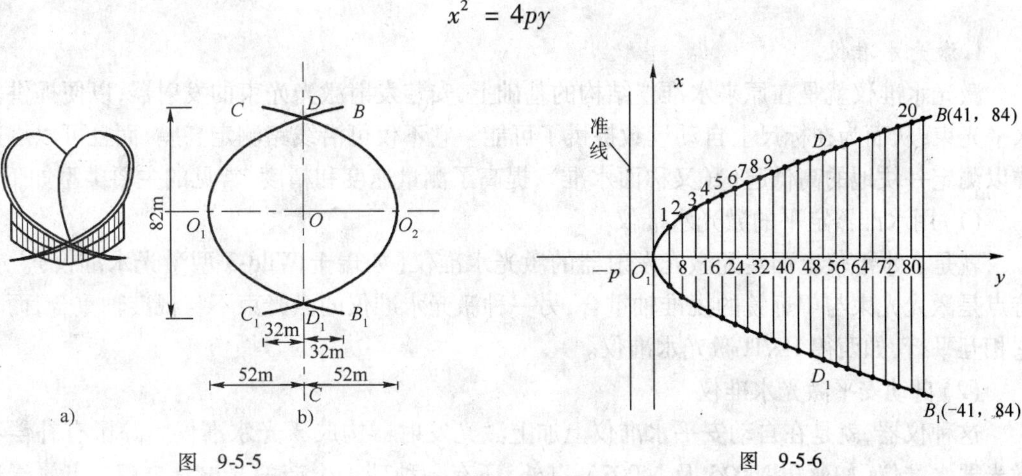

图 9-5-5

图 9-5-6

将 $x_B = 41\text{m}$ 和 $y_B = 84\text{m}$ 代入上式，可解得 $p = 5.003\text{m}$，故抛物线 BO_1B_1 的方程可写成：

$$x = \pm\sqrt{20.012y} \tag{9-5-4}$$

(2) 计算弧分点的坐标

如图 9-5-6 所示，用 $y = 0\text{m}, y = 4\text{m}, y = 8\text{m}, \cdots y = 84\text{m}$ 去切割抛物线，得 O_1、1 ~ 20 和 B 弧分点。将各弧分点的横坐标代入式(9-5-4)求得其纵坐标。O_1、1 ~ 20 和 B 点的坐标计算结果

见表9-5-4。考虑到对称性，只需算出第一象限中各弧分点的坐标值即可。此外，对于右抛物线 CO_2C_1（图9-5-5）的弧分点，其坐标值也可以根据左右抛物线的对称关系求得。

抛物线测设数据表 表9-5-4

弧分点名	*O*	1	2	3	4	5	6	7	8	9	10
y(m)	0	4	8	12	16	20	24	28	32	36	40
x(m)	0	8.947	12.653	15.497	17.894	20.006	21.915	23.671	25.306	26.841	28.293
弧分点名	11	12	13	14	15	16	17	18	19	20	*B*
y(m)	44	48	52	56	60	64	68	72	76	80	84
x(m)	29.674	30.993	32.259	33.476	34.651	35.788	36.889	37.959	38.999	40.012	41.000

2. 实地放样

根据总平面图上给定的定位条件，先实地测设出 O_1O_2 的 DD_1 两条主轴线［图9-5-5b)］，然后再根据各弧分点的坐标，用直角坐标法在实地标定出各弧分点的位置，并设置轴线桩或龙门板等施工控制标志，再根据控制标志进行细部放线。

第六节 激光定位技术在施工测量中的应用

激光定位仪器主要是由氦氖激光器和发射望远镜构成。这种仪器提供了一条空间可见的红色激光束。该光束发散角很小，可成为理想的定位基准线。如果配以光电接受装置，不仅可以提高精度，还可在机械化施工中进行动态导向定位。基于这些优点，激光定位仪器得到了迅速发展，相继出现了多种激光定位仪器。下面介绍几种典型激光定位仪器及其应用。

一、激光定位仪简介

1. 激光水准仪

激光水准仪就是在原来水准仪结构的基础上，安装发射激光光束的发射器，以便提供一条水平光束，从而为在标尺上自动读数提供了可能。它不仅可沿线路测定高差，而且可以迅速扫描以测定一块地的高低起伏（又称面水准），提高了测量速度和精度，常见的主要类型如下。

(1)用水准器定平的激光水准仪

就是在水准仪上面装配激光发射器的激光水准仪（如瑞士 Wild-3 型激光水准仪）。它的特点是激光光束与望远镜的视准轴重合；另一种激光水准仪的激光束不与视准轴重合，而是与它相互平行，如西德 HKTl 激光水准仪。

(2)自动安平激光水准仪

这种仪器，就是在自动安平水准仪上加上激光发射器构成激光水准仪。除了有补偿器的激光器水准仪（如蔡司 Ni025 及 Ni007）以外，还有一种瑞士生产的光电水准仪，也属于这一类型。

(3)具有旋转激光束的面水准仪

其特点是激光光束可以绕与仪器竖轴垂直的水平面进行扫描，形成一个连续的闪光面。我国一些仪器厂家，也已开始生产一种低精度的自动激光扫平仪。它能在一定范围内，长时间为建筑工地提供一个统一的水平基准，无须埋设大量的标桩，与普通水准仪相比，效率大为提高，可广泛用于广场、机场、体育场等大面积施工的基础扫平；在滑模施工中用作水平、竖直控制，对大型建筑和高层建筑的施工测量也很方便。

图9-6-1所示是一种国产激光水准仪，它是在DS_3型水准仪望远镜筒上安装激光装置而制成的。激光装置由氦氖激光器和棱镜导光系统所组成。

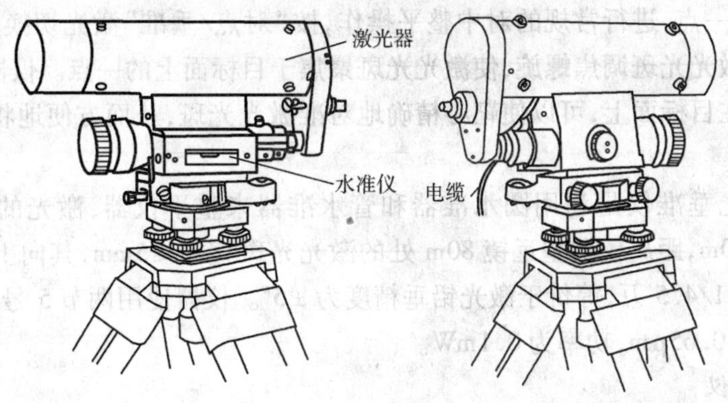

图9-6-1　激光水准仪

仪器的激光光路如图9-6-2所示。从氦氖激光器发射的激光束，经棱镜转向聚光镜组，通过针孔光阑到达分光镜，再经分光镜折向望远镜系统的调焦镜和物镜射出激光束。

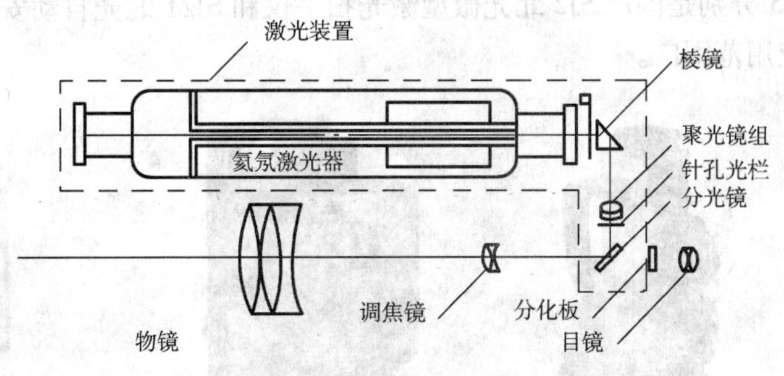

图9-6-2　激光水准仪光路

使用激光水准仪时，首先按水准仪的操作方法安置、整平仪器，并瞄准目标；然后接好激光电源，开启电源开关，待激光器正常起辉后，将工作电流调至5mA左右，这时将有最强的激光输出，在目标上得到明亮的红色光斑。

2. 激光经纬仪

详见第三章第八节内容。

3. 激光垂准仪

激光垂准仪是在光学垂准系统的基础上增加半导体激光器，分别给出上下同轴的两根激光铅垂线，并与望远镜视准轴同心、同轴、同焦；另可配网格激光靶，方便测量。其广泛适用于建筑施工，工程安装，工程监理，变形观测，如：高层建筑，电梯，矿井，水塔，烟囱，大型设备安装，飞机制造，造船灯行业。

图9-6-3为苏州一光仪器有限公司生产的DZJ2型激光垂准仪（Iaser Plummet Apparatus）。它是在光学垂准系统的基础上添加了半导体激光器，可以分别给出上下同轴的两束激光铅垂线，并与望远镜视准轴同心、同轴、同焦。当望远镜照准目标时，在目标处就会出现一个

红色光斑,并可以从目镜观察到该光斑;另一个激光器通过下对点系统将激光束发射出来,利用激光束照射到地面的光斑进行对准操作。

仪器操作非常简单,在测站点上架好三脚架,将激光垂准仪安装到三脚架头上,打开电源,按"对点/垂准"激光切换开关,使仪器向下发射激光,转动激光斑调焦螺旋,使激光光斑聚焦于目标面上的一点,进行常规的对中整平操作,按"对点/垂准"激光切换开关,望远镜向上发射激光,转动激光光斑调焦螺旋,使激光光斑聚焦于目标面上的一点。仪器配有一个网格激光靶,将其放置在目标面上,可以使靶心精确地对准激光光斑,从而方便地将投测轴线点标定在目标面上。

DZJ2 型激光垂准仪是利用圆水准器和管水准器来整平仪器,激光的有效射程白天为120m,夜间为250m,距离仪器望远镜 80m 处的激光光斑直径≤5mm,其向上投测一测回垂直测量标准偏差为1/4.5 万,等价于激光铅垂精度为±5″。仪器使用两节 5 号碱性电池供电,发射的激光波长为0.65μm,功率为0.1mW。

4. 激光平面仪

激光平面仪主要由激光准直器、转镜扫描装置、安平机构和电源等部件组成。激光准直器竖直地安置在仪器内。激光束沿五角棱镜旋转轴入射,出射光束为水平光束;当五角棱镜在电机驱动下水平旋转时,出射光束成为激光平面,可以同时测定扫描范围内任意点的高程。图9-6-4 及图9-6-5 分别是国产 SJ2 北光微型激光扫平仪和 SJZ1 北光自动安平激光扫平仪,市场化程度较高,应用范围广。

图9-6-3 DZJ2 型激光垂准仪

图9-6-4 SJ2 北光微型激光扫平仪

图9-6-5 SJZ1 北光自动安平激光扫平仪

二、激光定位仪器的应用

1. 激光垂准仪或激光经纬仪用于高层建筑物的轴线投测

如图9-6-6 所示,先根据建筑物的轴线分布和结构情况设计好投测点位,投测点位至最近轴线的距离一般为0.5~0.8m。基础施工完成后,将设计投测点位准确地测设到地坪层上,以后每层楼板施工时,都应在投测点位处预留 30cm×30cm 的垂准孔,如图9-6-7 所示。

将激光垂准仪安置在首层投测点位上,打开电源,在投测楼层的垂准孔上,就可以看见一束可见激光;用压铁拉两根细麻线,使其交点与激光束重合,在垂准孔旁的楼板面上弹出墨线标记。以后要使用投测点时,仍然用压铁拉两根细麻线恢复其中心位置。也可以使用网格激光靶。移动网格激光靶,使靶心与激光光斑重合,拉线将投测上来的点位标记在垂准孔旁的楼板面上。

根据设计投测点与建筑物轴线的关系(图 9-6-6),就可以测设出投测楼层的建筑轴线。

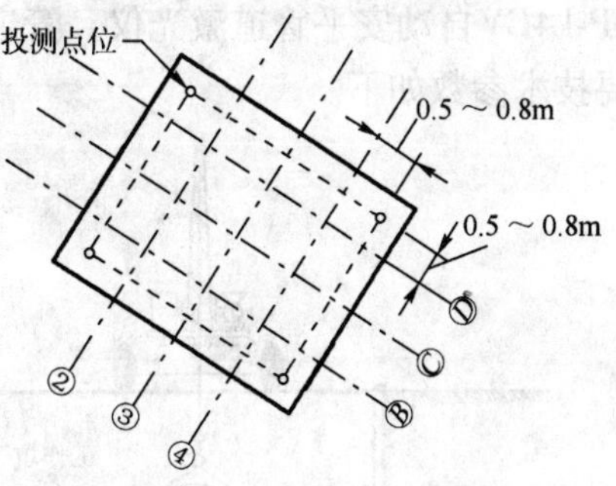

图 9-6-6 投测点位设计

2. 激光铅锤仪或激光经纬仪用于烟囱滑模施工中控制垂直度

当混凝土烟囱或水塔采用滑模施工时,是将拌和好的混凝土提升到工作台,向钢模板内浇注,满槽后利用油压千斤顶提升工作平台和钢模板,每次提升约 30cm。

为了保证烟囱竖直,在施工中必须严格控制工作平台中心沿烟囱中心线上升,所以每次提升,均应进行一次垂直度检核。

在滑模施工开始之前,将检验调整好的激光铅锤仪安置在筒身地面中心点上,进行严格对中、整平。在工作平台中心位置设置激光接收靶,接收靶可采用描图纸绘成环行。检核时打开电源开关,发射激光束,并调焦使接收靶上的光斑最小,记录靶心偏离光斑的距离和方位,根据偏差的大小和方位进行纠正。

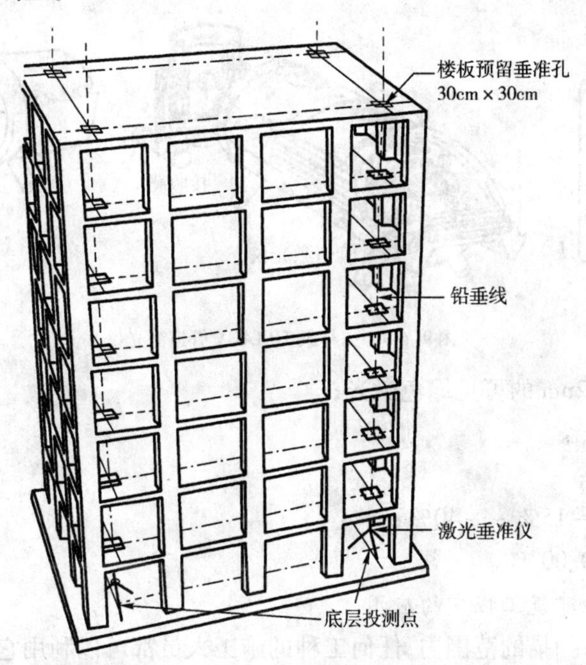

图 9-6-7 用激光垂准仪投测轴线点

3. 激光水准仪或激光经纬仪在自动化顶管施工中的应用

如图 9-6-8 所示,在顶管的前端装有掘进机头,机头上装有光电接收靶和自控装置,直接控制校正千斤顶油路,在掘进的同时自动进行方向纠偏,使施工过程全部实现自动化。

用激光水准仪或激光经纬仪进行导向时,首先将仪器安置在工作坑内管道中线上,通过调整,使激光束符合顶管轴向方向和设计坡度要求,以此作为导向基准线,然后再调整光电接收靶的中心与激光中心重合,当掘进机头在前进中发生偏位时则光电接收靶发出偏差信号,并通过自动控制和液压纠偏装置自动纠偏,使机头沿激光束方向继续前进。

除了用激光水准仪或激光经纬仪进行掘进导向外,也可使用图 9-6-9 所示的拓扑康

TP-L4GV自动安平管道激光仪。管道激光仪可以精确地测量出管道的坡度,管道激光仪的主要技术参数如下。

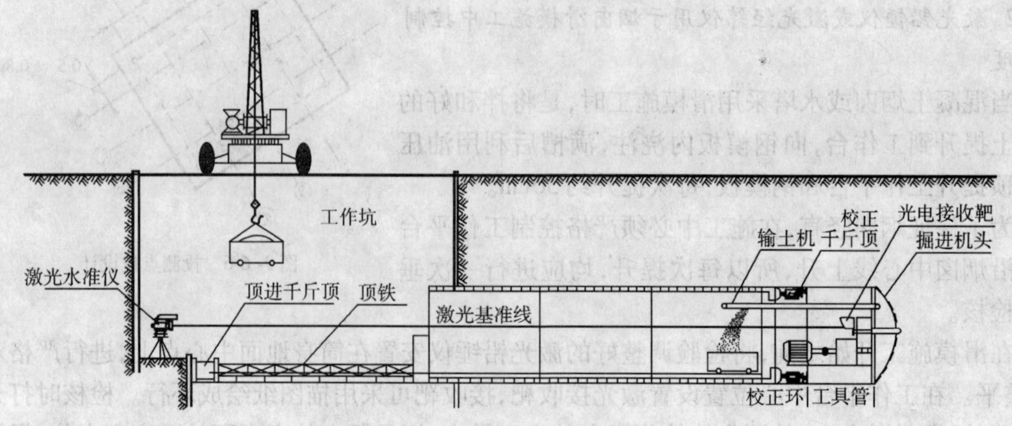

图 9-6-8　激光水准仪在自动化顶管施工中的应用

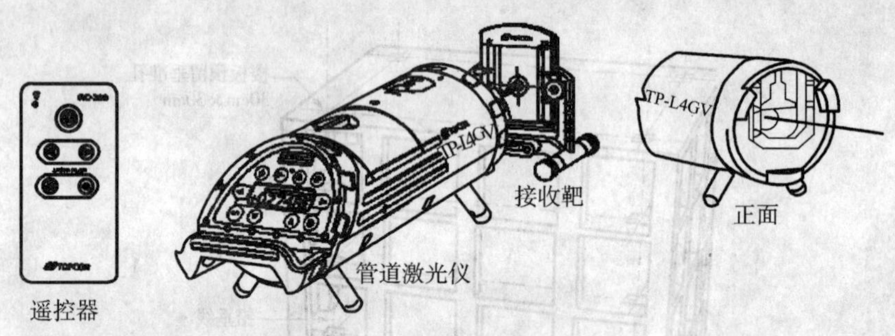

图 9-6-9　拓扑康 TP-L4GV 管道激光仪

光源:波长为532nm 的可见绿色激光;

精度: ±10″;

工作范围:150m;

自动安平范围: −15% ~ −40%;

最小设置坡度:0.002%。

4. 激光平面仪在建筑工程中的应用

在激光平面仪所扫描的范围内,任何工种的施工人员都可以利用它作为掌握高程的基准,从而可控制各工序的施工误差,提高平整度和平直度,并能加快作业速度。因此,它在建筑工程中有广泛的应用。

(1)控制大面积平整度。将激光平面仪设置在稳固且适宜的位置,使激光平面的高度便于施工人员检测。根据各工序设计高程划定测尺(木尺或光电测尺)上的基准线。当激光平面扫描光迹与基准线重合时,表示作业高度与设计高程一致。当激光扫描光迹高于基准线时,表示测点偏底;反之,表示测点偏高,均应及时进行调整。图 9-6-10a)是用激光平面仪检查混凝土楼板的模板高程示意图。

(2)为天花板龙骨起拱定基准面。在大型公共建筑工程中,利用激光平面仪为天花板起拱作业提供基准面,可大幅度提高生产效率。将仪器安置在楼面上(或用吊架悬挂在混凝土梁上),使激光平面仪位于龙骨下面 20cm 的高度。操作人员在脚手架上用钢卷尺即可方便地检验龙骨各吊点的高度，并根据平面坐标检验龙骨架的拱高和对称性。图 9- 6-10b) 是用激光平面仪检测天花板的示意图。

图 9- 6-10　激光平面仪建筑装饰

(3)控制预制地板安装误差。为了保证大理石或水磨石板安装时的总体平整度，可使用激光平面仪控制安装误差。施工中，各工作人员可随时用轻便的测尺观察光迹或光斑中心是否与测尺上的设计分划线重合，以便保证大理石板四角在同一水平上。图 9- 6-10c) 是利用激光平面仪安装地板的示意图。

第七节　建筑总平面图的绘制

国家标准《建设工程文件归档整理规范》(GB/T 50328—2001)是做好建筑工程竣工图的基本依据。建筑工程是根据设计总平面图施工的。在施工过程中，由于种种原因，使建筑物竣工后的位置与原设计位置不完全一致，因此，需要绘制建筑总平面图。

编制总平面图的目的一是为了全面反映竣工后的现状，二是为以后建筑物的管理、维修、扩建、改建及事故处理提供依据，三是为工程验收提供依据。

竣工总平面图的编绘，通常采用边竣工边编绘的方法来进行。它包括室外实测和室内资料编绘两方面的内容。

一、竣工测量

1. 竣工测量的内容

建(构)筑物竣工验收时进行的测量工作，称为竣工测量。

在每一个单项工程完成后，必须由施工单位进行竣工测量，并提出该工程的竣工测量成果，作为编绘竣工总平面图的依据，其内容如下。

(1)工业厂房及一般建筑物：包括房角坐标，各种管线进出口的位置和高程，并附房屋编号、结构层数、面积和竣工时间等资料。

(2)地下管网：井、转折点的坐标，井盖、井底、沟槽和管项等的高程，并附注管道及窨井的编号、名称、管径、管材、间距、坡度和流向。

(3)架空管网：包括转折点、结点、交叉点的坐标，支架间距，基础面高程。

(4)特种构筑物：包括沉淀池、烟囱、煤气罐等及其附属建筑物的外形和四角坐标，圆形构筑物的中心坐标，基础面高程，烟囱高度和沉淀池深度等。

竣工测量完成后，应提交完整的资料，包括工程的名称、施工依据和施工成果，作为编绘竣工总平面图的依据。

2. 竣工测量的方法与特点

竣工测量的基本测量方法与地形测量相似，区别在于以下几点。

(1)图根控制点的密度。一般竣工测量图根控制点的密度要大于地形测量图根控制点的密度。

(2)碎部点的实测。地形测量一般采用视距测量的方法，测定碎部点的平面位置和高程；而竣工测量一般采用经纬仪测角、钢尺量距的极坐标法测定碎部点的平面位置，采用水准仪或经纬仪视线水平测定碎部点的高程；亦可用全站仪进行测绘。

(3)测量精度。竣工测量的测量精度要高于地形测量的测量精度。地形测量的测量精度要求满足图解精度，而竣工测量的测量精度一般要满足解析精度，应精确至厘米。

(4)测绘内容。竣工测量的内容比地形测量的内容更丰富。竣工测量不仅测地面的地物和地貌，还要测底下各种隐蔽工程，如上、下水及热力管线等。

二、竣工总平面图的编绘

竣工总平面图上应包括建筑方格网点、主轴线点、矩形控制网点、水准点和厂房、辅助设施、生活福利设施、架空及地下管线、铁路等建筑物或构筑物的坐标和高程，以及厂区内空地和本建区的地形。有关建筑物、建筑物的符号应与设计图例相同，有关地形图的图例应使用国家地形图图式符号。

厂区地上和地下所有建筑物、构筑物绘在一张竣工总平面图上时，如果线条过于密集而不醒目，则可采取分类编图，如综合竣工总平面图、交通运输竣工总平面图和管线竣工总平面图等。比例尺一般采用1:1 000，工程密集部分可采用1:500的比例尺。

1. 编绘竣工总平面图的依据

(1)设计总平面图，单位工程平面图，纵、横断面图，施工图及施工说明。

(2)施工放样成果，施工检查成果及竣工测量成果。

(3)更改设计的图纸、数据、资料(包括设计变更通知单)。

2. 竣工总平面图的编绘方法

(1)在图纸上绘制坐标方格网。绘制坐标方格网的方法、精度要求，与地形测量绘制坐标方格网的方法、精度要求相同。

(2)展绘控制点。坐标方格网画好后，将施工控制点按坐标值展绘在图纸上。展点对所临近的方格而言，其容许误差为±0.3mm。

(3)展绘设计总平面图。根据坐标方格网，将设计总平面图的图面内容，按其设计坐标，用铅笔展绘于图纸上，作为底图。

(4)展绘竣工总平面图。对凡按设计坐标进行定位的工程，应以测量定位资料为依据，按设计坐标（或相对尺寸）和高程展绘。对原设计进行变更的工程，应根据设计变更资料展绘。对凡有竣工测量资料的工程，若竣工测量成果与设计值之比差，不超过所规定的定位容许误差时，按设计值展绘；否则，按竣工测量资料展绘。

3. 竣工总平面图的整饰

(1)竣工总平面图的符号应与原设计图的符号一致。有关地形图的图例应使用国家地形图图示符号。

(2)对于厂房，应使用黑色墨线，绘出该工程的竣工位置，并应在图上注明工程名称、坐标、高程及有关说明。

(3)对于各种地上、地下管线,应用各种不同颜色的墨线,绘出其中心位置,并应在图上注明转折点及井位的坐标、高程及有关说明。

(4)对于没有进行设计变更的工程,用墨线绘出的竣工位置,与按设计原图用铅笔绘出的设计位置应重合,但其坐标及高程数据与设计值比较可能稍有出入。

随着工程的进展,逐渐在底图上将铅笔线都绘成墨线。

4. 实测竣工总平面图

对于直接在现场指定位置进行施工的工程、以固定地物定位施工的工程及多次变更设计而无法查对的工程等,只好进行现场实测,这样测绘出的竣工总平面图,称为实测竣工总平面图。

图纸编绘完毕,应附必要的说明及图表,连同原始地形图、地址资料、设计图纸文件、设计变更资料、验收记录等合编成册。

思考题及习题

一、思考题

1. 施工测量的任务、内容是什么?施工测量有何特点?

2. 测绘与测设有何区别?

3. 测设的基本工作包括哪些项目?试述每一项工作的操作方法。

4. 测设点的平面位置有哪些方法?各适用于什么场合?需要哪些测设数据?

5. 试举例说明视线高程法在高程测设中的作用。

6. 采用倾斜视线法测设坡度线有什么优点?怎样操作?

7. 简述施工控制网的布设形式和特点,建筑场地为什么要建立施工测量控制网?

8. 在测设三点"一"字形的建筑物基线时,为什么基线点不应少于三个?当三点不在一条直线上时,为什么横向调整量是相同的?

9. 建筑场地平面控制网的形式有哪几种?它们各适合于哪些场合?

10. 建筑方格网如何布置?主轴线应如何选定?

11. 施工高程控制网如何布设?布设时应满足什么要求?

12. 民用建筑施工测量包括哪些主要测量工作?需要准备哪些图纸?从这些图纸可以获取哪些测设数据?

13. 试述基槽施工中控制开挖深度的方法。

14. 轴线控制桩和龙门板的作用是什么?如何设置?

15. 一般民用建筑墙体施工过程中如何投测轴线?如何传递高程?

16. 为了保证高层建筑物沿铅垂方向建造,在施工中需要进行垂直度和水平度观测,试问两者间有何关系?

17. 高层建筑物施工中如何将底层轴线投测到各层楼面上?

18. 试述厂房矩形控制网的测设方法。

19. 如何根据厂房矩形控制网进行杯形基础放样?试述柱基础施工测量的方法。

20. 试述柱子吊装测量的工作内容和方法。

21. 如何进行柱子垂直度校正测量?应注意哪些事项?

22. 为什么要编绘竣工总平面图？竣工总平面图包括哪些内容？如何进行编绘？

二、习题

1. 如题图 9-1 所示，A、B 为已有的平面控制点，M、N 为待测设的建筑物角点，其坐标列于题表 9-1 中，试计算图中所示的用极坐标法和角度交会法测设 M、N 点的测设数据（角度算至 1″，距离算至 1mm）。

已有平面控制点和设计建筑物角点坐标　　题表 9-1

点　名	x(m)	y(m)	备　注
A	1 948.988	872.258	平面控制点
B	2 014.237	1 198.746	平面控制点
M	2 179.216	886.432	设计建筑物角点
N	2 190. 243	1 102.407	设计建筑物角点

2. 要确定建筑方格网主轴线的主点 A、O、B，如题图 9-2 所示。根据控制网已测设出主轴线的初点 A'、O'、B' 三点，测得 $\angle A'O'B' = \angle\beta = 179°59'36''$，又知 $a = 150\text{m}$，$b = 200\text{m}$，试求该主轴线直线性调整的移动量 δ 值。

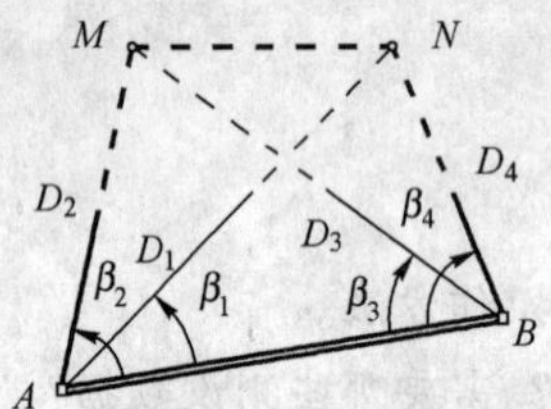

题图 9-1　测设数据关系图

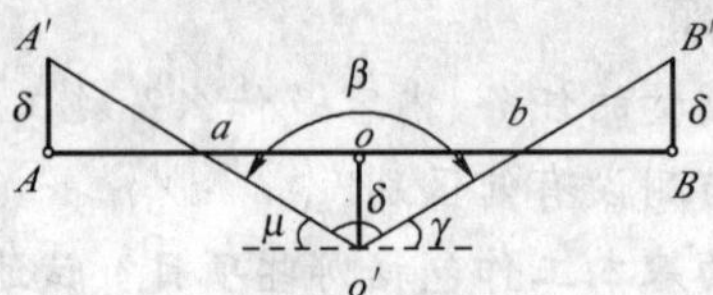

题图 9-2

第十章　管道工程测量

学习目的与要求

1. 掌握管道中线的施工测量方法；
2. 了解管道纵、横断面的测量方法；
3. 掌握管道施工测量中基本的测设程序及工作方法；
4. 了解管道竣工测量。

第一节　管道工程测量概述

管道工程是现代工业与民用建筑的重要组成部分,按其用途可以分为给水、排水、热力、电信、天然气、输油管道等。各种管道中除小范围的局部地面管道外,主要可分为地下管道和架空管道。

管道工程测量是为各种管道设计和施工服务的。它包括两项任务:一是为管道设计提供地形图和断面图;二是按设计要求将管道位置测设于实地。其内容包括下列各项工作:

(1)收集规划区域1∶10 000、1∶5 000、1∶2 000 的地形图以及原有管道的平面图和断面图等资料。

(2)利用已有的地形图,结合现场勘测,进行规划和纸上定线。

(3)管道中线测量:根据设计要求,在地面上定出管道中心线平面位置。

(4)管道纵断面测量:测绘管道中线方向的地面高低起伏情况。

(5)管道横断面测量:测绘垂直于管道中线方向的地面高低起伏情况。

(6)地形图测绘:根据初步规划的线路,实地测绘管道中线附近的带状地形图。

(7)管道施工测量:根据设计要求为不同的施工阶段测设各种定位标志,将管道敷设于实地所需进行的测量工作。

(8)管道竣工测量:将施工后的管道位置,通过测量绘制成图,以反映施工质量,供今后使用期间管理、维修以及今后管道扩建之用。

管道工程多属地下隐蔽工程,穿插于建筑群之间,上下重叠,纵横交错。在测量、设计或施工中如果出现差错,没有及时发现,一经埋设,往往会造成很大损失。所以,测量工作要认真负责,必须采用城镇或厂矿的统一坐标和高程系统。

第二节　管道中线测量

管道的起点、终点和转向点(交点)统称为主点。主点的位置及管线方向是设计时确定的。管道中线测量就是将设计确定的管线位置测设于实地,并用木桩标定出来。其主要工作内容是测设管道的主点(起点、终点和转向点)、钉设里程桩和加桩、管道转向角测量等。

一、主点测设

主点的位置及管道方向是设计时给定的，管道方向一般与道路中心线或大型建筑物轴线平行或垂直。主点测设是将设计在图纸上的主点位置，通过图解法或解析法，确定与附近某控制点或地物点的角度和距离，然后以此为测设数据，将主点标定在地面上。

1. 图解法

当管道规划设计使用的地形图比例尺较大而管道主点附近又有明线可靠的地物时，可采用图解法。如图 10-2-1 所示，A、B 是原有管道检查井位置，1、2、3 点是设计管道主点。欲在地面上定出 1、2、3 等主点，可根据比例尺在图上量出长度 d_1、d_2、d_3、d_4 和 d_5，即得测设数据。然后，沿原管道 BA 方向，从 B 点量出 d_1 即得 1 点；用直角坐标法测设 2 点；用距离交会法测设点 3 点。测设长度以不超过一整尺为宜。

2. 解析法

当已知主点和附近控制点的坐标时，可采用两点坐标反算的方法，求出主点与控制点间距离和方向的关系，用极坐标法和交会法测设主点。如图 10-2-2 所示，A、B、C 点为导线点，1、2、3 点为管道主点。根据控制点坐标和管道主点坐标，可求得测设数据。

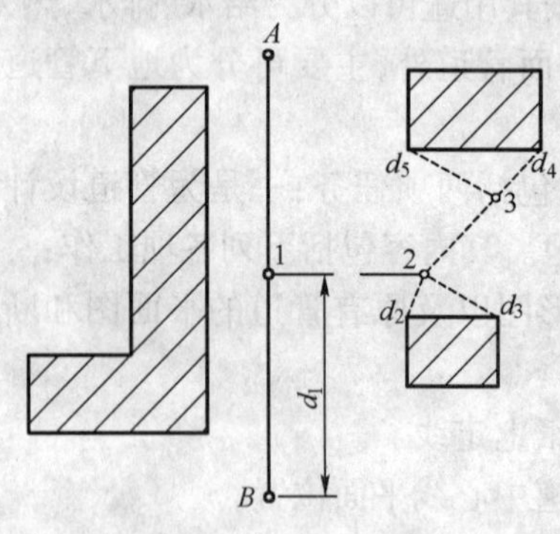

图 10-2-1　图解法计算测设数据

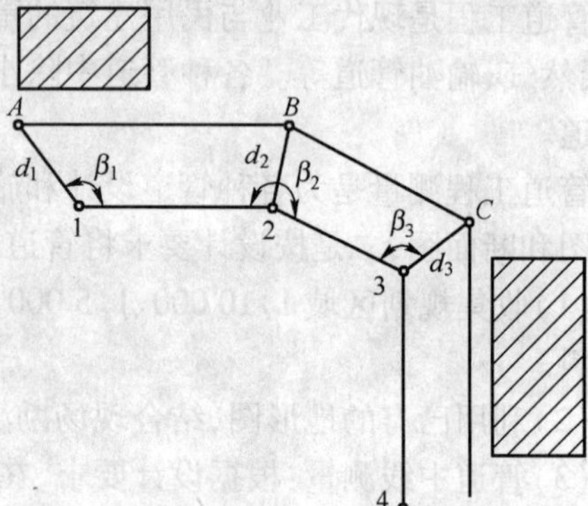

图 10-2-2　解析法计算测设数据

测设完成后必须进行校核。校核时可采用实量地面主点间的距离与坐标计算的进行比较，也可用附近的地物进行校核。

二、里程桩的测设

管道主点在地面上确定之后，管道的平面位置在地面上就标定出来了。为了测定管线中线的位置和管线的长度，满足纵横断面测量的需要（测绘纵横断面图）以及为以后管线施工放样打下基础，在管线主点测定以后，即可进行实地量距，标定管道中线位置。从管道的起点开始，沿管道中线在地面上每隔一段距离钉设桩标志，称为里程桩，这项工作称为里程桩测设。从起点开始按规定每隔一整数设一桩，这个桩叫整桩。根据不同管线，整桩之间距离也不同，一般为 20m、30m，最长不超过 50m。在相邻整桩间的地面坡度变化处要增设桩，在新建管线与铁路、公路、旧管线、桥梁房屋交叉处要增设桩，这些桩称为加桩。

管线里程桩亦称中桩，桩点表示管线中心的具体位置。为了便于计算，管道中线上的桩，自起点开始按里程注明桩号，并用红油漆写在木桩侧面，如整桩的桩号为 0 +050，即此桩离起点里程为 50m，如加桩的桩号为 K1 +265，即表示此桩离起点里程为 1 265m。“ +”前为千米数，“+”后为米数。故管线中线的整桩和加桩都称为里程桩。里程桩一般多用(1.5~2)cm×5cm×30cm 的板桩，如图 10-2-3 所示。一半露出地面，以便书写桩号与编号，钉桩时字面一律背向路线前进方向。

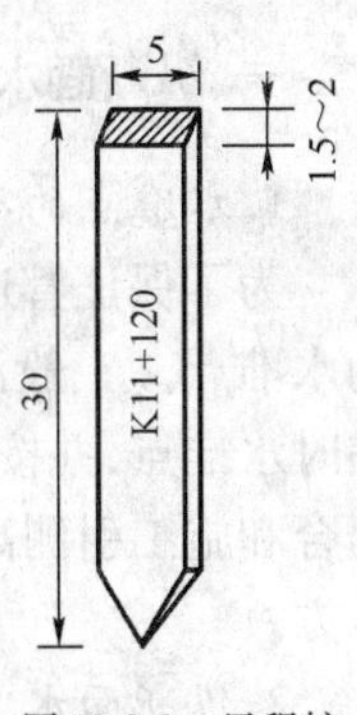

图 10-2-3　里程桩

为了避免测设中桩错误，量距一般用钢尺丈量两次，精度为 1/1 000，困难地区可放宽至 1/500；在精度要求不高的情况下，可用皮尺或测绳丈量。

不同的管道，其起点也有不同规定，如给水管道以水源为起点；煤气、热力等管道以供气方向作为起点；电力电信管道以电源为起点；排水管道以下游出水口为起点。

三、转向角测量

管线由一个方向偏转至另一个方向时，偏转后的方向与原方向间的夹角称为转向角，常用 α 表示，如图 10-2-4 所示。转向角有左、右之分，按管线前进方向，偏转后的方向在原方向的左侧称为左转角，以 $\alpha_{左}$(α_Z)表示；反之为右转角，以 $\alpha_{右}$(α_y)表示。测量转向角的方法是：安置经纬仪于 2 点，盘左瞄准 1 点，读水平度盘读数，纵转望远镜瞄准 3 点并读数，两次读数之差即为转向角。用盘右按上法再观测一次，取盘左、盘右的平均数作为转向角的最后结果。但必须注意转向角的左、右方向。

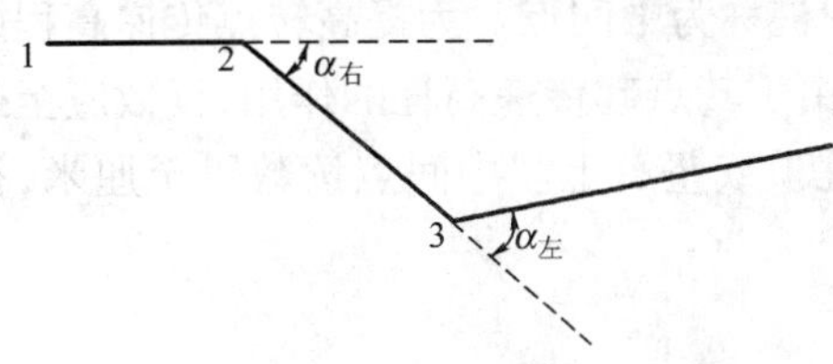

图 10-2-4　转向角测量

有些管道转向角要满足定型弯头的转向角要求，如给水管道使用铸铁弯头时转向角有 90°、45°、$22\frac{1}{2}$°、$11\frac{1}{4}$°、$5\frac{5}{8}$°等几种类型。当管线主点之间距离较短时，设计时的转向角与定型弯头的转向角之差不超过 1°~2°。排水管道的支线与干线汇流处，不应有阻水现象。

为了给设计和施工提供资料，中线定好后应将中线展绘到现状地形图上。图上应反映出点的位置和桩号、管线与主要地物、地下管线交叉的位置和桩号，各主点的坐标、转折角等。如果敷设管道的地区没有大比例尺地形图，或在沿线地形变化较大的情况下，还需要测出管道两侧各 20m 的带状地形图，如通过建筑物密集地区，需测绘至两侧建筑物外，并用统一的图式表示。

第三节　管道纵、横断面图测绘

管道中线测量工作完成以后，还必须进行管道纵、横断面测量。沿管道中心线方向的断面称为纵断面。管道纵断面测量是根据管线附近的水准点，用水准测量方法测出管道中线上各里程桩和加桩点的高程，然后根据测得的高程和相应的各桩桩号绘制纵断面图。纵断面图反映了沿管线中心线的地面高低起伏和坡度陡缓情况，是管线纵坡设计、埋设深度和计算土方量的主要依据。管道横断面测量是测定中桩两侧垂直于中线方向的地面高差和距离，并绘制横断面图。横断面图反映了垂直于管线中线方向(横向)的地面高低起伏和坡度陡缓情况，是管线沟槽开挖土方量计算的依据。

一、纵断面水准测量

1. 水准点的布设

为了保证管道全线各桩点高程测量精度,在纵断面水准测量之前,应先沿管线设立足够的水准点。一般沿管道中线方向每隔 1 ~ 2km 设置一个固定水准点,300 ~ 500m 设置一个临时水准点,并按三、四等水准测量施测,以获得各水准点的高程。作为纵断面水准测量分段闭合和施工引测高程的依据,水准点的位置,应选在不受施工影响,使用方便和易于保存的地方。

2. 纵断面水准测量

在水准点连测的基础上,即可进行中桩水准测量。中桩水准测量,通常以两相邻水准点为一测段,从一个水准点出发,用视线高法,测定测段范围内所有路线中桩的地面高程,直至符合到下一个水准点上进行测段校核。测量时,每一测站除尽可能多的观测中桩外,还须在一定距离内设置传递高程的转点。相邻两转点间所观测的中桩称为中间点。为提高转点传递高程的精度,在测站上应先观测前、后转点,再观测中间点。由于转点起传递高程的作用,读数应至毫米,视线长不超过 100m,水准尺应立于尺垫、稳固的桩顶或坚石上。中间点读数可至厘米,视线也适当放长,水准尺应紧靠桩边的地面上。

具体施测步骤如下:

如图 10-3-1 所示,水准仪安置于 I 站,后视水准点 BM_1,前视转点 ZD_1,将读数记入表 10-3-1后视、前视栏内。然后观测 BM_1 与 ZD_1 间的中间点 K0 + 000、+ 020、+ 040、+ 060、+ 080,将读数分别记入中视栏;仪器搬至 II 站,后视转点 ZD_1,前视转点 ZD_2,然后观测中间点 + 100、+ 120、+ 140、+ 160、+ 180,将读数分别记入表 10-3-1 的相应读数栏内。按上述方法一直观测至水准点 BM_2 为止。

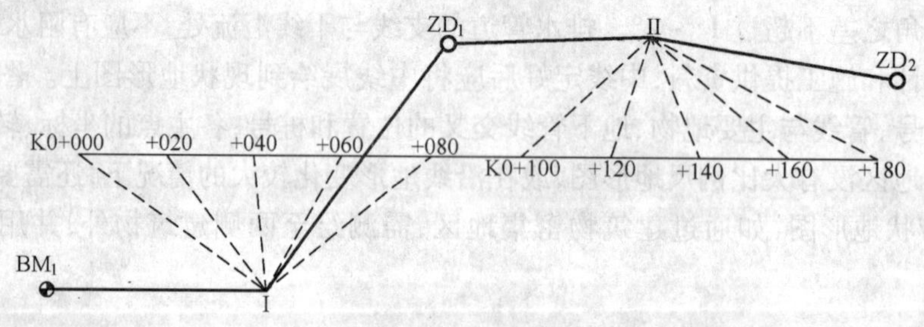

图 10-3-1　纵断面测量

一测段结束后,先计算该测段两水准点高差 $\Delta h_{中}$,并将其与两端布设水准点高差 $\Delta h_{基}$ 进行比较,二者之差,称为测段高差闭合差,如高差闭合差小于容许值,可进行下一测段的观测;否则,应返工重测。容许高差闭合差,对于重力自流管道不应大于 $\pm 40\sqrt{L}$(mm);对于一般管道,不应大于 $\pm 50\sqrt{L}$(mm)(L 为该段水准路线长度,以 km 计),否则应重测;或一般管道,不应大于 $\pm 12\sqrt{n}$(mm)(n 为测站点数);有些管线(如下水管道)精度要求较高,容许高差闭合差不应大于 $\pm 5\sqrt{n}$(mm)。

中桩的地面高程以及前视点高程应按所属测站的视线高程进行计算。每一测站的计算公式如下:

$$
\left.\begin{array}{l}
\text{视线高程}=\text{后视点高程}+\text{后视读数} \\
\text{中桩高程}=\text{视线高程}-\text{中视读数} \\
\text{转点高程}=\text{视线高程}-\text{前视读数}
\end{array}\right\} \qquad (10\text{-}3\text{-}1)
$$

纵断面水准测量记录表

表 10-3-1

测区:__________　　观测者:__________　　记录者:__________

日期:__________　　天　气:__________　　仪　器:__________

测　点	水准尺读数(m)			视线高程(m)	高程(m)	备　注
	后视	中视	前视			
BM_1	2.191			514.505	512.314	
K0 +000		1.62			512.89	
+020		1.90			512.61	
+040		1.62			512.89	
+060		2.03			512.48	
+080		0.90			513.60	
ZD_1	3.162		1.006	516.661	513.499	
+100		0.50			516.16	已测得 BM_2 的高程为 524.824m
+120		0.52			516.14	
+140		0.82			515.84	
+160		1.20			515.46	
+180		1.01			515.65	
ZD_2	2.246		1.521	517.386	515.140	
…	…	…	…	…	…	
K1 +240		2.32			523.06	
BM_2			0.606		524.782	

复核:限差: $|\Delta h_{基}-\Delta h_{中}| = \pm 50\sqrt{1.24} = \pm 56\text{mm}$

计算值: $\Delta h_{基}-\Delta h_{中} = 524.824 - 524.782 = 42\text{mm} < 56\text{mm}$

校核: $H_{BM2} - H_{BM1} = 524.782 - 512.314 = 12.468\text{mm}$

$\sum$后视 $-\sum$前视 $= (2.191 + 3.162 + 2.246 + \cdots) - (1.006 + 1.521 + \cdots + 0.606) = 12.468\text{mm}$

二、纵断面图的绘制

如图 10-3-2 所示,在图的上半部,从左到右绘有三条横贯全图的折线。一条表示中线方向的地面线,是按各中桩地面高程绘制的。另两条相互平行的折线是管道纵坡设计线。图的下部绘有几栏表格,注记有关测量和管线纵坡设计的资料,其具体内容如下。

(1)里程桩:按横坐标比例尺所标注的里程桩位置。

(2)距离:表示相邻两桩号间的距离。

(3)管底高程:管底的设计高程,是从管线起点高程根据设计纵坡逐渐推算的。

(4)地面高程:按中桩水准测量成果填写各桩号的地面高程。

(5)埋设深度:指管底埋设深度。

(6)管径:埋设管道直径。

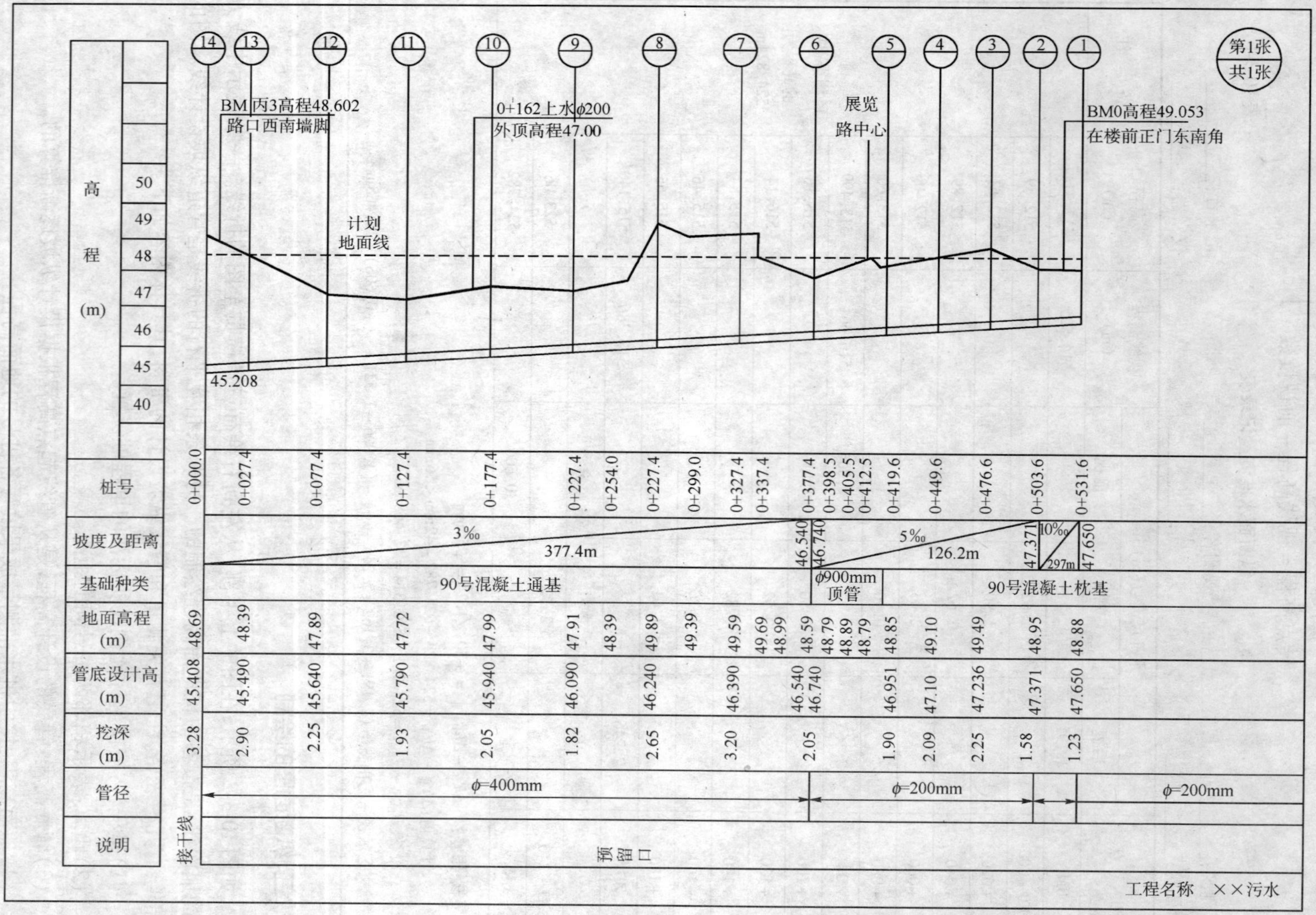

桩号	地面高程(m)	管底设计高(m)	挖深(m)
0+000.0	48.69	45.408	3.28
0+027.4	48.39	45.490	2.90
0+077.4	47.89	45.640	2.25
0+127.4	47.72	45.790	1.93
0+177.4	47.99	45.940	2.05
0+227.4	47.91	46.090	1.82
0+254.0	48.39		
0+227.4	49.89	46.240	2.65
0+299.0	49.39		
0+327.4	49.59	46.390	3.20
0+337.4	49.69 48.99		
0+377.4	48.59	46.540 46.740	2.05
0+398.5	48.79		
0+405.5	48.89		
0+412.5	48.79		
0+419.6	48.85	46.951	1.90
0+449.6	49.10	47.10	2.09
0+476.6	49.49	47.236	2.25
0+503.6	48.95	47.371	1.58
0+531.6	48.88	47.650	1.23

图10-3-2 纵断面图

(7)坡度:用斜线表示设计的纵坡,从左到右向上斜,表示上坡或正坡,向下斜,表示下坡或负坡。斜线上以千分比表示坡度值,斜线下注记表示两桩之间的距离。

绘制纵断面图是以里程为横坐标,高程为纵坐标绘制的。常用的里程比例尺有1:5 000、1:2 000、1:1 000几种。为了明显地表示地面线的起伏变化,高程比例尺一般比里程比例尺大10倍。如里程比例尺1:1 000,则高程比例尺应为1:100,如表10-3-2所示。纵断面图一般绘在透明毫米方格纸上,其步骤如下。

纵、横断面的水平、高程比例尺参考表 表10-3-2

线路名称	纵断面图		横断面图(水平、高程比例尺相同)
	水平比例尺	高程比例尺	
自流管线	1:1 000 1:2 000	1:100 1:200	1:100 1:200
压力管线	1:2 000 1:5 000	1:200 1:500	1:100 1:200

(1)制表:按规定尺寸绘制表格,填写有关测量资料。

(2)绘地面线:先选定起始高程在图上的位置,使绘出的地面线处于图上适当位置。一般以高程为10m的整倍数绘在厘米方格线的5cm粗线上,以便绘图和阅图。然后根据中桩的里程和高程,在图上按纵横比例尺依次点出各中桩的地面位置,用直线将相邻两点连接起来,即可绘地面纵横面图。

(3)纵坡设计、计算管底设计高程。纵坡设计按专业要求进行。根据已设计的纵坡和两点间的水平距离,便可以从一点的高程推算出另一点的设计高程,即:

管道某点的设计高程=起点高程+设计纵坡×起点到某点的距离

$$H_{设} = H_{起} + i \times D$$

例如K0+000桩号的管底设计高程为155.31m(为设计者确定),K0+000~K0+300设计纵坡为+5‰(上坡),则0+050的管底设计高程应为:

$$155.31 + 5‰ \times 50 = 155.31 + 0.25 = 155.56(m)$$

(4)计算埋置深度。同一桩号的地面高程减管底高程即是管道的埋深。

(5)在图上注记有关资料。如新旧管道连接处和交叉处的高程和管径,与交叉的地道和地下建筑物的位置等。

三、横断面测量

横断面是指垂直于管道中线方向的断面。横断面测量是测定中桩两侧垂直于中线方向的地面起伏情况。首先要确定各中桩的横断面方向,然后在此方向上测定地面坡度变化点的距离和高差。根据这些数据绘制断面图。横断面图表示管线两侧的地面起伏情况,供设计时计算土方量和施工时确定开挖边界之用。

1.横断面方向的测定

横断面施测的宽度由管道的直径和埋深来确定,一般每侧为20m。测量时,横断面的方向一般采用方向架测定。如图10-3-3所示,将方向架置于桩点上,用其中一个方向瞄准直线上任一中桩,另一个所指方向即为该点的横断面方向。

2. 横断面的测量方法

(1)标杆皮尺法

标杆皮尺法又叫抬杆法,是用一根标杆和一卷皮尺测定横断面方向上的两相邻变坡点的水平距离和高差的一种简易方法。如图 10-3-4 所示,A、B、C 为横断面方向上所选定的边坡点,将标杆立于 A 点上,皮尺靠中桩地面拉平,量出桩点至 A 点的水平距离,而皮尺截于标杆的高度即为两点间的高差。同法可测得 A 点至 B 点、B 点至 C 点的距离和高差,直至需要的宽度为止。中桩一侧测完后再测另一侧。

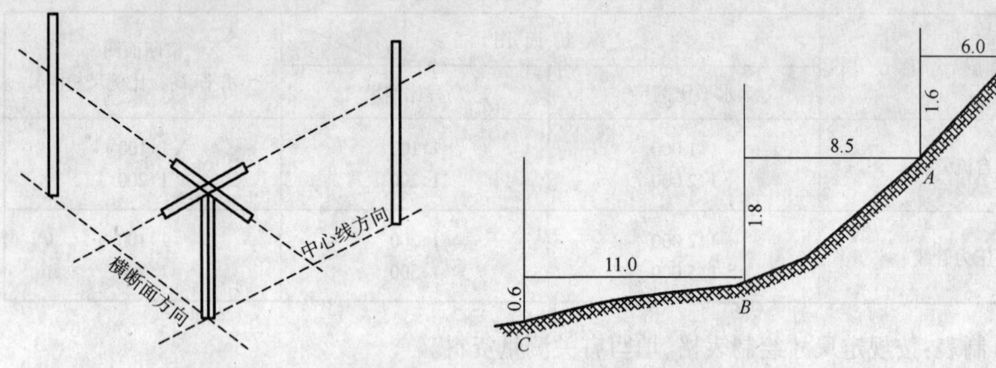

图 10-3-3 用方向架确定横断面位置

图 10-3-4 横断面方向上变坡点选定(尺寸单位:m)

记录表格如表 10-3-3 所示,表中按路线前进方向分为左侧、右侧,以分数形式表示高差和距离,分数的分子表示高差,分母表示水平距离,高差为正表示上坡,为负表示下坡。自中桩由近及远逐段测量与记录。

表 10-3-3

左 侧	桩 号	右 侧
… …	… …	… …
… …	… …	… …
$\frac{-0.6}{11.0}$ $\frac{-1.8}{8.5}$ $\frac{-1.6}{6.0}$	4+000	$\frac{+1.5}{4.6}$ $\frac{+0.9}{4.4}$ $\frac{+1.6}{7.0}$ $\frac{+0.5}{10.0}$
平 $\frac{-0.5}{7.8}$ $\frac{-1.2}{4.2}$ $\frac{-0.8}{6.0}$	3+980	$\frac{-0.7}{7.2}$ $\frac{+1.1}{4.8}$ $\frac{-0.4}{7.0}$ $\frac{+0.9}{6.5}$

(2)水准仪法

在平坦地区可使用水准仪测量横断面。施测时选一适当位置安置水准仪,后视中桩水准尺读取后视读数,求得视线高程后,前视横断面方向上各变坡点上水准尺读取前视读数,视线高程分别减去各前视读数即得各变坡点高程。用钢尺或皮尺分别量取各变坡点至中桩的水平距离。根据变坡点的高程和至中桩的距离即可绘制横断面。

(3)经纬仪法

在地形复杂的地段宜采用经纬仪测量。将经纬仪安置在中桩上,用视距法测出横断面方向各变坡点至中桩的水平距离和高差。

3. 横断面图的绘制

横断面图一般采用现场边测边绘的方法,以便及时对横断面进行核对。也可在现场记录,回到室内绘图。绘图比例尺一般采用 1:200 或 1:100,具体见表 10-3-2。绘图在厘米方格纸上。绘图时,先将中桩位置标出,然后分左、右两侧,按照相应的水平距离和高差,逐一将变坡点标在图上,再用直线连接相邻各点,即得到横断面地面线。显然一幅图上可绘多个横断面图,一般规定:绘图顺序是从图纸左下方起,自下而上、由左向右,依次按桩号绘制,如图 10-3-5 所示。

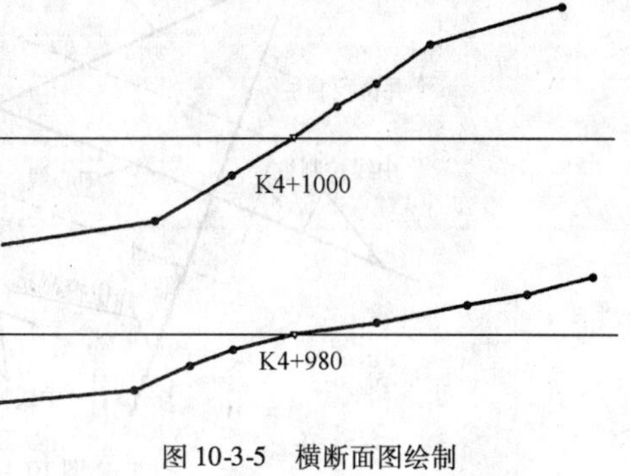

图 10-3-5 横断面图绘制

通常,管道工程对横断面的精度要求不高,可利用大比例尺地形图绘制横断面图;如果管道施工时开挖管槽不宽,管线两侧地势较平坦,则可不必进行横断面测量。计算土方量时,横断面上地面高程可视为与中桩高程一样。

第四节 管道施工测量

管道施工测量的任务是按照设计图样的要求,为施工测设各种标志,使施工人员便于随时掌握中线方向和高程位置。管道施工测量的精度一般取决于工程性质和施工方法,如无压力的自流管道(如排水管道)比有压力的管道(如给水管道)测量精度要求高,不开槽施工比开槽施工测量精度要求高等。在实际工作中,各种管道施工测量精度应以满足设计要求为准。

一、明挖管道施工测量

1. 施工前的准备工作

在纵断面图上完成管道设计之后,即着手进行管道施工测量。在破土前,应做好有关准备工作。

(1)熟悉图纸和现场情况

施工前,要收集管道施工所需要的管道平面图、断面图、附属构筑物图及有关资料,并熟悉和核对设计图纸,必要的数据和已知的主点都应认真核对,了解精度要求和工程进度安排等。还要深入施工现场,熟悉地形,找出各桩点位置。

(2)校核管道中线

若设计阶段所标定的中线位置就是施工所需要的中线位置,且各桩点完好,则仅需校核,不需要重新测设;否则,应重新测设管道中线。在校核中线时,应把检查井等附属构筑物及支线的位置同时定出。这项工作可根据设计的位置和数据用钢尺沿中线将其位置标定出来。

(3)加密水准点

为了在施工过程中便于引测高程,应根据设计阶段布设的水准点,于沿线附近每 100 ~ 150m 增设临时施工水准点。精度要求应根据工程性质和有关规范确定。如压力管道引测水准的限差为 $f_{容} = \pm 20\sqrt{L}$(mm)或 $f_{容} = \pm 6\sqrt{n}$(mm)。

2. 管道放线测量

(1)中线控制桩的测设

由于明挖管道施工时,中线桩要被挖掉,开挖后为了便于恢复中线位置和附属构筑物的位置,应在不受施工干扰、引测方便、易于保存桩位的地方,测设施工中线控制桩,如图 10-4-1 所示。中线控制桩位置,一般是测设在管道起止点及各转折点处中心线的延长线上,井位控制桩则测设在管道中线的垂直方向,选用固定距离用小木桩定。

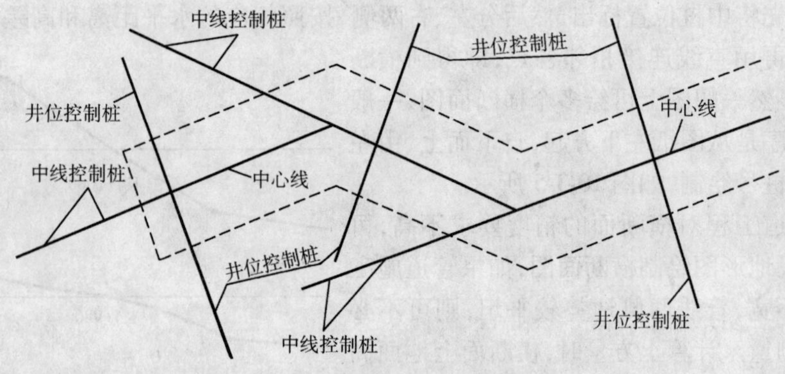

图 10-4-1 中线控制桩的测设

(2)槽口放线

管道中线控制桩定出后,就可根据管径大小、埋设深度以及土质情况,决定开槽宽度,并在地面上钉上边桩,然后沿开挖边线撒出白灰线,作为开挖的界限,如图 10-4-2 所示。

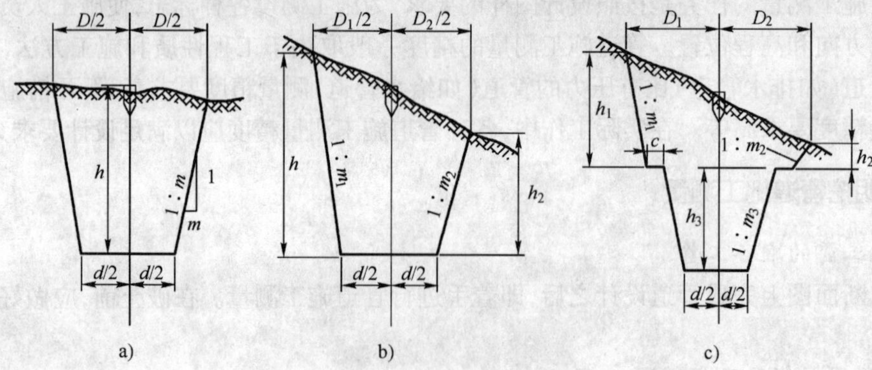

图 10-4-2 槽口的开挖宽度

①地表横断面坡度比较平缓时,如图 10-4-2a)所示,半槽口开挖的宽度 $D/2$ 按下式计算:

$$\frac{D}{2} = \frac{d}{2} + h \cdot m \tag{10-4-1}$$

式中:D ——槽口宽度;

d ——槽底宽度;

h ——管道埋设深度,即管道中线上的挖土深度;

m ——管槽边坡系数(放坡系数)。

②管道的横向地表面坡度较陡时,如图 10-4-2b)所示,槽深在 2.5m 以内,中线两侧槽口宽度不等,半槽口开挖宽度按下式计算:

$$D_1 = \frac{d}{2} + h_1 \cdot m_1 \tag{10-4-2}$$

$$D_2 = \frac{d}{2} + h_2 \cdot m_2 \tag{10-4-3}$$

③若管道的横向地表面坡度较陡时,如图 10-4-2c)所示,槽深在 2.5m 以上,中线两侧槽口宽度不等,半槽口开挖宽度按下式计算:

$$D_1 = \frac{d}{2} + c + h_1 \cdot m_1 + h_3 \cdot m_3 \tag{10-4-4}$$

$$D_2 = \frac{d}{2} + c + h_2 \cdot m_2 + h_3 \cdot m_3 \tag{10-4-5}$$

式中：D_i ——以中线为界的左、右槽口宽度；

d ——槽底宽度；

c ——槽肩宽度；

h_i ——管道埋设深度，即管道中线上的挖土深度；

m_i ——管槽边坡系数。

若埋设深度较浅，土质坚实，管槽可垂直开挖。

3. 施工过程中的测量工作

管道的铺设要按照设计的管道中线、高程和坡度进行施工，因此在开槽前应设置控制管道中线、高程和坡高的施工测量标志。施工中通常采用龙门板法和平行轴腰桩法。

(1)龙门板法

龙门板由坡度板、高程板、中线钉和坡度钉组成，如图 10-4-3 所示。

①坡度板埋设及投测中心钉

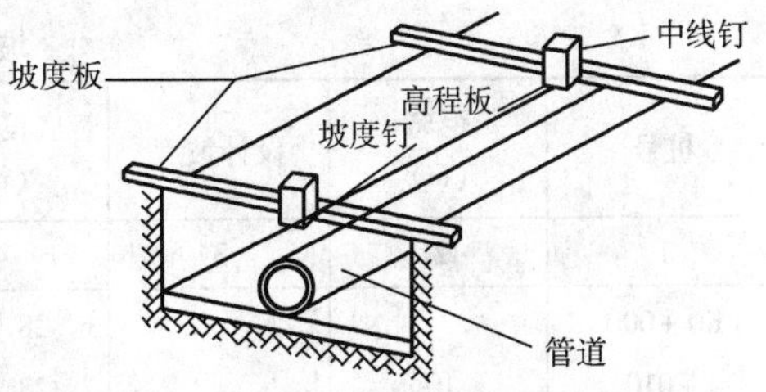

图 10-4-3　龙门板的组成

坡度板应根据工程进度要求及时埋设，当槽深在 2.5m 以内时，应于开槽前在槽口上沿中线每隔 10～20m 设置一块坡度板，遇有检查井、支线等构筑物处应增设坡度板；当槽深在 2.5m 以上时应待槽挖到距槽底 2m 左右时，再在槽内埋设坡度板。坡度板埋设要牢固且不露出地面，板的顶面应保持水平。坡度板埋好后，中线测设时，根据中线控制桩，用经纬仪将管道中线投测到坡度板上，并钉小钉标定其位置，此钉叫中线钉。各龙门板中线钉的连线标明了管道的中线方向。在连线上挂垂球，可将中线位置投测到管槽内，以控制管道中线。

②测设坡度钉

地下管道要求有一定的高程和坡度。为了控制管道槽的开挖深度，在施工中通常用坡度钉来控制。根据附近的水准点，用水准仪测出各坡度板顶高程。根据管道设计坡度，计算出该处的设计高程，则坡度板顶与管道设计高程之差即为由坡顶往下开挖的深度（实际上管槽开挖深度还应加上管壁和垫层的高度），通常称为下反数。由于各坡度板的下反数都不一致，施工时检查起来不方便。为此，为使下反数成为一个整数 C，必须按下列公式计算出每一坡度板顶应向上或向下的调整数 δ，公式为：

$$\delta = C - (H_{板顶} - H_{管底}) \tag{10-4-6}$$

式中：$H_{板顶}$——坡度板顶高程；

$H_{管底}$——管底设计高程。

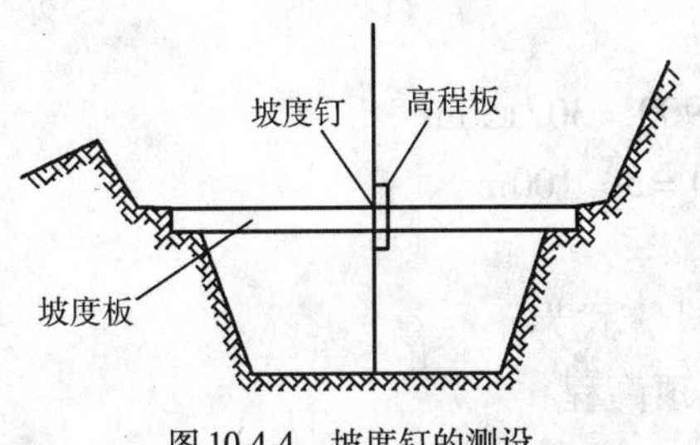

图 10-4-4　坡度钉的测设

根据计算出的调整数，在坡度板中心线的一侧设置坡度立板，称为高程板，在高程板上测设一点，钉上铁钉，叫坡度钉，如图 10-4-4 所示。使各坡度钉的连线平行于管道设计坡度线，并距离管道底设计高程为 C，利用这条平行线来控制管道坡度和高程，便于随时检查槽底是否挖到设计高程。如开挖深度超过设计高程，绝不允许回填土，只能加厚垫层。

下面介绍一种测设坡度钉的方法——高差改正数法，其测设步骤如下。

a)如图10-4-5所示，用水准测量方法，测出各坡度板顶高程，填入表10-4-1坡度钉测设手簿中第7栏内。

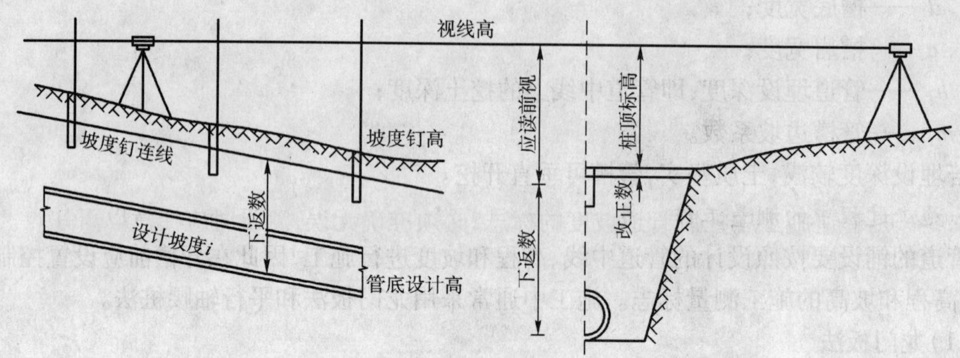

图10-4-5 测设坡度钉

坡度钉测设手簿

表10-4-1

桩号	距离（m）	设计坡度	管底设计高程（m）	坡度下返数值（m）	坡度钉高程（m）	坡度板高程（m）	改正数值（m）
1	2	3	4	5	6 = 4 + 5	7	8 = 6 − 7
K0 + 000			28.250		30.150	30.267	−0.117
+010	10		28.200		30.100	30.205	−0.105
+020	10		28.150		30.050	30.015	+0.035
+030	10	$i=-0.5\%$	28.100	1.900	30.000	29.987	+0.013
+040	10		28.050		29.950	30.006	−0.056
+050	10		28.000		29.900	29.774	+0.126

b)根据桩号K0+000的管底设计高程(28.250m)、设计坡度($i=-0.5\%$)和坡度板的间距，推算出各坡度板处的管底设计高程，填入表10-4-1中第4栏内，推算式为：

+010管底设计高程 = 28.250 + (−0.5%) × 10 = 28.200m

+020管底设计高程 = 28.200 + (−0.5%) × 10 = 28.150m

⋮

c)根据现场情况选定下返数。一般要求坡度钉钉在不妨碍施工和使用方便的高程上。例中下返数值选用1.900m，填入表10-4-1中第5栏内。

d)计算各桩号坡度钉高程，填入表10-4-1第6栏内，计算式为：

坡度钉高程 = 管底设计高程 + 下返数

则表10-4-1中：

K0+000坡度钉高程 = 28.250 + 1.900 = 30.150m

+010坡度钉高程 = 28.200 + 1.900 = 30.100m

⋮

e)计算钉坡度钉的改正数，填入表10-4-1第8栏内，计算式为：

改正数 = 坡度钉高 − 坡度板顶高程

则表10-4-1中：

钉 K0 +000 坡度钉的改正数 = 30.150m - 30.267m = -0.117m

钉 +010 坡度钉的改正数 = 30.100m - 30.205m = -0.105m

⋮

式中改正数值为"+"时,表示自坡度板的板顶向上量取改正值,改正数值为"-"时,表示自坡度板的板顶向下量取改正值。

f)在高程板侧面钉设坡度钉。小钢卷尺从每个坡度板顶向下(或向上)量取改正数,并钉上小钉,即为坡度钉。各坡度钉的连线就是一条与管道设计坡度平行且距管底设计坡度线1.900m 的坡度线。

坡度钉是管道施工中控制管道坡度的标志,必须准确无误,测设时应注意以下几点。

(a)为了防止观测和计算中的错误,每测一段后应符合到另一水准点上进行校核。

(b)由于交通施工频繁,容易碰动坡度板,特别是在雨后,坡度板可能下沉,因此需要经常校测坡度钉的高程。

(c)在测设坡度钉的同时,要联测已建成的管道或已测好的坡度钉,以便相互衔接。

(d)管道穿越地面起伏较大的地段时,应分段选取合适的下返数。在变换下返数处,需要钉设两个高程板,钉两个坡度钉,如图 10-4-6 所示。

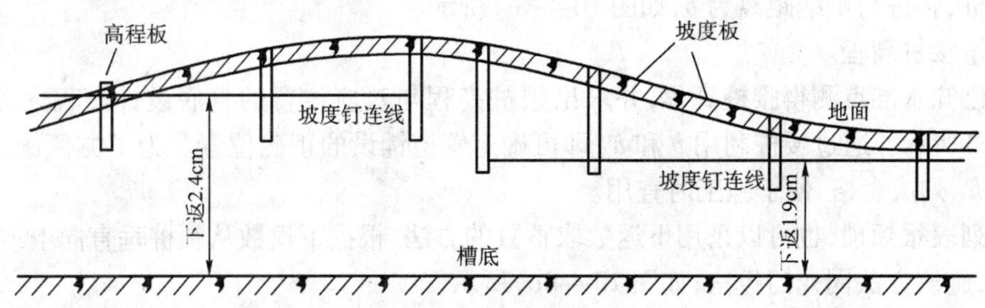

图 10-4-6　变换下返数

(e)为了在施工中掌握高程,在每块坡度板上都应标示高程牌或注明下返数。

高程牌的形式如表 10-4-2 所示。

高 程 牌 形 式　　表 10-4-2

K0 +040 高程牌			
管底设计高程	28.050m	坡度钉至基础面	1.930m
坡度钉高程	29.950m	坡度钉至槽底	2.030m
坡度钉至管底设计高	1.900m		

(2)平行轴腰桩法

当管道的管径较小、坡度较大而施工精度要求又较低时,施工测量一般不采用龙门板法,多用平行轴腰桩法。其工作程序如下。

①测设平行轴线

放开挖线之后,在挖槽之前,在管道中线一侧或两侧钉一排平行轴线桩,桩位在开挖边界线之外,距离管道中线为 a,如图 10-4-7 所示。桩距以 20cm 为宜,各检查井位置也相应在平行轴线上设桩。

②平行轴线桩高程测量

引用附近水准点，测出平行轴线桩顶高程，与对应的管底高程计算出挖深 h，如图10-4-8a)所示。

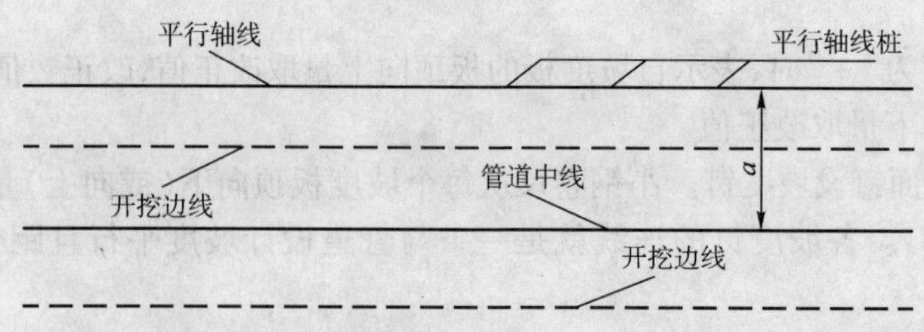

图 10-4-7　测设平行轴线

③控制管底高程

制作一个一边活动的直角尺，用活动尺边测挖深，及时检查平行轴线处的挖深 h_i，并与 h 进行比较，以便随时掌握挖深，如图 10-4-8b)所示。

④钉腰桩

为了避免超挖和控制管底高程，当 h_i 接近 h 时，在槽壁上距底约 1m 处钉一排与管道中线平行的腰桩，腰桩与中线距离为 b，如图 10-4-8c)所示。

⑤测量腰桩高程

根据已知水准点测得腰桩高程，并求出腰桩高程与对应位置的管底设计高程之差 h_b，如图 10-4-8c)所示。通过腰桩利用 b 和 h_b 即可确定管道铺设的正确位置。为了方便施工，按桩号将 b 和 h_b 列成表格，便于施工时查用。

逐桩列表很烦琐，也可以采用下返数取整数的方法，根据下返数从腰桩垂直向上或向下钉出坡度钉，施测方法同龙门板法，如图 10-4-8c)所示。

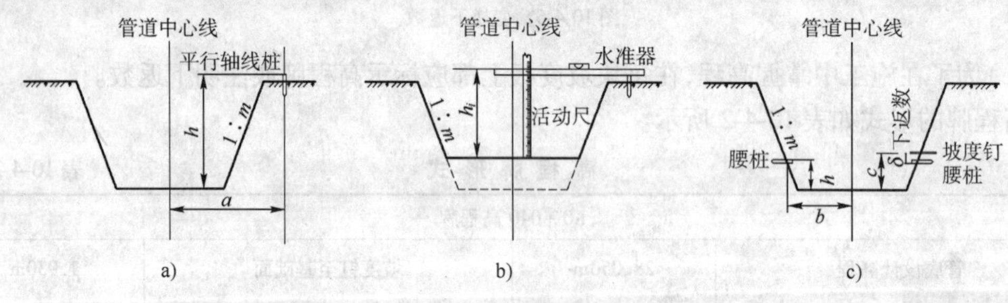

图 10-4-8　高程测量与控制

二、顶管施工测量

当地下管道需要穿越铁路、公路、河流或重要建筑物等障碍物时，为了保证正常的交通运输和避免大量的拆迁工作，往往不允许从地面开挖沟槽，此时，常采用顶管法施工。顶管法施工还可克服雨季和严冬对施工的影响，减轻劳动强度和改善条件。所谓顶管施工，就是在管道一端或两端先挖好工作坑，在坑内安置导轨，导轨可用钢轨或方木。将管筒放在导轨上，然后用顶镐将管筒沿管线方向顶进土中，并挖出管内泥土，然后继续顶进直到管道贯通形成连续的整体管道。

顶管施工测量的主要任务是控制管道顶进的中线方向、管底高程和坡度。

1. 准备工作

(1)设置中线控制桩和开挖顶管工作坑

按照设计图纸的要求,首先在工作坑的前后钉立两个中线控制桩,如图 10-4-9 中的 A、B 两桩,使前后两桩通视,并与已建成的管道在一条直线上。然后根据中线控制桩定出工作坑的开挖边界,并撒出灰线,进行开挖。工作坑挖好后,置经纬仪于中线控制桩 A、B 上,将中线桩引测到坑壁,并打入大铁钉或木桩,此桩叫顶管中线桩,如图 10-4-9 中 a、b 两桩。

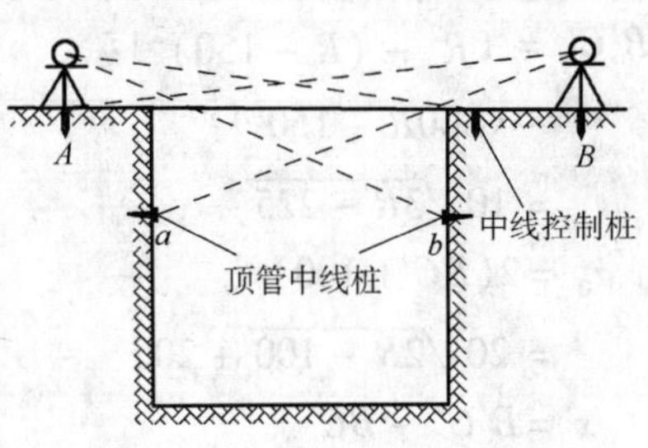

图 10-4-9 设置顶管中线桩

(2)龙门板和临时水准点测设

采用龙门板法控制挖深和坡度,当工作坑挖到一定深度(一般距离设计挖深 1.8 ~ 2.2m)时在工作坑的两端应埋设龙门板。

为了控制管道能按设计高程和坡度顶进,需在工作坑内设置两个临时水准点,其中一个设在坑内顶进起点一侧,用大木桩标志,使桩顶的高程与顶管起点管底设计高程相同。为了保证水准点高程的准确,尽量由施工水准点直接(不设转点)引测,并经常校核。起点高程误差不的大于 ±5mm。

(3)导轨轨距计算和导轨安装

顶管时,管材必须安放在有正确轨距的导轨上,导轨轨距与管径和导管材料有关,用钢轨或方木为导轨时的轨距计算和导轨安装如下。

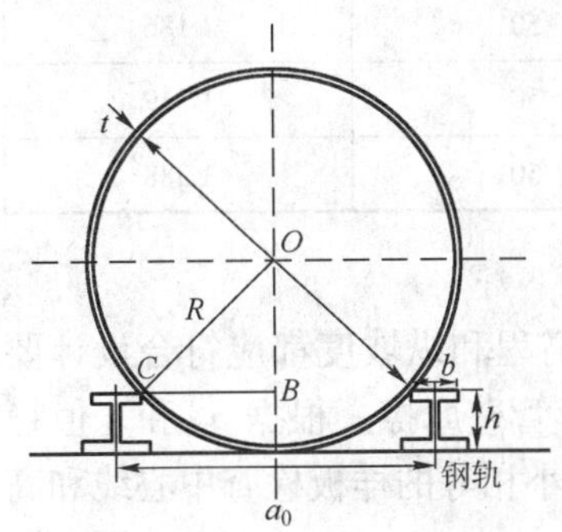

图 10-4-10 钢轨轨距计算

①钢轨轨距计算。如图 10-4-10 所示,由图中几何关系可知:

$$a_0 = 2BC + b$$

$$BC = [R^2 - (R - h)^2]^{\frac{1}{2}} \qquad (10\text{-}4\text{-}7)$$

式中:R——管道外壁半径;

h——钢轨高度;

b——钢轨轨顶宽度,以 18 号轻轨($h = 90$mm,$b = 40$mm)为例,其不同管径所对应的轨距 a_0 见表 10-4-3。

管径与轨距对应表 表 10-4-3

管外径(mm)	管内径(mm)	管壁厚(mm)	轨距(mm)
915.5	900	15.5	832
1 015.5	1 000	15.5	876
1 115.5	1 100	15.5	918
1 365.5	1 250	15.5	977
1 615.5	1 600	15.5	1 103
1 815.5	1 800	15.5	1 169

②方木导轨距 a_0 及抹角值 x 计算。如图 10-4-11 所示,由图中的几何关系可知:

$$BC = [R^2 - (R - 100)^2]^{\frac{1}{2}} = 10\sqrt{2R - 100}$$

$$B'C' = [R^2 - (R-150)^2]^{\frac{1}{2}}$$
$$= (300R - 150^2)^{\frac{1}{2}}$$
$$= 10\sqrt{3R - 225}$$
$$a_0 = 2(BC + 100)$$
$$= 20\sqrt{2R - 100} + 200 \qquad (10\text{-}4\text{-}8)$$
$$x = B'C' - BC$$
$$= 10\sqrt{3R - 225} - 10\sqrt{2R - 100} \qquad (10\text{-}4\text{-}9)$$

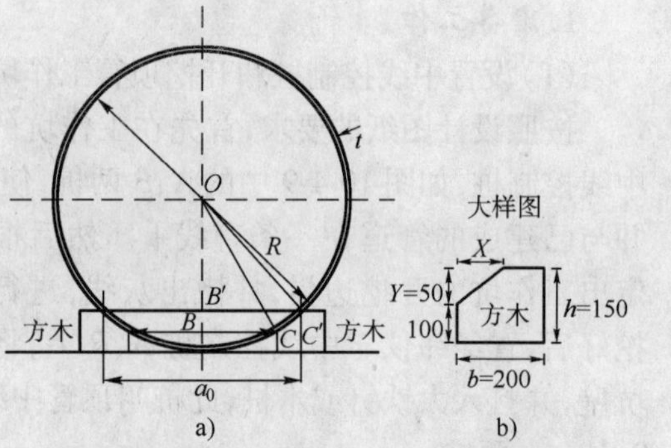

式中：R——管道外壁半径；

a_0——导轨轨距；

x——方木导轨抹角水平距。

图 10-4-11　方木导轨距 a_0 及抹角值 x 计算

方木断面尺寸为 $h \times b = 150\text{mm} \times 200\text{mm}$ 时，如图 10-4-11b)所示，各种管径的导轨轨距 a_0 及方木抹角水平距 x 见表 10-4-4。

导轨轨距及抹角水平距表　　表 10-4-4

管内径(mm)	管壁厚(mm)	抹角		轨距(mm)
		水平距 x(mm)	垂直距 y(mm)	
900	15.5	86	50	1 032
1 000	15.5	92	50	1 079
1 100	15.5	97	50	1 123
1 250	15.5	105	50	1 186
1 600	15.5	120	50	1 319
1 800	15.5	128	50	1 388

③导轨安装

导轨一般设有基础，而基础多为枕木或混凝土。基础面的高程和纵坡度都应符合设计要求，导轨中间沿中线方向高程应略低些，有利于排水和减少顶管管壁摩擦。根据 a_0 和 x 值稳好钢轨或方木，然后根据中线钉和坡度钉，用与管材半径实际大小相等的样板检查中心线和高程，误差满足要求之后，将导轨稳固。

2. 顶进过程中的测量工作

(1)顶管中线定线测量

如图 10-4-12 所示，在坑内两个顶管中线桩之间拉紧一条细线。并在细线上挂两个垂球，两垂球的连线即为顶管中线方向。为了保证测量精度，两垂球间的距离应尽量远些。在管内设置一把横放水平尺，尺长应略小于管筒的内径，恰好能放进管内，尺上有刻划，尺中间钉中心钉。顶管时用水准器将尺放平，通过管外两垂球投入管内一条细线与水平尺上的中心钉作比较，即可测量出顶管中心是否有偏差。若偏差值超过 1.5cm，则必须进行管筒校正。通常管子每顶进 0.5 ~ 1m 进行一次检查。这种方法适用于短距离顶管施工，当距离超过 100m 时，可在线上每 100m 设一个工作坑，分段对顶施工。在接通时，管子错口不得超过 3cm。

若有条件，宜采用激光经纬仪或激光水准仪导向。

(2)管底高程测量

如图 10-4-13 所示，将水准仪安置在坑内，以临时水准点作为后视点，在管筒内前进方向

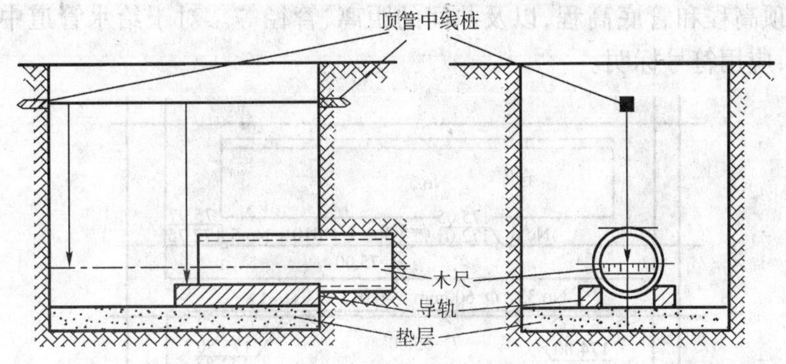

图 10-4-12 中线测量

上,竖立一根略小于管筒直径的标尺作为前视。通过前视读数,即可求出待测点高程,并与该点的设计高程相比较,其差值超过 ±1cm,则需要校正。

在管道顶进过程中,每顶进 0.5m 测量一次高程,如误差不超出限值,则可继续顶进。

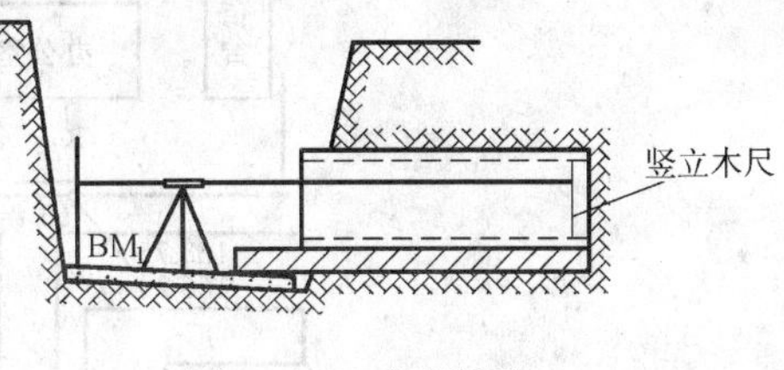

图 10-4-13 高程测量

3. 架空管道施工测量

架空管道主点的测设与地下管道相同。架空管道支架的基础开挖测量工作和基础模板的定位,与厂房柱子基础的测设相同。架空管道安装测量与厂房构件安装测量基本相同。每个支架的中心桩在开挖基础时均被挖掉,为此必须将其位置引测到互为垂直方向的四个定位桩上。根据定位桩就可确定开挖边线,进行基础施工。

第五节 管道竣工测量

在管道工程中,竣工图反映了管道施工的成果,是管道建成后进行管理、维修和扩建时不可缺少的依据,它的作用有下列几点:

(1)鉴定管道工程的施工质量是否符合设计要求。

(2)竣工图上标有管道运行中的各种附属设备,这为管道投产后的管理工作提供了重要依据。

(3)随着工农业生产的发展,管线越来越多,在维修时,若无竣工图,则无法找到维修的目标,会给维修工作带来很大困难。

(4)在管道工程扩建和改建时,必须摸清原有构筑物的位置和高程等资料,否则设计很难进行,如在实地进行调查,甚至开挖地沟,这样要浪费很多人力、物力和时间;同时,没有竣工图也会给后续施工带来很大困难。

综上所述,竣工测量是施工测量的重要组成部分,必须予以重视。

管道竣工图有两方面的内容:一是管道竣工平面图;一是管道竣工断面图。

随着建设的发展,管道种类很多,管道竣工平面图,往往与建筑总平面图不在一张图上,而需要单独绘制综合管道竣工平面图。为了管理方便,最好编制单项管道竣工平面图。

竣工平面图主要测绘:管道的主点、检查井位置以及附属构筑物施工的实际平面位置和高程。如图 10-5-1 所示是管道竣工平面图示例,图上除标有各种管道位置外,图上还应标有:检查井编号、井口顶高程和管底高程，以及井间的距离、管径等。对于给水管道中的阀门、消火栓、排气装置等，应用符号标明。

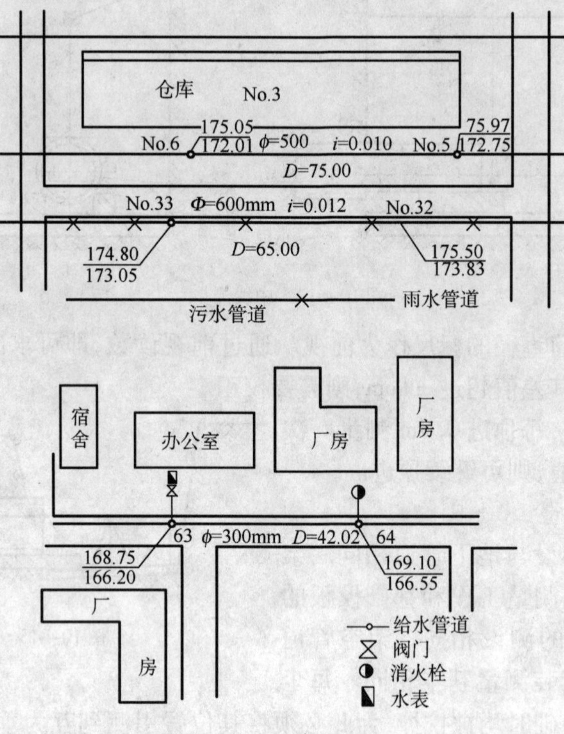

图 10-5-1 管道竣工平面图示例

管道竣工平面图的测绘，应充分利用施工控制网。若精度不能满足要求时，应重新布置控制网，然后再测绘竣工平面图。当已有实测详细的平面图时，可以利用已测定的永久性建筑物来测绘管道及其构筑物的位置。

管道竣工纵横断面的测绘，一定要在回填前进行，用水准测量测定检查井口和管顶高程。管底高程由管顶高程和管径，管壁厚度计算求得，井间距离用钢尺量得。如果管道互相超越，在断面图上表示出管道的相互位置，并注明尺寸。如图 10-5-2 所示，是管道竣工断面图示例。

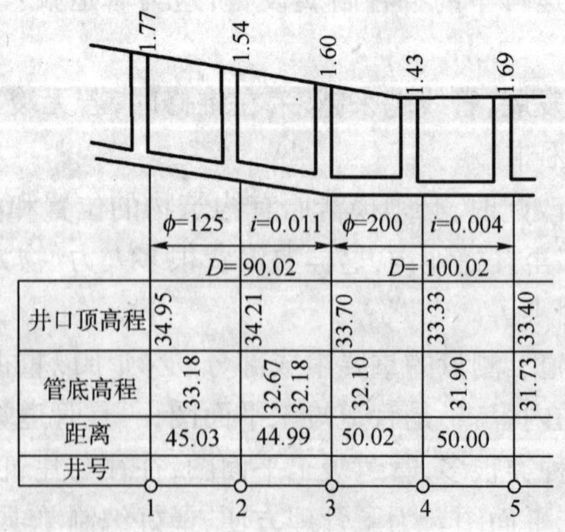

	1		2		3		4		5
井口顶高程	34.95		34.21		33.70		33.33		33.40
管底高程	33.18		32.67 32.18		32.10		31.90		31.73
距离		45.03		44.99		50.02		50.00	
井号	1		2		3		4		5

图 10-5-2 管道竣工断面图(单位:m)

思考题及习题

一、思考题

1. 管道施工测量的主要内容有哪些？

2. 何谓主点、里程桩、加桩、转向角？如何测设？

3. 纵横断面图有何用途？叙述其测量方法及绘制步骤。

4. 管道施工测量中的腰桩起什么作用？

5. 在顶管施工测量中如何控制顶管中线方向、高程和坡度？

6. 管道竣工测量的目的及内容是什么？

二、习题

如下表所示，已知管道起点 K0 +000 的管道高程为 41.72cm，管道坡度为 -1% 的下坡，在表中计算出各坡度板处的管底设计高程，并按实测的板顶高程选定下返数 C，再根据选定的下返数计算出各坡度板顶高程的调整数 δ 和坡度钉的高程。

坡度钉测设手簿

板号	距离（m）	设计坡度	管底设计高程（m）	坡度下返数值（m）	坡度钉高程（m）	坡度板顶高程（m）	调整数 δ（m）
1	2	3	4	5	6	7	8
K0 +000			41.720			44.310	
+020						44.100	
+040						43.825	
+060		$i=-1\%$				43.734	
+080						43.392	
+100						43.283	
+120						43.051	

第十一章　工程建筑物变形观测

学习目的与要求

1. 掌握沉降观测的方法及成果整理；
2. 理解水平位移观测的方法；
3. 理解倾斜观测的方法。

第一节　建筑物变形观测概述

为保证建筑物在施工、使用和运行中的安全，以及为建筑物的设计、施工、管理及科学研究提供可靠的资料，在建筑物施工和运行期间，需要对建筑物的稳定性进行观测，这种观测称为建筑物的变形观测。

建筑物的变形观测，目前在我国已受到高度重视。随着社会建设的蓬勃发展，各种大型建筑物，如水坝、高层建筑、大型桥梁、隧道及各种大型设备的出现，因变形而造成损失的也越来越多。变形总是由量变到质变而造成事故的。因此及时地对建筑物进行变形观测，随时监视变形的发展变化，在未造成损失前，及时采取补救措施，是变形观测的主要目的。它的另一个目的是检验设计的合理性，为提高设计质量提供科学的依据。

建筑物产生变形的原因很多，如地质条件、地震、荷载及外力作用的变化等是其主要原因。在建筑物的设计及施工中，都应全面地考虑这些因素。如设计不合理、材料选择不当、施工方法不当或施工质量低劣，就会使变形超出允许值而造成损失。

建筑物产生变形时，必然会引起内部应力的变化，当应力变化到极限值时，建筑物即遭到破坏。所以对有些建筑物，在测定形变的同时，应辅以应力测定。本章只介绍形变观测。

根据变形的性质，可分为静态变形和动态变形两类。静态变形是时间的函数，观测结果只表示在某一期间内的变形；动态变形是指在外力作用下产生的变形，它是以外力为函数表示的，对于时间的变化，其观测结果表示在某一时刻的瞬时变形。

建筑物变形观测的主要内容有建筑物沉降观测、建筑物倾斜观测、建筑物裂缝观测和位移观测等。建筑变形测量的等级及其精度要求见表 11-1-1。

建筑变形测量的等级及其精度要求　　表 11-1-1

等级	沉降观测	位移观测	适用范围
	观测点测站高差中误差(mm)	观测点坐标中误差(mm)	
特级	≤0.05	≤0.3	特别高精度要求的特种精密工程和重要科研项目变形观测
一级	≤0.15	≤±1.0	高精度要求的大型建筑物和科研项目变形观测

续上表

等级	沉降观测	位移观测	适用范围
	观测点测站高差中误差(mm)	观测点坐标中误差(mm)	
二级	≤0.50	≤ ±3.0	中等精度要求的建筑物和科研项目变形观测;重要建筑物主体倾斜观测、场地滑坡观测
三级	≤1.50	≤ ±10.0	低精度要求的建筑物变形观测;一般建筑物主体倾斜观测、场地滑坡观测

第二节　垂直位移观测

建筑物受地下水位升降、荷载的作用及地震等的影响,会使其产生位移。一般说来,在没有其他外力作用时,多数呈下沉现象,对它的观测称沉降观测。在建筑物施工开挖基槽以后,深部地层由于荷载减轻而升高,这种现象称为回弹,对它的观测称为回弹观测。

垂直位移观测的高程依据是水准基点,即在水准基点高程不变的前提下,定期地测出变形点相对于水准基点的高差,并求出其高程,将不同周期的高程加以比较,即可得出变形点高程变化的大小及规律。

建筑物垂直观测是用水准测量的方法,周期性地观测建筑物上的沉降观测点和水准基点之间的高差变化值。

一、水准基点的布设

无论是水平位移的观测还是垂直位移的观测,都要以稳固的点作为基准点,以求得变形点相对于基准点的位置变化。对于用作垂直位移观测的基准点,则需构成水准网。由于对基准点的要求主要是稳固,所以都要选在变形区域以外,且地质条件稳定、附近没有振动源的地方。对于一些特大工程,如大型水坝等,基准点距变形点较远,无法根据这些点直接对变形点进行观测,所以还要在变形点附近相对稳定的位置,设立一些可以利用来直接对变形点进行观测的点作为过渡点,这些点称为工作基点。工作基点由于离变形体较近,可能也有变形,因而也要周期性地进行观测。

水准基点是沉降观测的基准,因此水准基点的布设应满足以下要求。

(1)要有足够的稳定性:水准基点必须设置在沉降影响范围以外,冰冻地区水准基点应埋设在冰冻线以下0.5m。

(2)要具备检核条件:为了保证水准基点高程的正确性,水准基点最少应布设三个,以便相互检核。

(3)要满足一定的观测精度:水准基点和观测点之间的距离应适中,相距太远会影响观测精度,一般应在100m范围内,水准点应布设在受振区域以外的安全地点,以防止受到振动影响。

由水准基点组成的水准网称为垂直位移监测网,它可布设成闭合环、结点或附合水准路线等形式。其精度等级及主要技术要求见表11-2-1。

沉降观测点的精度要求和观测方法 表 11-2-1

等级	视线长度（m）	前后视距差（m）	前后视距累积差（m）	视线高度（m）	往返较差及附合或环线闭合差（mm）	检测已测测段高差之差（mm）	使用仪器、观测方法及要求
特级	≤10	≤0.3	≤0.5	≥0.5	≤$0.1\sqrt{n}$	≤$0.15\sqrt{n}$	DSZ_{05}型或DS_{05}型水准仪，铟瓦合金标尺，按光学测微法观测
一级	≤30	≤0.7	≤1.0	≥0.3	≤$0.3\sqrt{n}$	≤$0.45\sqrt{n}$	
二级	≤50	≤2.0	≤3.0	≥0.2	≤$1.0\sqrt{n}$	≤$1.5\sqrt{n}$	DS_1 型或DS_{05}型水准仪，铟瓦合金标尺，按光学测微法观测
三级	≤75	≤5.0	≤8.0	三丝能读数	≤$3.0\sqrt{n}$	≤$4.5\sqrt{n}$	DS_3 型水准仪，区格式木质标尺，按中丝读数法观测，亦可使用DS_1 型或DS_{05}型水准仪，铟瓦合金标尺，按光学测微法观测

注：n 为测段的测站数 。

二、沉降观测点的布设

进行沉降观测的建筑物，应埋设沉降观测点，沉降观测点的布设应满足以下要求。

1. 沉降观测点的位置

沉降观测点大都设置在外墙勒脚处。观测点埋设在墙内的部分应大于露出墙外部分的5～7倍，以便保持观测点的稳定性。一般应布设在能全面反映建筑物沉降情况的部位，如建筑物四角、沉降缝两侧、荷载有变化的部位、大型设备基础、柱子基础和地质条件变化处。

2. 沉降观测点的数量

一般沉降观测点是均匀布置的，它们之间的距离一般为10～20m。

3. 沉降观测点的设置形式

（1）预制墙式观测点它是由混凝土预制而成的，其大小可做成普通黏土砖规格的1～3倍，中间嵌以角钢，角钢棱角向上，并在一端露出50mm。在砌砖墙勒脚时，将预制块砌入墙内，角钢露出端与墙面夹角为50°～60°。

（2）利用直径为20mm的钢筋，一端弯成90°角，一端成燕尾形埋入墙或柱内。

（3）用长120mm的角钢，在一端焊一铆钉头，另一端埋入墙内或柱内，并以1:2的水泥砂浆填实。

三、沉降观测

1. 观测周期

观测的时间和次数，应根据工程的性质、施工进度、地基地质情况及基础荷载的变化情况而定。

（1）当埋设的沉降观测点稳固后，在建筑物主体开工前，进行第一次观测。

（2）在建（构）筑物主体施工过程中，一般每盖1～2层观测一次（如基础浇灌、回填土、安装柱子、房架砖墙每砌筑一层楼、设备安装、设备运转、工业炉砌筑期间、烟囱每增加15m左右等）。如中途停工时间较长，应在停工时和复工时进行观测。

(3)当发生大量沉降或严重裂缝时,应立即或几天一次连续观测(如遇地震,基础附近地面荷重突然增加,周围大量积水及暴雨后,或周围大量挖方等,均应观测)。

(4)建筑物封顶或竣工后,一般每月观测一次,如果沉降速度减缓,可改为2~3个月观测一次,直至沉降稳定为止。如果地基土质不好应增加观测次数。

2. 沉降观测要求

沉降观测是一项较长期的系统观测工作,为了保证观测成果的正确性,应尽可能做到四定:

(1)固定人员观测和整理成果。

(2)固定使用的水准仪及水准尺。

(3)使用固定的水准点。

(4)按规定的日期、方法及路线进行观测。

3. 对使用仪器的要求

对于一般精度要求的沉降观测,要求仪器的望远镜放大率不得小于24倍,气泡灵敏度不得大于15″/2mm(有符合水准器的可放宽1倍)。可以采用适合四等水准测量的水准仪。但精度要求较高的沉降观测,应采用相当于DS_{05}型或DS_1级的精密水准仪。

4. 沉降观测点的首次高程测定

沉降观测点首次观测的高程值是以后各次观测用以进行比较的根据,如初测精度不够或存在错误,不仅无法补测,而且会造成沉降工作中的矛盾现象,因此必须提高初测精度。如有条件,最好采用DS_{05}或DS_1类型的精度水准仪进行首次高程测定。同时每个沉降观测点首次高程,应在同期进行两次观测后决定。

5. 作业中应遵守的规定

(1)观测应在成像清晰、稳定时进行。

(2)仪器离前、后视水准尺的距离要用皮尺丈量,或用视距法测量,视距一般不应超过50m,前后视距应尽可能相等。

(3)前、后视观测最好用同一根水准尺。

(4)前视各点观测完毕以后,应回视后视点,最后应闭合于水准点上。

四、沉降观测的成果整理

1. 整理原始记录

每次观测结束后,应检查记录的数据和计算是否正确,精度是否合格,然后,调整高差闭合差,推算出各沉降观测点的高程,并填入“沉降观测表”中(表11-2-2)。

2. 计算沉降量

(1)计算各沉降观测点的本次沉降量

沉降观测点的本次沉降量 = 本次观测所得的高程 - 上次观测所得的高程

(2)计算累积沉降量

累积沉降量 = 本次沉降量 + 上次累积沉降量

将计算出的沉降观测点本次沉降量、累积沉降量和观测日期、荷载情况等记入“沉降观测表”中(表11-2-2)。

3. 绘制沉降曲线

如图11-2-1所示为沉降曲线图,沉降曲线分为两部分,即时间与沉降量关系曲线和时间与荷载关系曲线。

沉降观测记录表 表 11-2-2

观测日期	各观测点的沉降情况							施工进展情况	荷载情况（10kN/m²）
	1			2			3…		
	高程（m）	本次下沉（mm）	累积下沉（mm）	高程（m）	本次下沉（mm）	累积下沉（mm）	…		
1985.01.10	50.454	0	0	50.473	0	0	…	一层平口	
1985.02.23	50.448	-6	-6	50.467	-6	-6		三层平口	40
1985.03.16	50.443	-5	-11	50.462	-5	-11		五层平口	60
1985.04.14	50.440	-3	-14	50.459	-3	-14		七层平口	70
1985.05.14	50.438	-2	-16	50.456	-3	-17		九层平口	80
1985.06.04	50.434	-4	-20	50.452	-4	-21		主体完	110
1985.08.30	50.429	-5	-25	50.447	-5	-26		竣工	
1985.11.06	50.425	-4	-29	50.445	-2	-28		使用	
1986.02.28	50.423	-2	-31	50.444	-1	-29			
1986.05.06	50.422	-1	-32	50.443	-1	-30			
1986.08.05	50.421	-1	-33	50.443	0	-30			
1986.12.25	50.421	0	-33	50.443	0	-30			

注：水准点的高程 BM_1：49.538mm；BM_2：50.123mm；BM_3：49.776mm。

(1)绘制时间与沉降量关系曲线

首先，以沉降量 s 为纵轴，以时间 t 为横轴，组成直角坐标系。然后，以每次累积沉降量为纵坐标，以每次观测日期为横坐标，标出沉降观测点的位置。最后，用曲线将标出的各点连接起来，并在曲线的一端注明沉降观测点号码，这样就绘制出了时间与沉降量关系曲线，如图 11-2-1 所示。

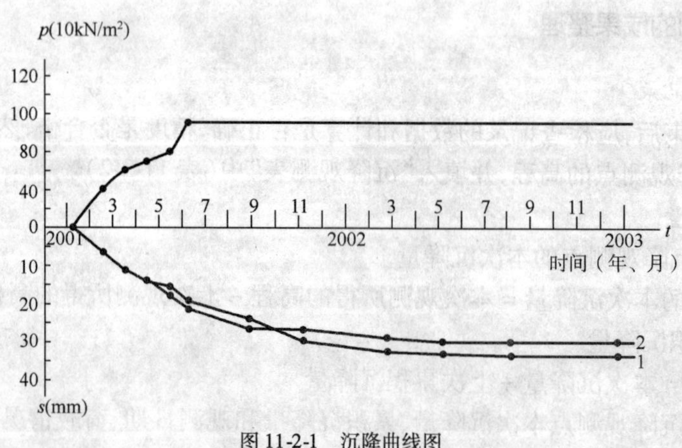

图 11-2-1 沉降曲线图

(2)绘制时间与荷载关系曲线

首先，以荷载为纵轴，以时间为横轴，组成直角坐标系。再根据每次观测时间和相应的荷载标出各点，将各点连接起来，即可绘制出时间与荷载关系曲线，如图 11-2-1 所示。

第三节　水平位移观测

当建筑物在平面上产生位移时，为了进行位移测量，应在其纵横方向设置观测点及控制点。对于用作水平位移观测的基准点，要构成三角网、导线网或方向线等平面控制网，水平位移的产生往往与不均匀沉降、横向积压等有关。水平位移的测量，可采用测角前方交会法、后方交会法、极坐标法、导线法、视准线法和引张线法。

一、测角前方交会法

在变形点上不便于架设仪器时，多采用这种方法。图 11-3-1 中，A、B 为平面基准点，P 为变形点，由于 A、B 的坐标为已知，在观测了水平角 α、β 后，即可依下式求算 P 点的坐标。

$$\left.\begin{aligned} x_p &= \frac{x_A\cot\beta + x_B\cot\alpha - y_A + y_B}{\cot\alpha + \cot\beta} \\ y_p &= \frac{y_A\cot\beta + y_B\cot\alpha + x_A - x_B}{\cot\alpha + \cot\beta} \end{aligned}\right\} \qquad (11\text{-}3\text{-}1)$$

$$m_p = \frac{m''_\beta D\sqrt{\sin^2\alpha + \sin^2\beta}}{\rho''\sin^2(\alpha + \beta)} \qquad (11\text{-}3\text{-}2)$$

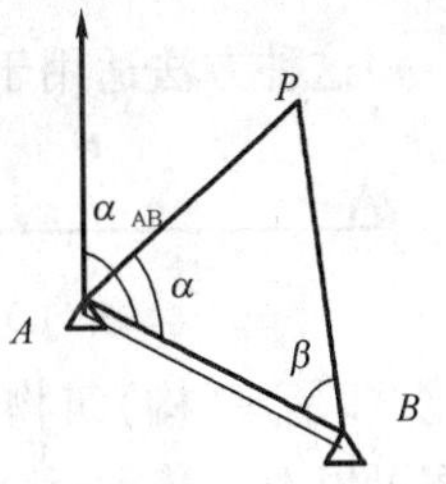

图 11-3-1　前方交会

式中：m''_β——测角中误差；

D——两已知点间的距离；

ρ''——206 265″。

采用这种方法时，交会角宜在 60°～120°之间，以保证交会精度。

二、后方交会法

如果变形点上可以架设仪器，且与三个平面基准点通视时，可采用这种方法。如图 11-3-2 所示，A、B、C 为平面基准点，P 为变形点，当观测了水平角 α、β 后，即可依公式(11-3-3)计算 P 点坐标。

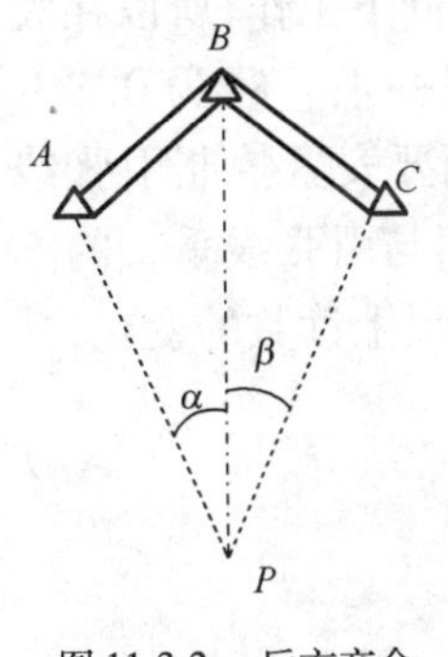

图 11-3-2　后方交会

$$\left.\begin{aligned} x_p &= x_B + \Delta x_{Bp} = x_B + \frac{a - kb}{1 + k^2} \\ y_p &= y_B + \Delta y_{Bp} = y_B + k\cdot\Delta x_{Bp} \end{aligned}\right\} \qquad (11\text{-}3\text{-}3)$$

$$a = (x_A - x_B) + (y_A - y_B)\cot\alpha$$

$$b = -(y_A - y_B) + (x_A - x_B)\cot\alpha$$

$$c = -(x_C - x_B) + (y_C - y_B)\cot\beta$$

$$d = (y_C - y_B) + (x_C - x_B)\cot\beta$$

$$k = \frac{a + c}{b + d}$$

$$m_p = \frac{m''_\beta}{\rho''}\sqrt{\frac{D_{AB}^2 D_c^2 + D_{BC}^2 D_a^2}{[D_c\sin\alpha + D_a\sin\beta + D_b\sin(\alpha + \beta)]^2}}$$

采用这种方法时，需注意 P 点不能与 A、B、C 在同一圆周上，否则无定解。

三、极坐标法

在光电测距仪出现以后，这种方法用得比较广泛，只要在变形点上可以安置反光镜，且与基准点通视即可。如图 11-3-3 所示，A、B 为基准点，其坐标已知，P 为变形点，当测出 α 及 D

以后，即可据以求出 P 点的坐标，由于计算方法简单，不再进行说明。

点位中误差的估算公式为：

$$m_P = \pm\sqrt{m_D^2 + \left(\frac{m_\alpha}{\rho}D\right)^2} \tag{11-3-4}$$

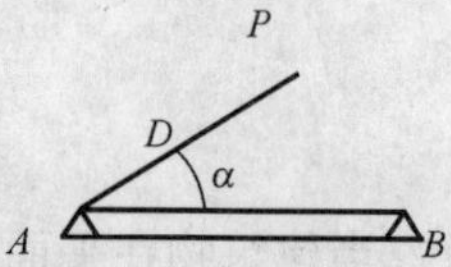

图 11-3-3　极坐标法

四、导线法

当相邻的变形点间可以通视，且在变形点上可以安置仪器进行测角、测距时，可采用这种方法。通过各次观测所得的坐标值进行比较，便可得出点位位移的大小和方向。这种方法多用于非直线型建筑物的水平位移观测，如对弧形拱坝和曲线桥的水平位移观测。

五、视准线法

这种方法适用于变形方向为已知的线形建(构)筑物，是水坝、桥梁等常用的方法。如图 11-3-4 所示，视准线的两个端点 A、B 为基准点，变形点 1、2、3、…布设在 AB 的连线上，其偏差不宜超过 2cm。变形点相对于视准线偏移量的变化，即是建(构)筑物在垂直于视准点方向上的位移。量测偏移量的设备为活动觇牌。觇牌图案可以左右移动，移动量可在刻划上读出。当图案中心与竖轴中心重合时，其读数应为零，这一位置称为零位。

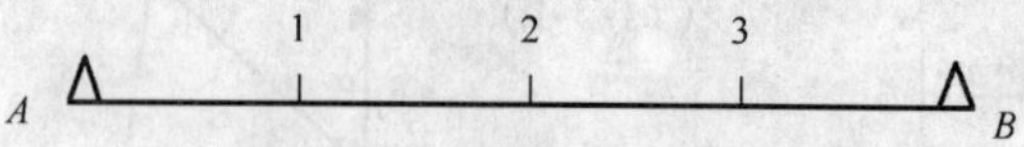

图 11-3-4　视准线法

观测时在视准线的一端架设经纬仪，照准另一端的观测标志，这时的视线称为视准线。将活动觇牌安置在变形点上，左右移动觇牌的图案，直至图案中心位于视准线上，这时的读数即为变形点相对视准线的偏移量。不同周期所得偏移量的变化，即为其变形值。与此法类似的还有激光准直法，就是用激光光束代替经纬仪的视准线。

六、引张线法

引张线法的工作原理与视准线法类似，但要求在无风及没有干扰的条件下工作，所以在大坝廊道里进行水平位移观测采用较多。所不同的，是在两个端点间引张一根直径为 0.8 ~ 1mm 的钢丝，以代替视准线。采用这种方法的两个端点应基本等高，上面要安置控制引张线位置的 V 形槽及施加拉力的设备。中间各变形点与端点基本等高，在上面与引张线垂直的方向上水平安置刻划尺，以读出引张线在刻划尺上的读数。不同周期观测时尺上读数的变化，即为变形点与引张线垂直方向上的位移值。

第四节　建筑物倾斜观测

用测量仪器来测定建筑物的基础和主体结构倾斜变化的工作，称为倾斜观测。

一、一般建筑物主体的倾斜观测

建筑物主体的倾斜观测，应测定建筑物顶部观测点相对于底部观测点的偏移值，再根据建筑物的高度，计算建筑物主体的倾斜度，即：

$$i = \frac{\Delta D}{H} = \tan\alpha \tag{11-4-1}$$

式中：i——建筑物主体的倾斜度；

ΔD——建筑物顶部观测点相对于底部观测点的偏移值，m；

H——建筑物的高度，m；

α——倾斜角(°)。

由式(11-4-1)可知，倾斜测量主要是测定建筑物主体的偏移值 ΔD。偏移值 ΔD 的测定一般采用经纬仪投影法，具体观测方法如下。

(1)如图 11-4-1 所示，将经纬仪安置在固定测站上，该测站到建筑物的距离，为建筑物高度的 1.5 倍以上。瞄准建筑物 X 墙面上部的观测点 M，用盘左、盘右分中投点法，定出下部的观测点 N。用同样的方法，在与 X 墙面垂直的 Y 墙面上定出上观测点 P 和下观测点 Q。M、N 和 P、Q 即为所设观测标志。

(2) 相隔一段时间后，在原固定测站上，安置经纬仪，分别瞄准上观测点 M 和 P，用盘左、盘右分中投点法，得到 N'和 Q'。如果，N 与 N'、Q 与 Q'不重合，如图 11-4-1 所示，说明建筑物发生了倾斜。

(3) 用尺子，量出在 X、Y 墙面的偏移值 ΔA、ΔB，然后用矢量相加的方法，计算出该建筑物的总偏移值 ΔD，即：

$$\Delta D = \sqrt{(\Delta A)^2 + (\Delta B)^2} \tag{11-4-2}$$

根据总偏移值 ΔD 和建筑物的高度用式(11-4-1)即可计算出其倾斜度。

二、圆形建(构)筑物主体的倾斜观测

对圆形建(构)筑物的倾斜观测，是在互相垂直的两个方向上，测定其顶部中心对底部中心的偏移值，具体观测方法如下：

(1)如图 11-4-2 所示，在烟囱底部横放一根标尺，在标尺中垂线方向上，安置经纬仪，经纬仪到烟囱的距离为烟囱高度的 1.5 倍。

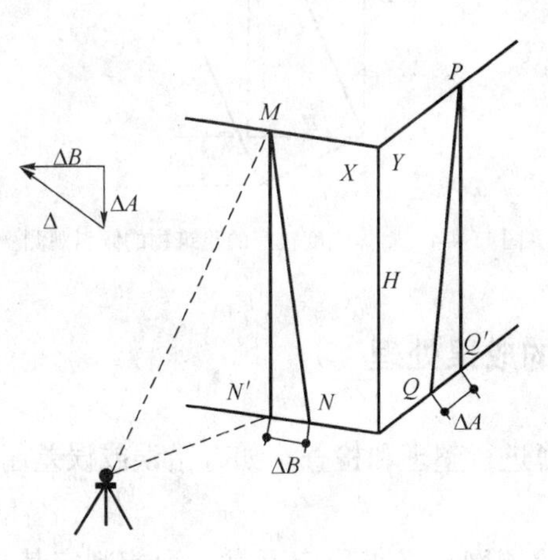

图 11-4-1　建筑物主体的倾斜观测

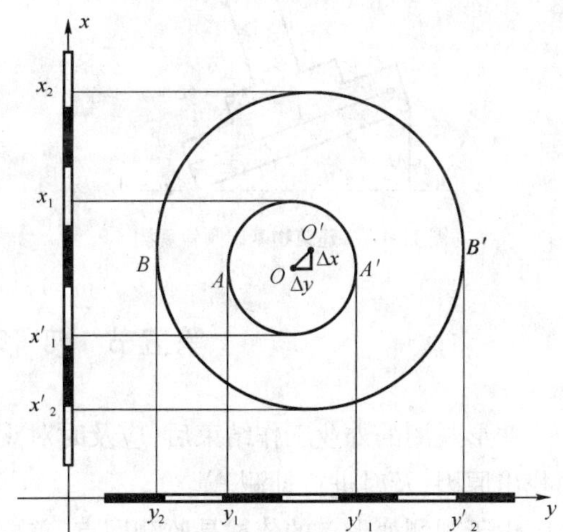

图 11-4-2　圆形建筑物的倾斜观测

(2)用望远镜将烟囱顶部边缘两点 A、A'及底部边缘两点 B、B'分别投到标尺上，得读数为 y_1、y'_1 及 y_2、y'_2，如图 11-4-2 所示。烟囱顶部中心 O 对底部中心 O'在 y 方向上的偏移值

Δy 为：

$$\Delta y = \frac{y_1 + y'_1}{2} - \frac{y_2 + y'_2}{2}$$

(3)用同样的方法，可测得在 x 方向上，顶部中心 O 的偏移值 Δx 为：

$$\Delta x = \frac{x_1 + x'_1}{2} - \frac{x_2 + x'_2}{2}$$

(4)用矢量相加的方法，计算出顶部中心 O 对底部中心 O' 的总偏移值 ΔD，即：

$$\Delta D = \sqrt{(\Delta x)^2 + (\Delta y)^2} \tag{11-4-3}$$

根据总偏移值 ΔD 和圆形建(构)筑物的高度 H 用式(11-4-1)即可计算出其倾斜度 i。另外，亦可采用激光铅垂仪或悬吊锤球的方法，直接测定建(构)筑物的倾斜量。

三、建筑物基础倾斜观测

建筑物的基础倾斜观测一般采用精密水准测量的方法，如图 11-4-3 定期测出基础两端点的沉降量差值 Δh，再根据两点间的距离 L，即可计算出基础的倾斜度：

$$i = \frac{\Delta h}{L} \tag{11-4-4}$$

对整体刚度较好的建筑物的倾斜观测，亦可采用基础沉降量差值，推算主体偏移值。如图 11-4-4 所示，用精密水准测量测定建筑物基础两端点的沉降量差值 Δh，再根据建筑物的宽度 L 和高度 H，推算出该建筑物主体的偏移值 ΔD，即：

$$\Delta D = \frac{\Delta h}{L} \times H \tag{11-4-5}$$

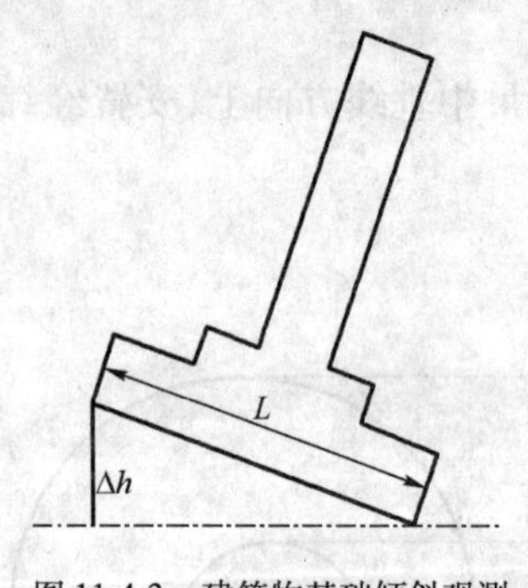

图 11-4-3　建筑物基础倾斜观测

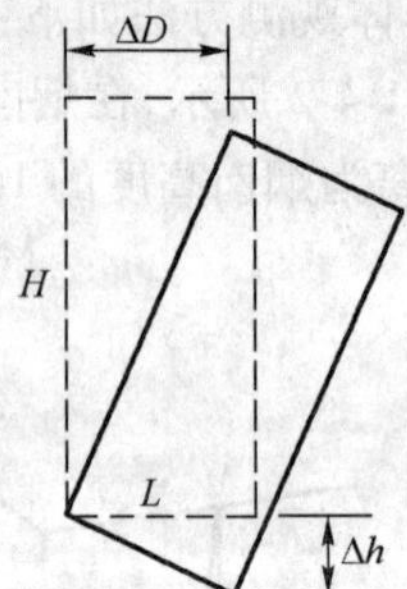

图 11-4-4　整体刚度较好的建筑物的倾斜观测

第五节　变形观测的成果处理

变形观测的外业工作结束后，应及时对观测手簿进行整理和检查。如有错误或误差超限，须找出原因，及时进行补测。

由于观测变形点的依据是监测网点，首要的是监测网点必须稳定可靠。为能判定其是否稳定，也要定期进行复测。如果各个点每次结果的平差值的较差在要求的范围内，则认为它是稳定的，如果某点的较差超限，则说明该点产生了变形。根据该点观测的变形点，其结果应考虑该点变形的影响。

变形量的计算，是以首期观测的成果作为基础，即变形量是相对于首期的结果而言的，所以要特别注意首期观测的质量。

变形观测的目的是从多次观测的成果中,发现变形的规律和大小,进而分析变形的性质和原因,以便采取措施。所以成果的表现形式应直观、清晰,通常采用以下形式。

一、列表

将各次观测成果依时间先后列表。表11-2-2是一个沉降观测的例子。表中列出了每次观测各点的高程H、与上一期相比较的沉降量s、累计的沉降量$\sum s$、荷载情况、平均沉降量及平均沉降速度等,在作变形分析时,对这些信息可以一目了然。

二、作图

为了更直观地显示所获得的信息,可以将其绘制成图。图11-2-1是一个表示荷载、时间与沉降量的关系曲线图。图中横坐标为时间t,可以10d或1个月为单位,纵坐标向下为沉降量s,向上为荷载p。所以横坐标轴以下是随着时间变化的沉降量曲线,即s—t曲线;横坐标轴以上则是荷载随时间而增加的曲线,即p—t曲线。施工结束后,荷载不再增加,则p—t曲线逞水平直线。从这个图上,可以清楚地看出沉降量与荷载的关系及变化趋势是渐趋稳定的。

根据同样的方法,也可绘出其他变形与外界因素的关系曲线。根据上述的各种信息,结合有关的专业知识,即可对变形的原因、趋势等进行几何的和物理的分析,为工程采取措施提供依据。需要指出的是,一般认为稳定的基准点,也不可能完全没有变形;所谓稳定,只是相对而言。即当变形对变形点的观测没有实际影响时,就视为是稳定的。

三、沉降观测中常遇到的问题及其处理

1.曲线在首次观测后即发生回升现象

在第二次观测时即发现曲线上升,至第三次后,曲线又逐渐下降。发生此种现象,一般都是由于初测精度不高,而使观测结果存在较大误差所引起的。

在处理这种情况时,如曲线回升超过5mm,因将第一次观测成果作废,而采用第二次观测成果作为初测成果;如曲线回升在5mm之内,则可调整初测高程与第二次观测高程一致。

2.曲线在中间某点突然回升

发生此种现象的原因,多半是因为水准点或观测点被碰动所致;而且只有当水准点被碰动后低于被碰前的高程及观测点被碰后高于被碰前的高程时,才有出现回升现象的可能。

由于水准点或观测点被碰撞,其外形必有损伤,比较容易发现。如水准点被碰动时,可改用其他水准点来继续观测。如观测点被碰动,则需另行埋设新点;若碰后点位尚牢固,则可继续使用。但因为高程改变,对这个问题必须处理。其办法是选择结构、荷重及地质等条件都相同的邻近另一沉降观测点的沉降量代替,如该值选择适当,可得到比较接近实际情况的结果。

3.曲线自某点起渐渐回升

产生此种现象一般是由于水准点下沉所致,如采用设置于建筑物上的水准点,由于建筑物尚未稳定而下沉;或者新埋设的水准点,由于埋设地点不当,时间不长,以致发生下沉现象。水准点是逐渐下沉的,而且沉降量较小,但建筑物初期沉降量较大,即当建筑物沉降量大于水准

点沉降量时，曲线不发生回升。到了后期，建筑物下沉逐渐稳定；如水准点继续下沉，则曲线就会发生逐渐回升现象。

因此在选择或埋设水准点时，特别是在建筑物上设置水准点时，应保证其点位的稳定性。如已查明确系水准点下沉而使曲线渐渐回升，则应测出水准点的下沉量，以便修正观测点的高程。

4. 曲线的波浪起伏现象

曲线在后期呈现波浪起伏现象，此种现象在沉降观测中最常遇到。其原因并非建筑物下沉所致，而是测量误差所造成的。曲线在前期波浪起伏所以不突出，是因下沉量大于误差之故；但到后期，由于建筑物下沉极微或已接近稳定，因此在曲线上就出现测量误差比较突出的现象。

处理这种现象时，应根据整个情况进行分析，决定自某点起，将波浪形曲线改成水平线。

5. 曲线中断现象

由于沉降观测点开始是埋设在柱基础面上进行观测，在柱基础二次灌浆时没有埋设新点并进行观测；或者由于观测点被碰毁，后来设置的观测点高程与原观测点不一致，而使曲线中断。

为了将中断曲线连接起来，可按照处理曲线在中间某点突然回升现象的办法，估求出未作观测期间的沉降量；并将新设置的沉降点不计其绝对高程，而取其沉降量，一并加在旧沉降点的累计沉降量中去。

思考题及习题

一、思考题

1. 为什么要对建筑物进行变形观测？主要观测哪些项目？
2. 建筑物沉降观测点应如何布置？
3. 试述建筑物沉降观测的观测方法与精度要求。
4. 试述建筑物倾斜观测的方法。
5. 用水准测量进行沉降观测时应注意哪些问题？并分析其原因。

二、习题

烟囱经检测其顶部中心在两个互相垂直方向上各偏离底部中心49mm及68mm，设烟囱的高度为100m，试求烟囱的总偏心距及其倾斜方向的倾角，并画图说明。

《建筑工程测量》课程教学大纲

一、课程性质和任务

本课程基本属于《测量学》的范畴，并包含建筑工程测量的有关内容，是“建筑工程技术”专业的一门实践性较强的技术基础课。

本课程主要研究地球表面上局部地区测绘工作的基本理论、仪器和技术；描述建筑工程在勘测、施工、监理等各阶段所进行的测量工作；介绍测量新技术和新仪器。

二、课程教学目标

1. 正确操作、使用、维护、检校常规测绘仪器；
2. 用水准仪测量高程；
3. 用光学经纬仪测量角度；
4. 用视距法进行地形测量；
5. 会操作和使用全站仪、准直仪、GPS 等新型仪器；
6. 完成外业测量准备工作，能规范地记录和计算测量成果；
7. 能够完成局部控制测量工作；
8. 会用所学的测量知识和技能，独力组织与实施大比例尺地形图的测绘；
9. 会用所学的测量知识和技能，独力组织并完成工业与民用建筑中的施工测量、复杂建筑中的施工测量、管道工程测量、建筑物变形观测等测绘工作。

三、教学内容和要求

第一章　绪论

1. 叙述建筑工程测量的任务与作用；
2. 描述地面点位的确定方法；
3. 描述测量的基本原则和方法。

第二章　水准测量

1. 叙述水准测量原理；
2. 进行普通水准测量实施、成果计算；
3. 操作、使用自动安平水准仪；
4. 操作、使用电子水准仪；
5. 微倾式水准仪检验与校正；
6. 描述水准测量的注意事项。

第三章　角度测量

1. 叙述角度测量原理；
2. 操作、使用与检校光学经纬仪；
3. 操作、使用激光经纬仪、电子经纬仪；
4. 用测回法和方向观测法测量水平角；
5. 测定竖直角；
6. 描述角度测量的注意事项。

第四章　距离测量及直线定向

1. 实施钢尺一般量距；
2. 描述直线定向；
3. 操作和使用罗盘仪；
4. 描述相位法光电测距原理；
5. 操作和使用全站仪。

第五章　测量误差及其基础知识

1. 描述测量误差的分类；
2. 计算算术平均值及其中误差；
3. 解释评定观测值精度的标准；
4. 计算观测值函数中误差。

第六章　小地区控制测量

1. 控制测量概述；
2. 平面控制网的定向、定位与坐标正反算；
3. 导线测量；
4. 交会定点的计算；
5. 三、四等水准测量与三角高程测量。

第七章　地形图的测绘

1. 描述地物和地貌的表示方法；

2. 实施视距测量；

3. 大比例尺地形图测绘；

4. 数字化测图。

第八章　地形图的应用

1. 地形图应用的基本内容；

2. 工程建设中的地形图应用；

3. 建筑设计中的地形图应用。

第九章　工业与民用建筑中的施工测量

1. 测设的基本工作；

2. 施工控制测量；

3. 工业与民用建筑、复杂建筑中的施工测量；

4. 高层建筑物施工测量；

5. 建筑总平面图的绘制。

第十章　管道工程测量

1. 管道工程测量概述；

2. 管道中线测量；

3. 管道纵、横断面图测绘；

4. 管道施工、竣工测量。

第十一章　工程建筑物变形观测

1. 垂直、水平位移观测；

2. 观测资料的整理。

四、课时分配建议表

本课程教学时数为 70 ~ 90 学时，具体课时分配建议见表一。

课时分配建议表　　表一

序　号	课　题	教学时数			
		合计	讲授	实训	机动
1	绪论	4	4		
2	水准测量	8	4	4	
3	角度测量	8	4	4	
4	距离测量及直线定向	10	4	6	
5	测量误差及其基础知识	2	2		
6	小地区控制测量	10	6	4	
7	地形图的测绘	6	4	2	
8	地形图的应用	2	2		
9	工业与民用建筑中的施工测量	18	10	8	
10	管道工程测量	6	4	2	
11	工程建筑物变形观测	2	2		
12	机动	2			2
13	合计	78	46	30	2

五、说明

1. 本课程学习过程中，学生在课间应完成表二所列的技能训练；

2. 在本课程教学结束后，学生应独立组织和实施表三所列的教学（生产）实习任务；

3.《建筑工程测量》教学（生产）实习成绩单独考核且单列记分；

4.《建筑工程测量》课间实习每班需实习指导教师 1 ~ 2 人；

5.《建筑工程测量》教学（生产）实习每班需实习指导教师 2 ~ 3 人。

课间实习技能项目表 表二

序号	技 能 项 目	训练时数
1	微倾式水准仪的认识与技术操作	2
2	普通水准测量	2
3	微倾式水准仪的检验、自动安平,水准仪的认识与技术操作	2
4	光学经纬仪、电子经纬仪的认识与技术操作	2
5	测回法观测水平角、测定竖直角	4
6	光学经纬仪的检验	2
7	钢尺一般量距与罗盘仪定向	2
8	全站仪的认识与技术操作	2
9	地形图测绘	2
10	施工控制网测量	2
11	工业与民用建筑中的施工测量	6
12	管道工程测量	2
13	建筑物变形观测	
	合计	30

教学(生产)实习项目表 表三

序 号	内 容	周 数
1	施工控制网测量	1.5
2	四等水准测量或普通水准测量	0.5
3	测绘大比例尺地形图	0.5
4	工业与民用建筑中的施工测量	1.5
5	管道工程测量、建筑物变形观测	1.5
6	机动	0.5
合 计		6.0

参 考 文 献

[1] 中华人民共和国国家标准. GB 50026—93 工程测量规范. 北京:中国计划出版社,1993.
[2] 中华人民共和国行业标准. CJJ 8—99 城市测量规范. 北京:中国建筑工业出版社,1999.
[3] 中华人民共和国家标准. GB/T 19314—2001 全球定位系统(GPS)测量规范. 国家技术监督局 2001-03-05 发布,2001-09-01 实施.
[4] 中华人民共和国行业标准. CJJ 73—97 全球定位系统城市测量技术规程. 北京:中国建筑工业出版社,1997.
[5] 中华人民共和国行业标准. JTJ/T 066—98 公路全球定位系统(GPS)测量规范. 北京:人民交通出版社,1998.
[6] 建设部人事教育司. 测量放线工. 北京:中国建筑工业出版社,2005.
[7] 罗斌. 道路工程测量. 北京:机械工业出版社,2006.
[8] 李仕东. 工程测量. 北京:人民交通出版社,2004.
[9] 陈久强,刘文生. 土木工程测量. 北京:北京大学出版社,2006.
[10] 付开隆. 现代公路测量技术. 北京:科技出版社,2005.
[11] 王兆祥. 铁道工程测量. 北京:中国铁道出版社,2001.
[12] 覃辉. 土木工程测量. 上海. 同济大学出版社,2004.
[13] 钟孝顺,聂让. 测量学. 北京. 人民交通出版,2003.
[14] 邹永廉. 工程测量. 武汉:武汉大学出版社,2000.
[15] 吴贵才. 地形测量. 徐州:中国矿业大学出版社,2005.
[16] 杨晓平,王云江. 建筑工程测量. 武汉:华中科技大学出版社,2006.
[17] 李井永. 建筑工程测量. 北京:清华大学出版社,2006.
[18] 魏静,王德利. 建筑工程测量. 北京:机械工业出版社,2004.
[19] 中国机械工业教育协会组. 建筑工程测量. 北京:机械工业出版社,2001.
[20] 覃辉. 土木工程测量. 上海:同济大学出版,2006.
[21] 田文. 工程测量. 北京:人民交通出版社,2005.
[22] 赵文亮. 土木工程测量. 北京:科学出版社,2004.
[23] 钟孝顺,聂让. 测量学. 北京:人民交通出版社,1997.
[24] 李青岳,陈永奇. 工程测量学. 2 版. 北京:测绘出版社,1995.
[25] 覃辉,唐平英,余代俊. 土木工程测量. 2 版. 上海:同济大学出版社,2005.
[26] 合肥工业大学等四校:测量学. 4 版. 北京:中国建筑工业出版社,1995.
[27] 李生平. 建筑工程测量. 武汉:武汉工业大学出版社,1997.
[28] 周建郑. 工程测量(测绘类). 郑州:黄河水利出版社,2006.
[29] 聂让. 高等级公路控制测量. 北京:人民交通出版社,2001.
[30] 王仲锋,姜春元. 建筑工程测量. 北京:冶金工业出版社,1998.
[31] 徐绍拴,张华海,等. GPS 测量原理及应用. 武汉:武汉大学出版社,2003.
[32] 付开隆,宋建学. 现代公路测量技术. 北京:科学出版社,2005.
[33] 顾孝烈,鲍峰,程效军. 测量学. 上海:同济大学出版社,2006.
[34] 潘正风. 数字测图原理与方法. 武汉:武汉大学出版社,2004.